网站开发案例课堂

PHP + MySQL 动态网站开发案例课堂

刘玉红　编著

清华大学出版社
北　京

内 容 简 介

本书作者根据自己在长期教学中积累的丰富的网页设计教学经验，完整、详尽地介绍 PHP + MySQL 动态网站开发技术。

全书共分为 18 章，分别介绍 PHP 概述、配置服务器环境、PHP 的基本语法、PHP 语言结构、字符串和正则表达式、数组、错误处理和异常处理、管理日期和时间、面向对象编程、操作文件和目录、PHP 与 Web 页面交互、图形图像处理、快速掌握 MySQL、PHP 操作 MySQL 数据库、Cookie 与会话管理、PDO 数据库抽象类库、PHP 与 XML 技术的综合应用。最后以一个综合网站的设计为例进行讲解。通过每章的实战案例，可以使读者进一步巩固所学的知识，提高综合实战能力。

本书内容丰富、全面，图文并茂，步骤清晰，通俗易懂，专业性强，使读者能理解 PHP + MySQL 动态网站开发的技术，并能解决实际生活或工作中的问题，真正做到“知其然，更知其所以然”。通过重点章节，条理清晰、系统地介绍读者希望了解的网页设计技巧。

本书涉及面广泛，几乎涵盖了 PHP + MySQL 动态网站开发的所有重要知识，适合所有的网站开发初学者快速入门，同时也适合想全面了解 PHP + MySQL 动态网站开发的人员阅读。

图书在版编目(CIP)数据

PHP + MySQL 动态网站开发案例课堂/刘玉红编著. --北京：清华大学出版社，2015（2016.8 重印）
(网站开发案例课堂)
ISBN 978-7-302-38616-2

Ⅰ. ①P…　Ⅱ. ①刘…　Ⅲ. ①PHP 语言—程序设计　②关系数据库系统　Ⅳ. ①TP312　②TP311.138

中国版本图书馆 CIP 数据核字(2014)第 276781 号

责任编辑：张彦青
装帧设计：杨玉兰
责任校对：马素伟
责任印制：何　芊

出版发行：清华大学出版社
　　网　　址：http://www.tup.com.cn，http://www.wqbook.com
　　地　　址：北京清华大学学研大厦 A 座　　**邮　　编**：100084
　　社 总 机：010-62770175　　**邮　　购**：010-62786544
　　投稿与读者服务：010-62776969，c-service@tup.tsinghua.edu.cn
　　质 量 反 馈：010-62772015，zhiliang@tup.tsinghua.edu.cn
印 装 者：清华大学印刷厂
经　　销：全国新华书店
开　　本：190mm×260mm　　**印　张**：24.25　　**字　　数**：586 千字
(附 DVD1 张)
版　　次：2015 年 1 月第 1 版　　**印　　次**：2016 年 8 月第3 次印刷
印　　数：4501～6000
定　　价：55.00 元

产品编号：058007-01

前　　言

PHP 是世界上最为流行的 Web 开发语言之一。目前学习和关注 PHP 的人越来越多，而很多 PHP 的初学者都苦于找不到一本通俗易懂、容易入门和案例实用的参考书。为此，作者组织有丰富经验的开发人员写作了这本书。

1. 本书特色

(1) 知识全面：涵盖了 PHP + MySQL 动态网站开发的所有知识点，帮助读者由浅入深地掌握 PHP + MySQL 网站开发方面的技能。

(2) 图文并茂：在介绍案例的过程中，每一个操作均有对应的插图，这种图文结合的方式使读者在学习过程中能够直观、清晰地看到操作的过程及效果，便于更快地理解和掌握。

(3) 易学易用：颠覆传统“看”书的观念，变成一本能“操作”的图书。

(4) 案例丰富：把知识点融会于系统的案例实训中，并且结合经典案例进行讲解和拓展，进而达到“知其然，并知其所以然”的效果。

(5) 提示周到：对读者在学习过程中可能会遇到的疑难问题以“提示”和“注意”等形式进行了说明，以免读者在学习的过程中走弯路。

(6) 超值赠送：除了本书的素材和结果外，还将赠送封面所述的大量的资源，使读者可以全面掌握动态网站开发的方方面面的知识。

2. 读者对象

本书不仅适合动态网站开发的初级读者入门学习，还可作为中、高级用户的参考手册。书中大量的实例模拟真实的动态网站开发案例，对读者的工作有现实的借鉴作用。

3. 作者团队

本书作者刘玉红长期从事网站设计与开发工作；另外，胡同夫、梁云亮、王攀登、王婷婷、陈伟光、包慧利、孙若淞、肖品、王维维和刘海松等人参与了编写工作。

本书虽然倾注了作者的努力，但由于水平有限，书中难免有错漏之处，读者如果遇到问题或有意见和建议，敬请与作者联系，我们将全力提供帮助。

编　者

目　　录

第 1 章

PHP 概述

在学习 PHP 之前，读者需要了解 PHP 的基本概念、PHP 的特点、PHP 开发常用工具等知识。本章将主要讲述 PHP 的入门知识。通过本章的学习，读者将对 PHP 先有一个初步的了解。

1.1 认识 PHP

PHP 语言与其他语言有什么不同？读者首先需要理解 PHP 的概念和发展历程。

1.1.1 什么是 PHP

PHP 全名为 Personal Home Page，是英文 Hypertext Preprocessor(超级文本预处理语言)的别名。PHP 作为在服务器端执行的嵌入 HTML 文档的脚本语言，其风格类似于 C 语言，被运用于动态网站制作。PHP 借鉴了 C 和 Java 等语言的部分语法，并有自己独特的特性，使 Web 开发者能够快速地编写动态地生成页面的脚本。

对于初学者而言，PHP 的优势是可以快速入门。与其他编程语言相比，PHP 是将程序嵌入到 HTML 文档中去执行的，执行效率比完全生成 HTML 标记的方式要高许多。PHP 还可以执行编译后的代码，编译可以起到加密和优化代码运行的作用，使代码运行得更快。另外，PHP 具有非常强大的功能，能实现所有的 CGI 功能，而且支持几乎所有流行的数据库和操作系统。最重要的是，PHP 还可以用 C、C++进行程序扩展。

1.1.2 PHP 的发展过程

在当今诸多 Web 开发语言中，PHP 是比较出众的一种。与其他脚本语言不同，PHP 是经过全世界免费代码开发者共同努力，才发展到今天的规模的。要想了解 PHP，首先应该从它的发展历程谈起。

1994 年，Rasmus Lerdorf 首次开发了 PHP 程序设计语言。1995 年 6 月，Rasmus Lerdorf 在 Usenet 新闻组 comp.infosystems.www.authoring.cgi 上发布了 PHP 1.0 声明。这个早期版本提供了访客留言本、访客计数器等简单的功能。

1995 年，第 2 版的 PHP 问市，定名为 PHP/FI(Form Interpreter)。在这一版本中，加入了可以处理更复杂的嵌入式标签语言的解析程序，同时加入了对数据库 MySQL 的支持。自此，奠定了 PHP 在动态网页开发上的影响力。自从 PHP 加入了这些强大的功能以后，它的使用量猛增。据初步统计，在 1996 年底，有 15000 个 Web 网站使用了 PHP/FI；而在 1997 年中期，这一数字超过了 50000。

PHP 前两个版本的成功，让其设计者和使用者对 PHP 的未来充满了信心。1997 年，Zeev Suraski 及 Andi GutmansPHP 加入了开发小组，他们自愿重新编写了底层的解析引擎，又有其他很多人也自愿加入了 PHP 的工作，使得 PHP 成为真正意义上的开源项目。

1998 年 6 月，发布了 PHP 3.0 声明。在这一版本中，PHP 可以跟 Apache 服务器紧密地结合；再加上它不断地更新及加入新的功能，且支持几乎所有主流和非主流数据库，拥有非常高的执行效率，这些优势使 1999 年使用 PHP 的网站超过了 150000。

PHP 经过 3 个版本的演化，已经变成一种非常强大的 Web 开发语言。这种语言非常容易使用，而且它拥有一个强大的类库，类库的命名规则也十分规范，新手就算对一些函数的功能不了解，也可以通过函数名猜测出来。这使得 PHP 十分容易学习，而且 PHP 程序可以直接使用 HTML 编辑器来处理，因此，PHP 变得非常流行，有很多大的门户网站都使用了 PHP 作为自己的 Web 开发语言，例如新浪网等。

2000 年 5 月，推出了划时代的版本 PHP 4。使用了一种“编译-执行”模式，核心引擎更加优越，提供了更高的性能，而且还包含了其他一些关键功能，比如支持更多的 Web 服务器、HTTP Sessions 支持、输出缓存、更安全的处理用户输入的方法和一些新的语言结构。

PHP 目前的最新版本是 PHP 5，在 PHP 4 基础上做了进一步的改进，功能更加强大，执行效率更高。本书将针对 PHP 5 版本，讲解 PHP 的实用技能。

1.1.3 PHP 语言的优势

PHP 能够迅速发展，并得到广大使用者的喜爱，主要原因是 PHP 不仅有一般脚本都具备的功能，而且有它自身的优势，具体特点如下。

- 源代码完全开放：所有的 PHP 源代码事实上都可以得到。读者可以通过 Internet 获得所需要的源代码，快速修改和利用。
- 完全免费：与其他技术相比，PHP 本身是免费的。使用 PHP 进行 Web 开发无须支付任何费用。
- 语法结构简单：PHP 结合了 C 语言和 Perl 语言的特色，编写简单，方便易懂。可以嵌入 HTML 语言中，相对于其他语言编辑简单，实用性强，更适合初学者学习。
- 跨平台性强：PHP 是服务器端脚本，可以运行于 Unix、Linux、Windows 环境下。
- 效率高：PHP 消耗非常少的系统资源，并且程序开发快，运行速度快。
- 强大的数据库支持：PHP 支持目前所有的主流和非主流数据库，使 PHP 的应用对象非常广泛。
- 面向对象：在 PHP 5.5 中，面向对象方面有了很大的改进，现在 PHP 完全可以用来开发大型商业程序了。

1.2 PHP 能干什么

初学者也许会有疑问，PHP 到底能做什么呢？下面就来介绍 PHP 的应用领域。

1. 作为服务端脚本

PHP 最主要的应用领域是作为服务器端脚本。服务器脚本的运行需要具备 3 项配置：PHP 解析器、Web 浏览器和 Web 服务器。在 Web 服务器上安装并配置 PHP，然后用 Web 浏览器访问 PHP 程序，获得输出。在学习的过程中，读者只要在本机上配置 Web 服务器，即可浏览制作的 PHP 页面。

2. 作为命令行脚本

命令行脚本与服务端脚本不同，编写的命令行脚本并不需要任何服务器或浏览器，在命令行脚本模式下，只需要 PHP 解析器执行即可。这些脚本被用在 Windows 和 Linux 平台下作为日常运行脚本，也可以用来处理简单的文本。

3. 用来编写桌面应用程序

PHP 在桌面应用程序的开发中并不常用，但是如果用户希望在客户端应用程序中使用 PHP 编写图形界面应用程序，可以通过 PHP-GTK 来编写这些程序。PHP-GTK 是 PHP 的扩展，并不包含在标准的开发包中，开发用户需要单独编译它。

1.3 常用的开发工具

可以编写 PHP 代码的工具很多，常见的有 Dreamweaver、PHPEdit、PHPed 和 FrontPage 等，甚至用 Word 和记事本等常用工具也可以书写 PHP 源代码。

1.3.1 PHP 代码开发工具

常见的 PHP 代码开发工具如下。

1. PHPEdit

PHPEdit 是一款 Windows 下优秀的 PHP 脚本 IDE(集成开发环境)。该软件为快速、便捷地开发 PHP 脚本提供了多种工具，功能包括：语法关键词高亮；代码提示、浏览；集成 PHP 调试工具；帮助生成器；自定义快捷方式；150 多个脚本命令；键盘模板；报告生成器；快速标记和插件等。

2. gPHPedit

gPHPedit 是在 Linux 下十分流行的免费的 PHP 编辑器。它小巧而功能强大。它是以 Linux 下的 gedit 文本编辑器为基础，专门设计，用于编辑 PHP 和 HTML 的编辑器，可以突出显示 PHP、HTML、CSS 和 SQL 语句。在编写代码的过程中能够提供函数列表参考、函数参数参考，可以搜索和检测编程语法等。总之，这是一款完全免费的优秀 PHP 编辑器。

3. phpDesigner

phpDesigner 是一款功能强大的、运行高效的、优秀的 PHP 编辑平台。它是结合 PHP、XHTML、JavaScript、CSS 等技术的综合 Web 应用开发平台。它能够自动捕获代码文件中的 class、function、variables 等编程元素，并加以整理，在编程过程中给予提示。除此以外，它还兼容了各种流行的类库和框架，可以协同工作，比如 JavaScript 的 jQuery 库、YUI 库、prototype 库等，此外还有 PHP 流行的 zend 框架、symfony 框架、cakephp 框架、yii 框架等。另外，它还拥有 xdebug 工具、svn 版本管理等工具。可以说，phpDesigner 是独立于 Eclipse 之外的，集 PHP 开发需求之大成的又一款优秀的平台。

4. Zend Studio

Zend Studio 是由 Zend 科技开发的一个针对 PHP 的全面的开发平台。这个 IDE 融合了 Zend Server 和 Zend 框架，并且融合了 Eclipse 开发环境。Eclipse 是最早用于 Java 的 IDE 环境，但是由于其优良的特性和对 PHP 的支持，已经成为很有影响力的 PHP 开发工具。现在最新的 Eclipse PHP 开发环境为 Eclipse PDT 2.2.0 版本。它拥有支持 Windows、Linux 和 Mac 系统的软件包，可以说是十分全面的，拥有比较完备的体系，但它是一个收费的工具。

1.3.2 网页设计工具

下面介绍几种常见的网页设计工具。

1. Dreamweaver

Dreamweaver 是网页制作三剑客之一，其功能更多地是体现在对 Web 页面的 HTML 设计上。随着 Web 语言的发展，Dreamweaver 早已不再局限于网页设计方面，它更多地着重支持各种流行的 Web 前后台技术的综合运用。Dreamweaver 对 PHP 的支持十分到位。不但对 PHP 的不同方面能够清晰地进行表示，并且能够给出足够的编程提示，使编程过程相当流畅。

2. FrontPage

FrontPage 是微软公司出品的一款网页制作入门级软件。FrontPage 使用简单方便，会用 Word 就能做网页，所见即所得是其特点，该软件结合了设计、拆分、代码和预览 4 种模式。

1.3.3 文本编辑工具

常见的文本编辑工具很多，如 UltraEdit 和记事本等。

1. UltraEdit

UltraEdit 是一款功能强大的文本编辑器，可以编辑文本、十六进制码、ASCII 码，完全可以取代记事本(如果电脑配置足够强大)。UltraEdit 内建英文单字检查、C++及 VB 指令突显，可同时编辑多个文件，而且即使开启很大的文件，速度也不会慢。软件附有 HTML 标签颜色显示、搜寻替换以及无限制的还原功能，一般用来修改 EXE 或 DLL 文件，是能够满足我们一切编辑需要的编辑器。

2. 记事本

记事本是 Windows 系统自带的文本编辑工具。具备最基本的文本编辑功能，体积小巧、启动快、占用内存低、容易使用。记事本的主窗口如图 1-1 所示。

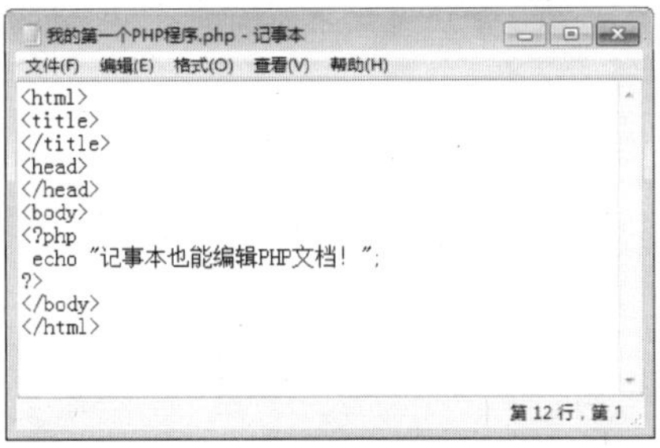

图 1-1 记事本的主窗口

在使用记事本程序编辑 PHP 文档的过程中，需要注意保存方法和技巧。在“另存为”对话框中输入文件名称，后缀名为.php，另外，“保存类型”设置为“所有文件”即可，如图 1-2 所示。

图 1-2 “另存为”对话框

1.4 疑难解惑

疑问 1：如何快速了解 PHP 的应用技术？

在学习的过程中，用户可以随时查阅 PHP 的相关资料。启动 IE 浏览器，在地址栏中输入“http://www.baidu.com”，打开搜索引擎，输入需要搜索的内容，即可了解相关的技术。

疑问 2：如何选择 PHP 开发软件？

不管是哪个开发工具，在 PHP 开发过程中，都要有对 PHP 的语法和数据进行分色表示的能力，以方便开发者编写程序。进一步的功能是对代码编写要拥有提示的能力，即对 PHP 的数据类型、运算符、标识、名称等都能给出提示。

在诸多开发工具中，我们选择比较适合自己的即可。就初学者而言，使用 phpDesigner 比较好，它支持 PHP、XHTML、JavaScript、CSS 等 Web 开发的常用技术。

第 2 章

配置服务器环境

在编写 PHP 文件之前，读者需要配置 PHP 服务器，包括软硬件环境的检查、如何获得 PHP 安装资源包等，本章详细讲解目前常见的主流 PHP 服务器配置方案：PHP 5 + IIS 和 PHP 5 + Apache。另外还讲述在 Windows 下如何使用 WAMP 组合包。最后通过一个实战演练，使读者可以检查 Web 服务器建构得是否成功。

2.1 PHP 服务器概述

在学习 PHP 服务器之前，读者需要了解 HTML 网页的运行原理。网页浏览者在客户端通过浏览器向服务器发出页面请求，服务器接收到请求后，将页面返回到客户端的浏览器，这样网页浏览者即可看到页面显示效果。

PHP 语言在 Web 开发中作为嵌入式语言，需要嵌入到 HTML 代码中执行。要想运行 PHP 网站，需要搭建 PHP 服务器。

PHP 网站的运行原理如图 2-1 所示。

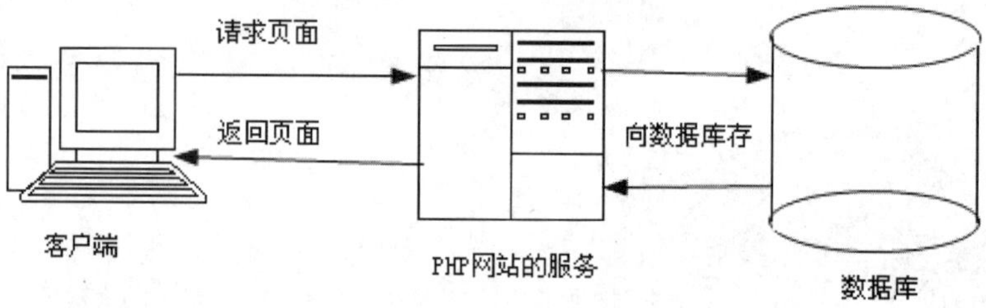

图 2-1　PHP 网站的运行原理

从图 2-1 可以看出，PHP 程序运行的基本流程如下。

(1) 网页浏览者首先在浏览器的地址栏中输入要访问的主页地址，并按 Enter 键来触发这个请求。

(2) 浏览器将请求发送到 PHP 网站服务器。网站服务器根据请求读取数据库中的数据。

(3) 通过 Web 服务器向客户端发送处理结果，客户端的浏览器显示最终页面。

提示：由于在客户端显示的只是服务器端处理过的 HTML 代码页面，所以网页浏览者看不到 PHP 代码，这样可以提高代码的安全性。同时在客户端不需要配置 PHP 环境，只要安装了浏览器即可。

2.2 安装 PHP 前的准备工作

在安装 PHP 之前，读者应当了解所需要的软硬件环境和如何获取 PHP 安装资源包。

2.2.1 软硬件环境

大部分软件在安装的过程中都需要软硬件环境的支持，当然 PHP 也不例外。在硬件方面，如果只是为了学习上的需求，PHP 只需要一台普通的电脑即可。在软件方面，需要根据实际工作的需求，选择不同的 Web 服务软件。

PHP 具有跨平台特性，所以 PHP 开发用什么样的系统不太重要，开发出来的程序能够很轻松地移植到其他操作系统中。

另外，PHP 开发平台支持目前主流的操作系统，包括 Windows 系列、Linux、Unix 和 Mac OS X 等。

本书以 Windows 平台为例进行讲解。

此外，用户还需要安装 Web 服务软件。目前，PHP 支持大多数 Web 服务软件，常见的有 IIS、Apache、PWS 和 Netscape 等。比较流行的是 IIS 和 Apache，下面将详细讲述这两种 Web 服务器的安装和配置方法。

2.2.2 获取 PHP 安装资源包

PHP 安装资源包中包括了安装和配置 PHP 服务器所需的文件和 PHP 扩展函数库。获取 PHP 安装资源包的方法比较多，很多网站都提供 PHP 安装包，但是建议读者从官方网站下载，具体操作步骤如下。

step 01 打开 IE 浏览器，在地址栏中输入下载地址“http:windows.php.net/download”，按 Enter 键确认，登录到 PHP 下载网站，如图 2-2 所示。

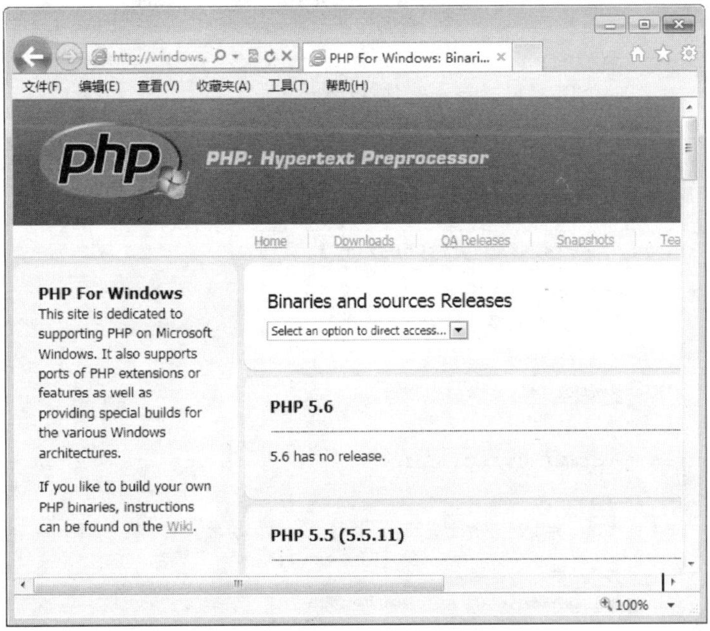

图 2-2　PHP 下载页面

step 02 进入下载页面后，单击 Binaries and sources Releases 下方的下拉按钮，在弹出的下拉列表中选择适合的版本，这里选择 PHP 5.5 版本，如图 2-3 所示。

提示　下拉列表中的 VC11 代表 the Visual Studio 2012 compiler 编译器编译，通常用在 IIS + PHP 服务器下。要求用户安装 Visual C++ Redistributable for Visual Studio 2012。

step 03 将显示所选版本号中 PHP 安装包的各种格式，这里选择 Zip 压缩格式，单击 Zip 链接，如图 2-4 所示。

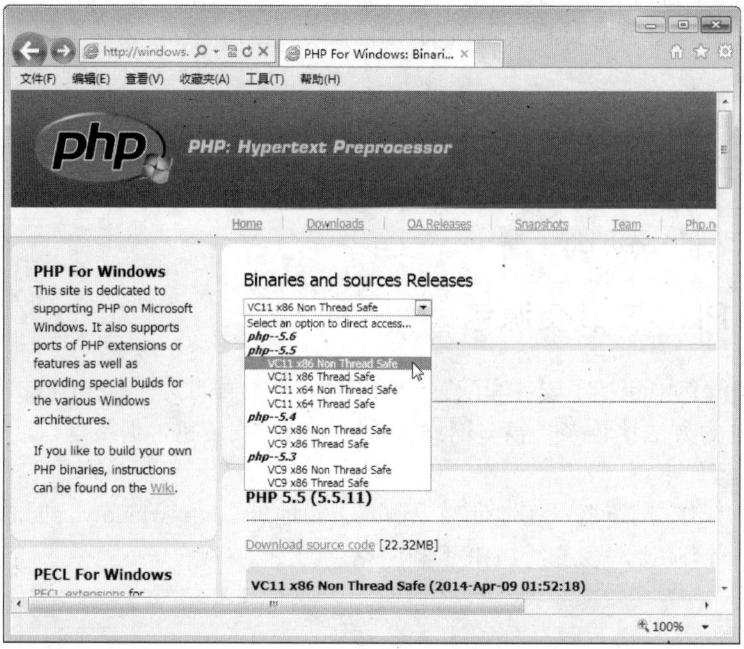

图 2-3　选择需要的版本

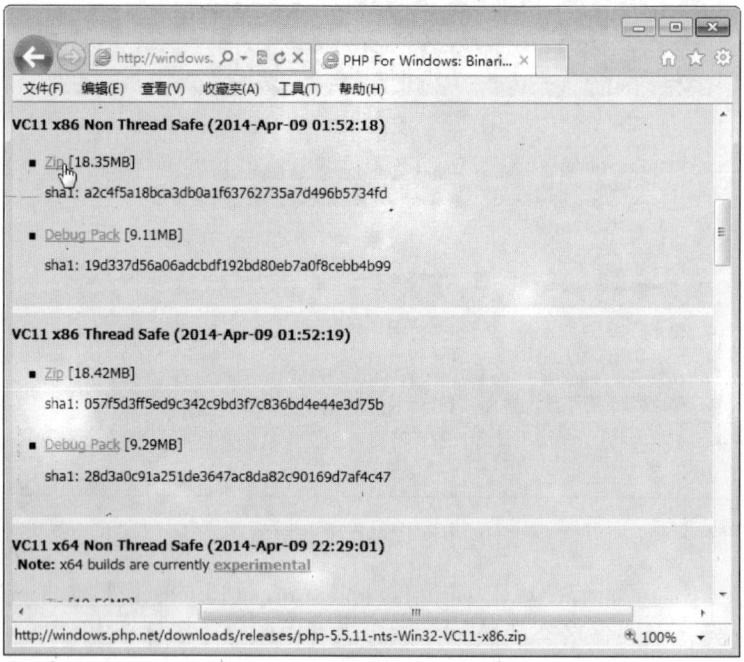

图 2-4　选择需要的版本格式

step 04 弹出“另存为”对话框，选择保存路径，然后保存文件即可，如图 2-5 所示。

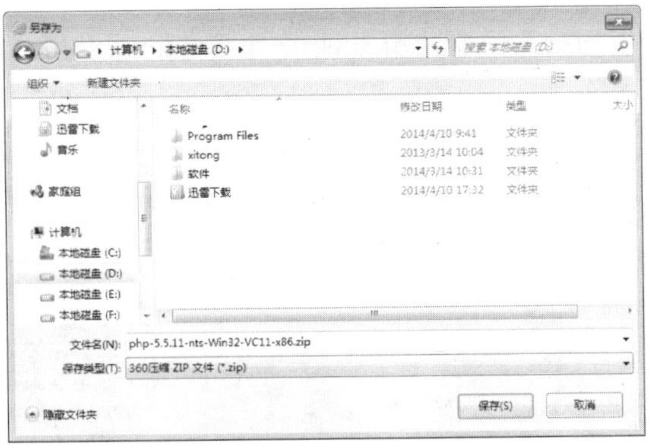

图 2-5 “另存为”对话框

2.3 PHP + IIS 服务器安装配置

下面介绍 PHP + IIS 服务器架构的配置方法和技巧。

2.3.1 IIS 简介及其安装

IIS 是 Internet Information Services(互联网信息服务)的简称，它是由微软公司提供的基于 Windows 的互联网基本服务。由于它功能强大，操作简单和使用方便，所以是目前较为流行的 Web 服务器之一。

目前 IIS 只能运行在 Windows 系列的操作系统上，针对不同的操作系统，IIS 也有不同的版本。下面以 Windows 7 为例进行讲解，默认情况下，此操作系统没有安装 IIS。

安装 IIS 组件的具体步骤如下。

step 01 单击“开始”按钮，在弹出的“开始”菜单中选择“控制面板”菜单命令，如图 2-6 所示。

step 02 弹出“控制面板”窗口，双击“程序”选项，如图 2-7 所示。

图 2-6 选择“控制面板”菜单命令

图 2-7 “控制面板”窗口

step 03 弹出“程序”窗口，选择“打开或关闭 Windows 功能”选项，如图 2-8 所示。

step 04 在弹出的“Windows 功能”窗口中，选中“Internet 信息服务”复选框，单击“确定”按钮，如图 2-9 所示。

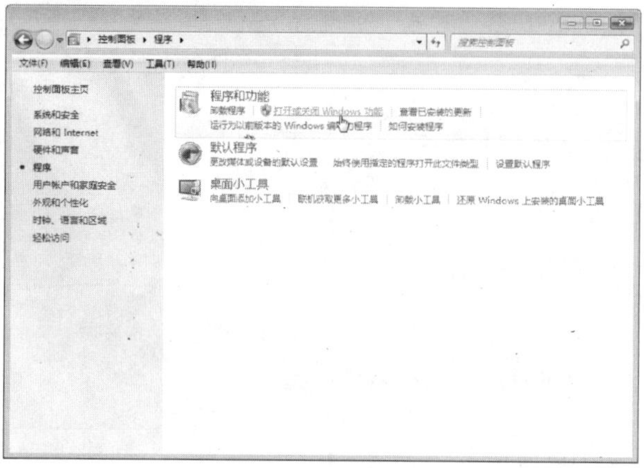

图 2-8 “程序”窗口

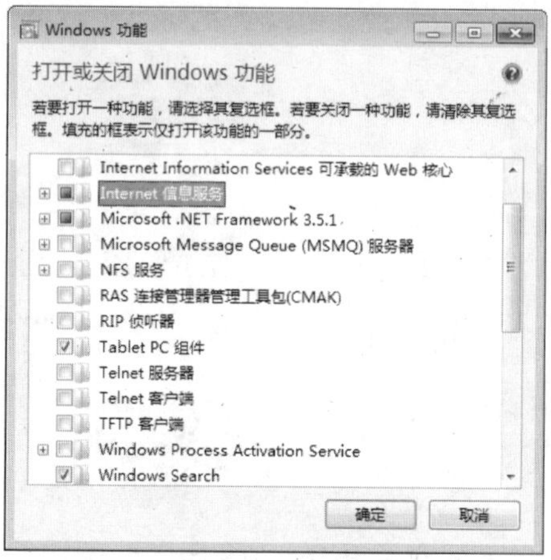

图 2-9 “Windows 功能”窗口

step 05 安装完成后，即可测试是否已经安装成功。在 IE 浏览器的地址栏中输入“http://localhost/”，安装成功后会弹出 IIS 的欢迎页面，如图 2-10 所示。

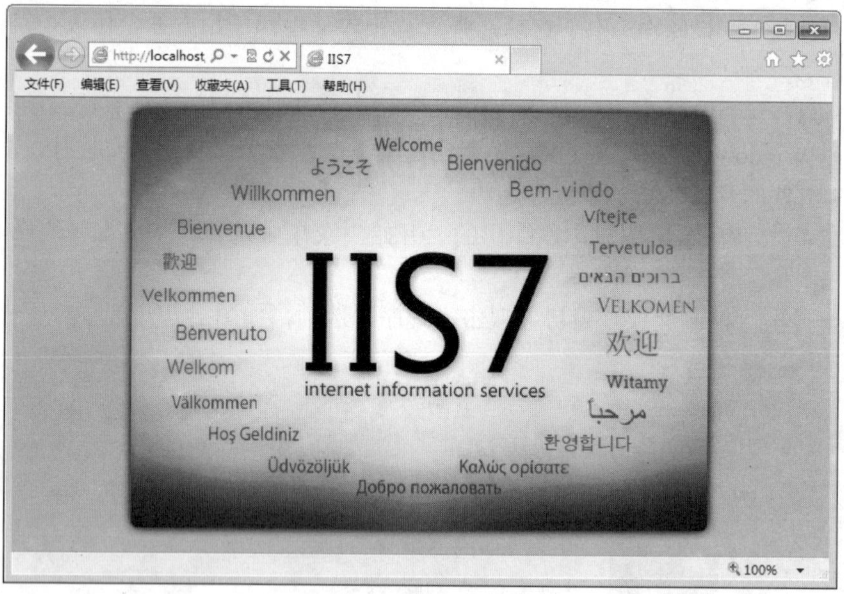

图 2-10 IIS 的欢迎页面

2.3.2 安装 PHP

IIS 安装完成后，即可开始安装 PHP。PHP 的安装过程大致分成 3 个步骤。

1. 解压和设置安装路径

将 2.2.2 小节中获取到的安装资源包解压缩，解压缩后得到的文件夹中存放着 PHP 所需要的文件。将该文件夹复制到 PHP 的安装目录中。PHP 的安装路径可以根据需要进行设置，例如本书设置为 D:\PHP5\，文件夹复制后的效果如图 2-11 所示。

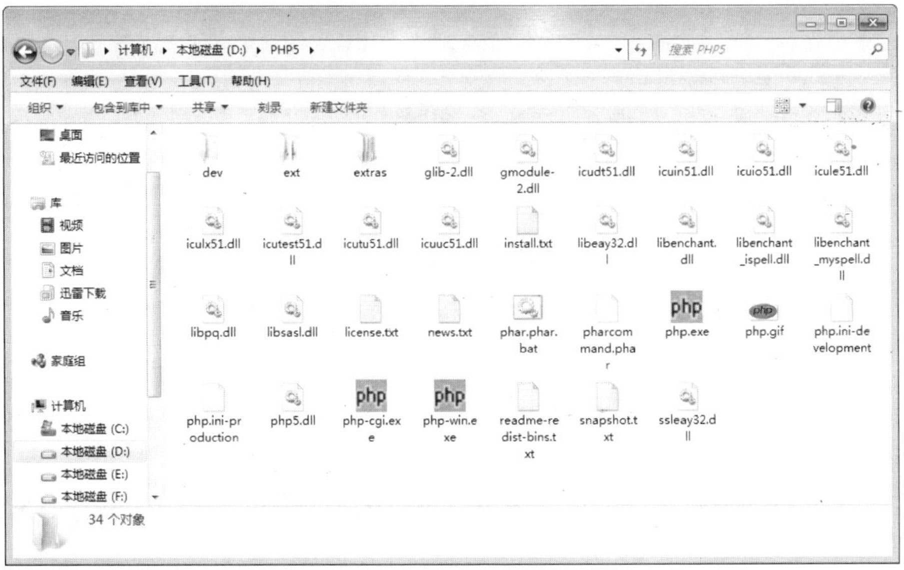

图 2-11 PHP 的安装目录

2. 配置 PHP

在安装目录中，找到 php.ini-development 的文件，此文件正是 PHP 5.4 的配置文件。将这个文件的扩展名.ini-development 修改为.ini，然后用记事本打开。文件中参数很多，所以建议读者使用记事本的查找功能，快速查找需要的参数。

查找并修改相应的参数值 extension_dir="D:\PHP5\ext"，此参数为 PHP 扩展函数的查找路径，其中"D:\PHP5\"为 PHP 的安装路径，读者可以根据自己的安装路径进行修改。采用同样的方法，修改参数 cgi.force_redirect=0。

另外，去除下面的参数值扩展前的引号：

```
extension=php_curl.dll
extension=php_gd2.dll
extension=php_mbstring.dll
extension=php_mysql.dll
extension=php_pdo_mysql.dll
extension=php_pdo_odbc.dll
extension=php_xmlrpc.dll
extension=php_xsl.dll
extension=php_zip.dll
```

具体如图 2-12 所示。

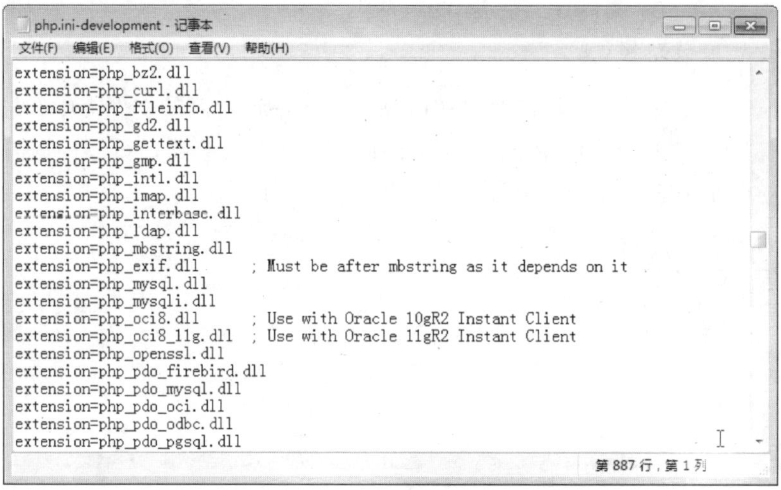

图 2-12　去除引号

3. 添加系统变量

要想让系统运行 PHP 时找到上面的安装路径，就需要将 PHP 的安装目录添加到系统变量中。具体操作步骤如下。

step 01 右击桌面上的“计算机”图标，在弹出的快捷菜单中选择“属性”菜单命令，打开“系统”窗口，如图 2-13 所示。

图 2-13　“系统”窗口

step 02 单击“高级系统设置”按钮，弹出“系统属性”对话框，如图 2-14 所示。

step 03 单击“环境变量”按钮，弹出“环境变量”对话框。在环境变量列表中选择变量“Path”，单击“编辑”按钮，如图 2-15 所示。

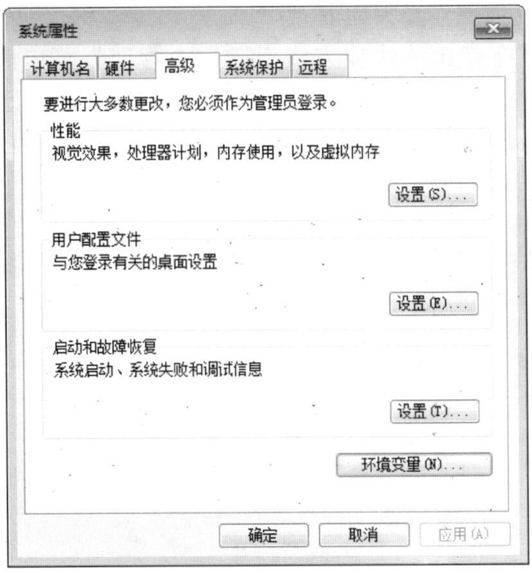

图 2-14　“系统属性”对话框

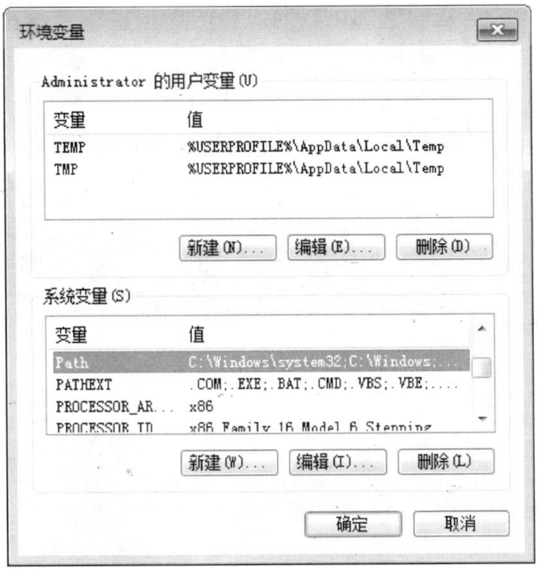

图 2-15　“环境变量”对话框

step 04 弹出“编辑系统变量”对话框，在“变量值”文本框的末尾输入“;d:\PHP5”，如图 2-16 所示。

step 05 单击“确定”按钮，返回到“环境变量”对话框，如图 2-17 所示。依次单击“确定”按钮，即可关闭窗口，然后重新启动计算机，使设置的环境变量生效。

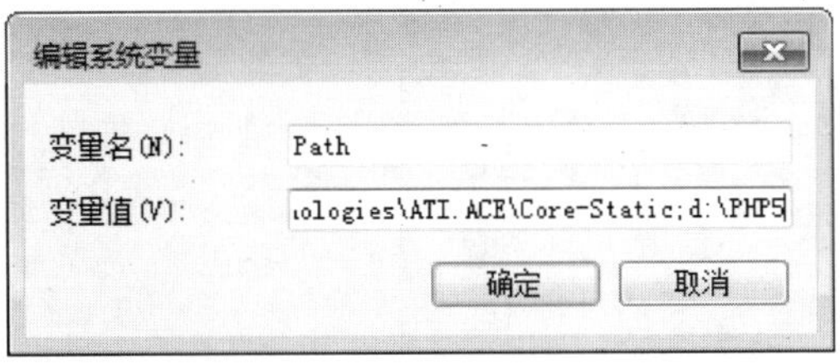

图 2-16　“编辑系统变量”对话框

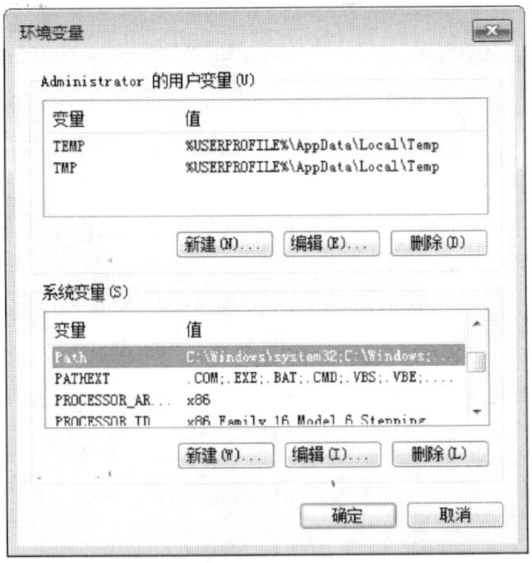

图 2-17　“环境变量”对话框

2.3.3　设置虚拟目录

如果用户是按照前述的方式来启动 IIS 网站服务器，目前整个网站服务器的根目录就位于<系统盘符:\Inetpub\wwwroot>中，也就是如果要添加网页到网站中显示，都必须放置在这个目录之下。但是会发现这个路径不仅太长，也不好记，使用起来相当不方便。

这些问题都可以通过修改虚拟目录来解决，具体操作步骤如下。

step 01 在桌面上右击“我的电脑”图标，在弹出的快捷方式中选择“管理”菜单命令，弹出“计算机管理”窗口，在左侧的列表中展开“服务和应用程序”选项，选择“Internet 信息服务(IIS)管理器”选项，在右侧选择“Default Web Site”选项后，右击，在弹出的快捷菜单中选择“添加虚拟目录”命令，如图 2-18 所示。

图 2-18　“计算机管理”窗口

step 02 弹出“添加虚拟目录”对话框，在“别名”文本框中输入虚拟网站的名称，这里输入“php5.5”，然后选择物理路径为“D:\php”，单击“确定”按钮，如图 2-19 所示。

图 2-19　“添加虚拟目录”对话框

这样就完成了 IIS 网站服务器设置的更改，此时 IIS 网站服务器的网站虚拟目录已经更改为<D:\php>了。

2.4 PHP + Apache 服务器的环境搭建

Apache 支持大部分操作系统，搭配 PHP 程序的应用，就可以开发出功能强大的交互网站。本节主要讲述 PHP 5 + Apache 服务器的搭建方法。

2.4.1 Apache 简介

Apache 是世界上使用量排名第一的 Web 服务器软件。它具有跨平台性和安全性，可以运行在几乎所有广泛使用的计算机平台上，是最流行的 Web 服务器端软件之一。

与一般的 Web 服务器相比，Apache 的主要特点如下。

- 跨平台应用：几乎可以在所有的计算机平台上运行。
- 开放源代码：Apache 服务程序由全世界的众多开发者共同维护，并且任何人都可以自由使用，充分体现了开源软件的精神。
- 支持 HTTP 1.1 协议：Apache 是最先使用 HTTP 1.1 协议的 Web 服务器之一，它完全兼容 HTTP 1.1 协议并与 HTTP 1.0 协议向后兼容。Apache 已为新协议所提供的全部内容做好了必要的准备。
- 支持通用网关接口(CGI)：Apache 遵守 CGI/1.1 标准并且提供了扩充的特征，如定制环境变量和很难在其他 Web 服务器中找到的调试支持功能。
- 支持常见的网页编程语言：可支持的网页编程语言包括 Perl、PHP、Python 和 Java 等，支持各种常用的 Web 编程语言，使 Apache 具有更广泛的应用领域。
- 模块化设计：通过标准的模块实现专有的功能，提高了项目完成的效率。
- 运行非常稳定，同时具备效率高、成本低的特点，而且具有良好的安全性。

2.4.2 关闭原有的网站服务器

在安装 Apache 网站服务器之前，如果所使用的操作系统已经安装了网站服务器，如 IIS 网站服务器等，用户必须先停止这些服务器，才能正确安装 Apache 网站服务器。

以 Windows 7 的操作系统为例，在桌面上右击“我的电脑”图标，从弹出的快捷菜单中选择“管理”命令，弹出“计算机管理”窗口，在左侧的列表中展开“服务和应用程序”选项，然后选择“Internet 信息服务(IIS)管理器”选项，在右侧的列表中单击“停止”按钮，即可停止 IIS 服务器，如图 2-20 所示。

如此一来，原来的服务器软件即失效，不再工作，也不会与接下来的 Apache 网站服务器产生冲突了。

当然，如果用户的系统原来就没有安装 IIS 等服务器软件，即可略过这一节的步骤，直接往下执行。

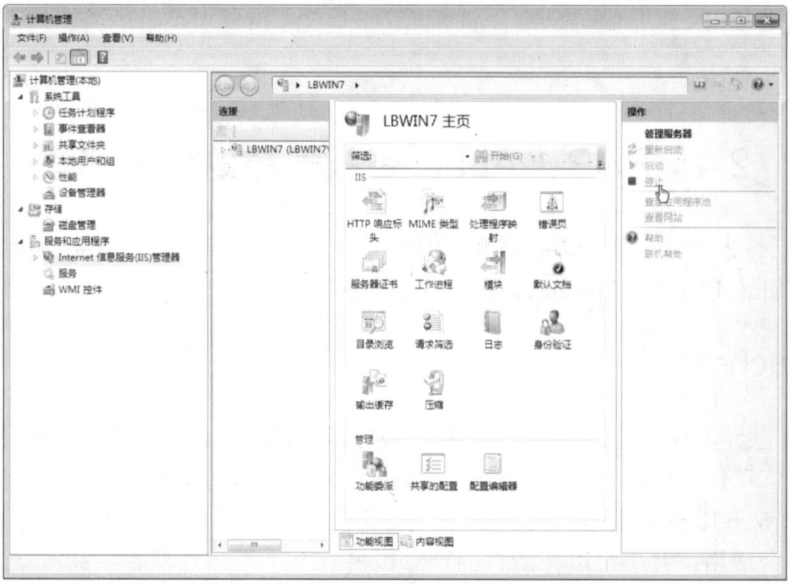

图 2-20 “计算机管理”窗口

2.4.3 安装 Apache

Apache 是免费软件，用户可以从官方网站直接下载。Apache 的官方网站为：

```
http://www.apache.org
```

下面以下载好的 Apache 2.2 为例，讲解如何安装 Apache。具体操作步骤如下。

step 01 双击 Apache 安装程序，弹出软件安装的欢迎界面，单击 Next 按钮，如图 2-21 所示。

step 02 进入 Apache 许可协议界面，选择“I accept the terms in the license agreement”单选按钮，然后单击 Next 按钮，如图 2-22 所示。

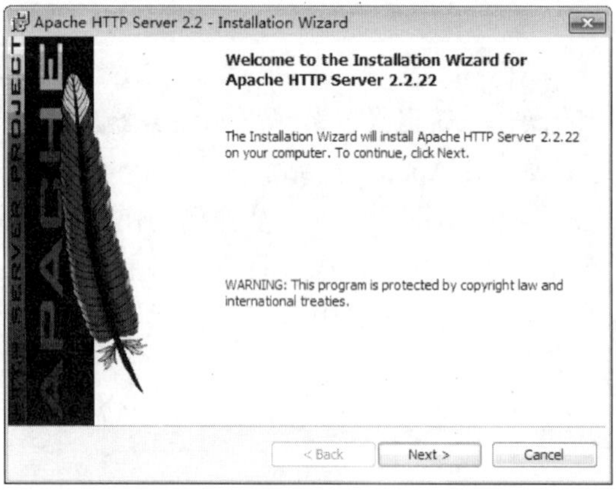

图 2-21 软件安装的欢迎界面

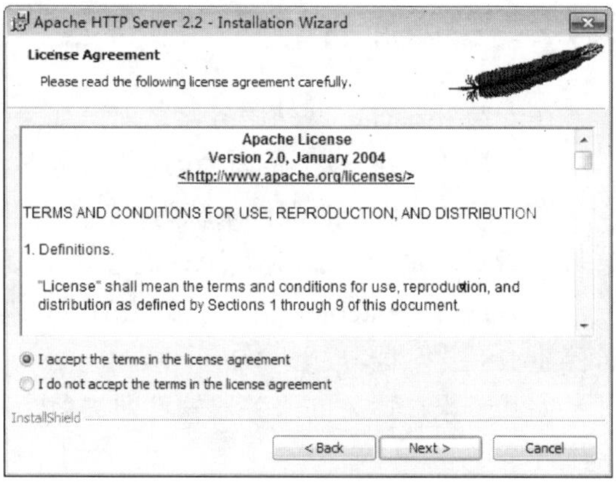

图 2-22 Apache 许可协议界面

step 03 进入 Apache 服务器注意事项界面，单击 Next 按钮，如图 2-23 所示。

step 04 进入服务器信息设置界面，输入服务器的一些基本信息，分别为 Network Domain(网络域名)、Server Name(服务器名)、Administrator's Email Address(管理员信箱)，并选择 Apache 的工作方式。如果只是在本地计算机上使用 Apache，前两项可以输入“localhost”。工作方式建议选择第一项：针对所有用户，工作端口为 80，当机器启动时自动启动 Apache，如图 2-24 所示。然后单击 Next 按钮。

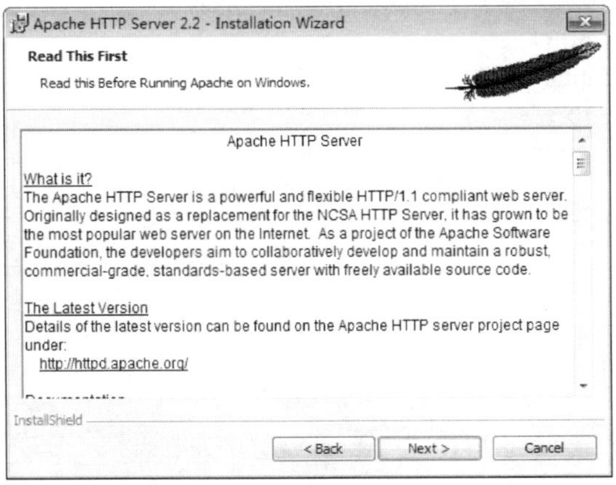

图 2-23 Apache 服务器注意事项界面

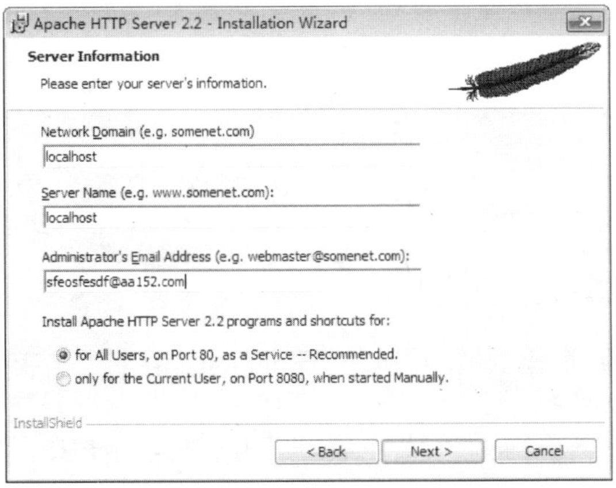

图 2-24 服务器信息设置界面

step 05 进入安装类型界面，其中 Typical 为典型安装，Custom 为自定义安装。默认情况下，选择典型安装即可，单击 Next 按钮，如图 2-25 所示。

step 06 进入安装路径选择界面，单击 Change 按钮，可以重新设置安装路径，本例采用默认的安装路径，单击 Next 按钮，如图 2-26 所示。

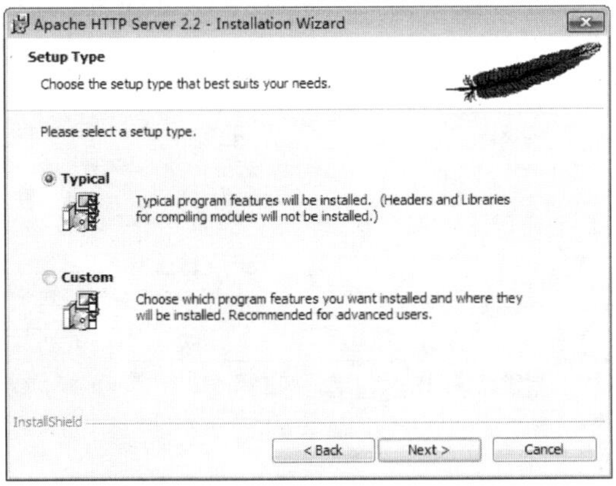

图 2-25 安装类型界面

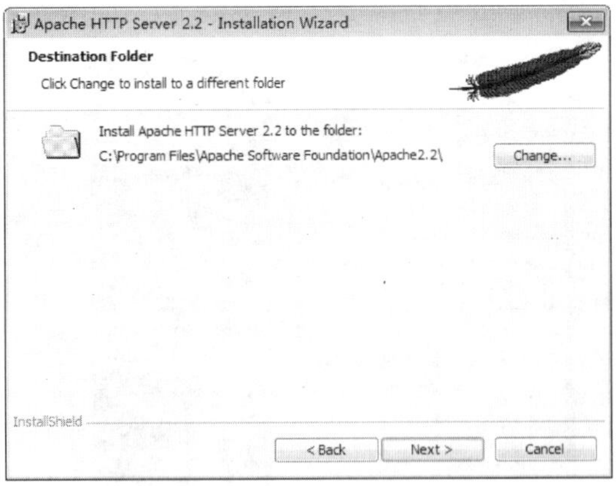

图 2-26 安装路径选择界面

step 07 进入安装准备就绪界面，单击 Install 按钮，如图 2-27 所示。

step 08 系统开始自动安装 Apache 主程序，安装完成后，进入提示信息界面，单击 Finish 按钮完成安装，如图 2-28 所示。

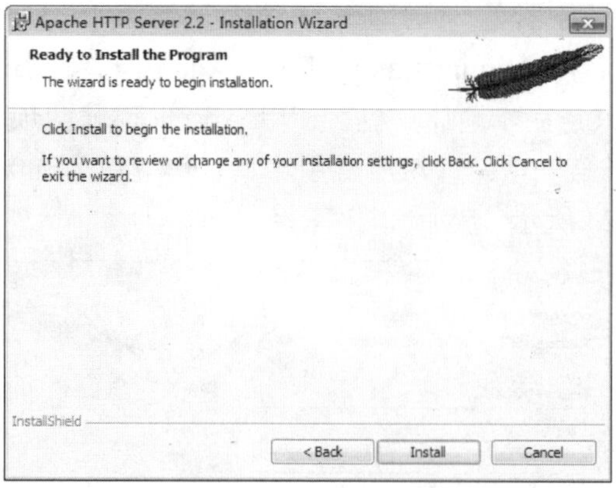

图 2-27　安装准备就绪界面

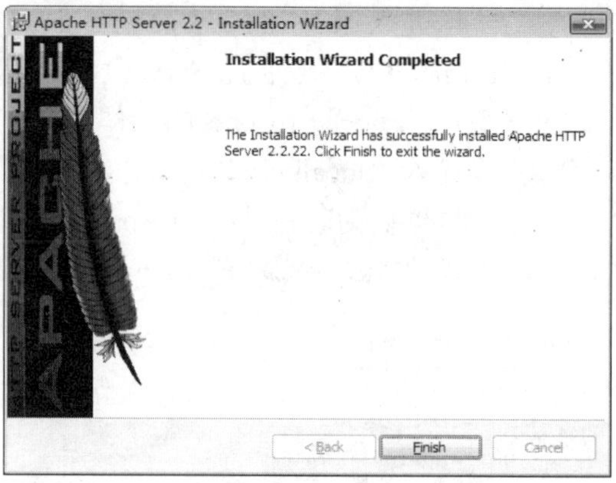

图 2-28　Apache 安装完成

2.4.4　将 PHP 与 Apache 建立关联

Apache 安装完成后，还不能运行 PHP 网页，需要将 PHP 与 Apache 建立关联。

Apache 的配置文件名称为 httpd.conf，这是纯文本文件，用记事本即可打开编辑。此文件存放在 Apache 安装目录的 Apache2\config\目录下。另外，也可以通过单击“开始”按钮，在弹出的菜单中选择“所有程序”→“Apache HTTP Server 2.2”→“Configure Apache Server”→“Edit the Apache httpd conf Configuration File”命令，如图 2-29 所示。

打开 Apache 配置文件后，首先设置网站的主目录。本书将案例的源文件放在 D 盘的 php5book 文件夹下，所以设置主目录为 d:/php5book/。在 http.conf 文件中找到 DocumentRoot 参数，将其值修改为 d:/php5book/，如图 2-30 所示。

图 2-29　选择 Apache 配置文件

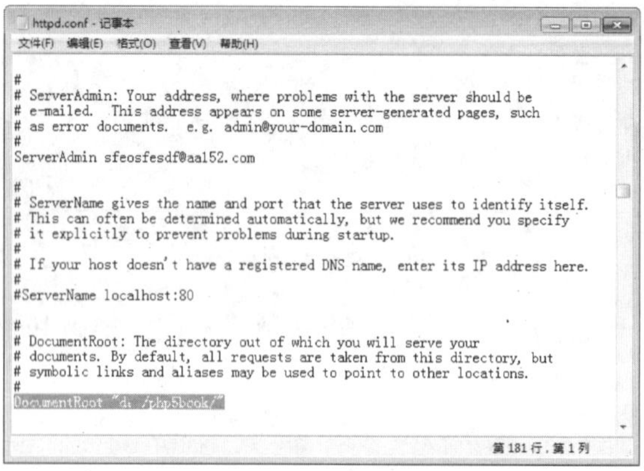

图 2-30　设置网站的主目录

然后指定 php.ini 文件的存放位置。由于 PHP 安装在 d:\php5，所以，php.ini 的位置为 d:\php5\php.ini。在 httpd.conf 配置文件中的任意位置加入“PHPIniDir “d:\php5\php.ini””语句，如图 2-31 所示。

最后，向 Apache 中加入 PHP 模块。在 httpd.conf 配置文件中的任意位置加入 3 行语句：

```
LoadModule php5_module "d:/php5/php5apache2_2.dll"
AddType application/x-httpd-php .php
AddType application/x-httpd-php .html
```

输入效果如图 2-32 所示。完成上述操作后，保存 httpd.conf 文件，然后重启 Apache，即可使设置生效。

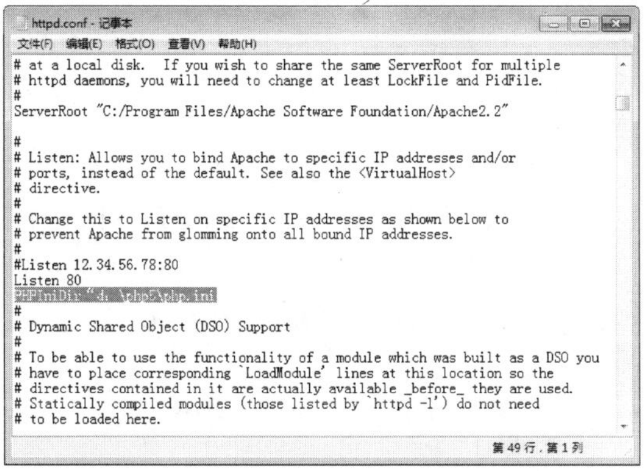

图 2-31 指定 php.ini 文件的存放位置

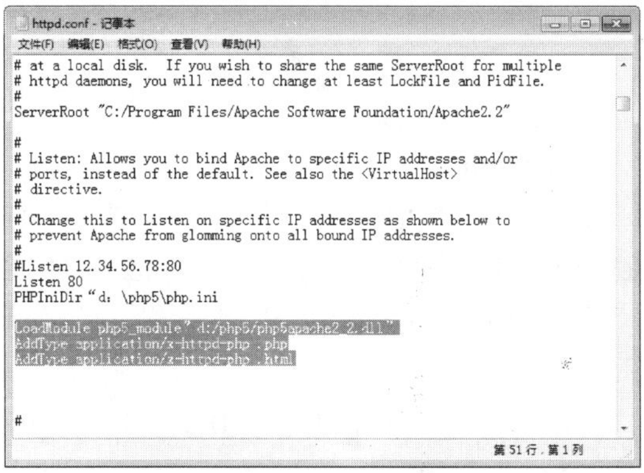

图 2-32 向 Apache 中加入 PHP 模板

2.5 测试第一个 PHP 程序

上面讲述了两种服务器环境的搭建方法，读者可以根据自己的需求进行选择。

下面通过一个示例，讲解如何编写 PHP 程序并运行和查看效果。下面以在 IIS 服务器环境中为例进行讲解。

读者可以使用任意的文本编辑软件，如记事本，新建名称为“helloworld”的文件，输入以下代码：

```
<HTML>
<HEAD>
</HEAD>
<BODY>
<h2>PHP Hello World - 来自 PHP 的问候。</h2>
<?php
  echo "Hello, World.";
  echo "你好世界。";
?>
</BODY>
</HTML>
```

将文件保存在主目录或虚拟目录下，保存格式为.php。然后，在浏览器的地址栏中输入“http://localhost/helloworld.php”，并按 Enter 键确认，运行结果如图 2-33 所示。

图 2-33　第一个 PHP 程序

案例分析：

(1) 其中“PHP Hello World - 来自 PHP 的问候。”是 HTML 中的“<HEAD><h2>PHP Hello World - 来自 PHP 的问候。</h2></HEAD>”代码所生成的。

(2) “Hello, World. 你好世界。”则是由<?php echo “Hello, World.”; echo “你好世界。”; ?>生成的。

(3) 在 HTML 中嵌入 PHP 代码的方法即是在<?php ?>标识符中间填入 PHP 语句，语句要以分号“;”结束。

(4) <?php ?>标识符的作用，就是告诉 Web 服务器，PHP 代码从什么地方开始、到什么地方结束。<?php ?>标识符内的所有文本都要按照 PHP 语言规范进行解释，以区别于 HTML 代码。

2.6 疑难解惑

疑问 1：如何设置网站的主目录？

在 Windows 7 操作系统中，设置网站主目录的方法如下。

利用本章所介绍的方法，打开“计算机管理”窗口，选择“Default Web Site”选项，如图 2-34 所示。

在右侧的窗格中单击“基本设置”链接，弹出“编辑网站”对话框，如图 2-35 所示。单击物理路径下的按钮，即可在弹出的对话框中重新设置网站的主目录。

疑问 2：如何卸载 IIS？

读者经常会遇到 IIS 不能正常使用的情况，所以需要首先卸载 IIS，然后再次安装即可。

利用本章的方法打开“Windows 功能”窗口，取消“Internet 信息服务”复选框，单击“确定”按钮，系统将自动完成 IIS 的卸载，如图 2-36 所示。

图 2-34 “Internet 信息服务”窗口

图 2-35 “编辑网站”对话框

图 2-36 “Windows 功能”窗口

第 3 章

PHP 的基本语法

上一章讲述了 PHP 环境的搭建方法，本章将开始学习 PHP 的基本语法，主要包括 PHP 的标识符，编码规范、常量、变量、数据类型、运算符和表达式等。通过本章的学习，读者可以掌握 PHP 的基本语法知识和技能。

3.1 认识 PHP 标识

默认情况下，PHP 是以<?php ?>标识符为开始和结束标记的。但是，PHP 代码有不同的表示风格。最为常用的风格就是这种默认方法。也有人把这种默认风格称为 PHP 的 XML 风格。下面来学习其他类型的标识风格。

3.1.1 短风格

有时候，读者会看到一些代码中出现用<? ?>标识符表示 PHP 代码的情况。这种就是所谓的“短风格”(Short Style)表示法。例如：

```
<? echo "这是 PHP 短风格的表示方式。"?>
```

这种表示方法在正常情况下并不推荐。并且在 php.ini 文件中，short_open_tags 设置默认是关闭的。另外，以后提到的一些功能设置会与这种表示方法相冲突。比如与 XML 的默认标识符相冲突。

3.1.2 script 风格

有的编辑器对 PHP 代码完全采用另外一种表示方式，比如<script></script>的表示方式。例如：

```
<script language="php">
   echo "这是 PHP 的 script 表示方式。";
</script>
```

这种表示方式十分类似于 HTML 页面中 JavaScript 的表示方式。

3.1.3 ASP 风格

受 ASP 的影响，为了照顾 ASP 使用者对 PHP 的使用，PHP 提供了 ASP 标志风格。例如：

```
<%
   echo "这是 PHP 的 ASP 的表示方式。";
%>
```

这种表示是在特殊情况下使用的，并不推荐正常使用。

3.2 了解编码规范

由于现在的 Web 开发往往是多人一起合作完成的，所以使用相同的编码规范显得非常重要，特别是新的开发人员参与时，往往需要知道前面开发的代码中变量或函数的作用等，如果使用统一的编码规范，就容易多了。

3.2.1 什么是编码规范

编码规范规定了某种语言的一系列默认编程风格，用来增强这种语言的可读性、规范性和可维护性。编码规范主要包括语言下的文件组织、缩进、注释、声明、空格处理、命名规则等。

遵守 PHP 编码规范有下列好处：

- 编码规范是团队开发中对每个成员的基本要求。对编码规范遵循得好坏是一个程序员成熟程度的表现。
- 能够提高程序的可读性，利于开发人员互相交流。
- 良好一致的编程风格在团队开发中可以达到事半功倍的效果。
- 有助于程序的维护，可以降低软件成本。

3.2.2 PHP 的一些编码规范

PHP 作为高级语言的一种，十分强调编码规范。以下是规范在三个方面的体现。

1. 表述

比如在 PHP 的正常表述中，每一条 PHP 语句都是以“;”结尾，这个规范就告诉 PHP 要执行此语句。例如：

```
<?php
    echo "PHP 以分号表示语句的结束和执行。";
?>
```

2. 空白

PHP 对空格、回车造成的新行、Tab 等留下的空白的处理也遵循编码规范。PHP 对它们都进行忽略。这跟浏览器对 HTML 语言中的空白的处理是一样的。

3. 注释

为了增强可读性，在很多情况下，程序员都需要在程序语句的后面添加文字说明。这些注释的风格有几种，分别是 C 语言风格、C++风格和 Shell 风格。

(1) C 语言风格。例如：

```
/*这是 C 语言风格的注释内容*/
```

这种方法还可以多行使用。例如：

```
/*这是
  C 语言风格
  的注释内容
*/
```

(2) C++风格。例如：

```
//这是 C++风格的注释内容行一
//这是 C++风格的注释内容行二
```

这种方法只能一句注释占用一行。使用时可单独一行，也可以使用在 PHP 语句之后的同一行。

(3) Shell 风格。例如：

```
#这是 Shell 风格的注释内容
```

这种方法只能一句注释占用一行。使用时可单独一行，也可以使用在 PHP 语句之后的同一行。

3.3 常　　量

在 PHP 中，常量是一旦声明就无法改变的值。本节来讲述如何声明和使用常量。

3.3.1 声明和使用常量

PHP 通过 define()命令来声明常量。格式如下：

```
define("常量名", 常量值);
```

常量名是一个字符串，往往在 PHP 编码规范的指导下使用大写的英文字符来表示。例如 CLASS_NAME、MYAGE 等。

常量值可以是很多种 PHP 数据类型的，可以是数组，可以是对象，当然也可以是字符和数字。

常量就像变量一样储存数值，但是，与变量不同的是，常量的值只能设定一次，并且无论在代码的任何位置，它都不能被改动。

常量声明后具有全局性，函数内外都可以访问。

【例 3.1】(示例文件 ch03\3.1.php)

```
<HTML>
<HEAD>
    <TITLE>自定义变量</TITLE>
</HEAD>
<BODY>
<?php
    define("HUANY","欢迎学习 PHP 基本语法知识");
    echo HUANY;
?>
</BODY>
<HTML>
```

本程序的运行结果如图 3-1 所示。

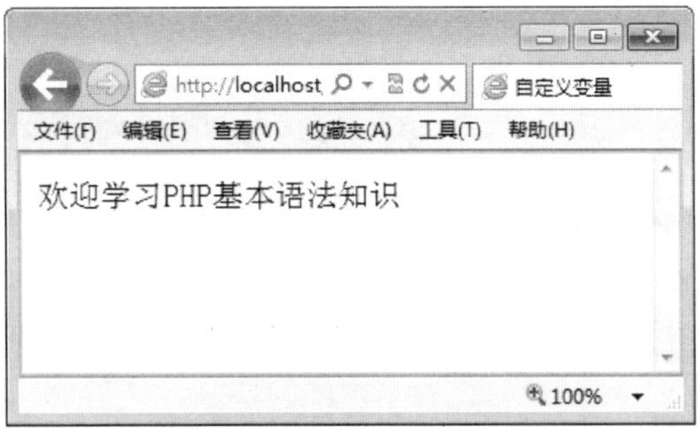

图 3-1　声明和使用常量

案例分析：

(1) 用 define 函数声明一个常量。而常量的全局性体现在可在函数内外进行访问。

(2) 常量只能储存布尔值、整型、浮点型和字符串数据。

3.3.2　使用内置常量

PHP 的内置常量是指 PHP 在语言内部预先定义好的一些量。PHP 中预定了很多系统内置常量，这些常量可以被随时调用。例如，下面是一些常见的内置常量。

1. __FILE__

这个默认常量是 PHP 程序文件名。若引用文件(include 或 require)，则在引用文件内的该常量为引用文件名，而不是引用它的文件名。

2. __LINE__

这个默认常量是 PHP 程序行数。若引用文件(include 或 require)，则在引用文件内的该常量为引用文件的行数，而不是引用它的文件的行数。

3. PHP_VERSION

这个内建常量是 PHP 程序的版本，如‘3.0.8-dev’。

4. PHP_OS

这个内建常量指执行 PHP 解析器的操作系统名称，如‘Linux’。

5. TRUE

这个常量就是真值(true)。

6. FALSE

这个常量就是伪值(false)。

7. E_ERROR

这个常量指到最近的错误处。

8. E_WARNING

这个常量指到最近的警告处。

9. E_PARSE

该常量为解析语法有潜在问题处。

10. E_NOTICE

这个量为发生异常(但不一定是错误)处。例如存取一个不存在的变量。

下面举例说明系统常量的使用方法。

【例 3.2】(示例文件 ch03\3.2.php)

```
<HTML>
<HEAD>
    <TITLE>系统变量</TITLE>
</HEAD>
<BODY>
<?php
    echo(__FILE__);
    echo "<p>";
    echo(__LINE__);
    echo "<p>";
    echo(PHP_VERSION);
    echo "<p>";
    echo(PHP_OS);
?>
</BODY>
<HTML>
```

本程序的运行结果如图 3-2 所示。

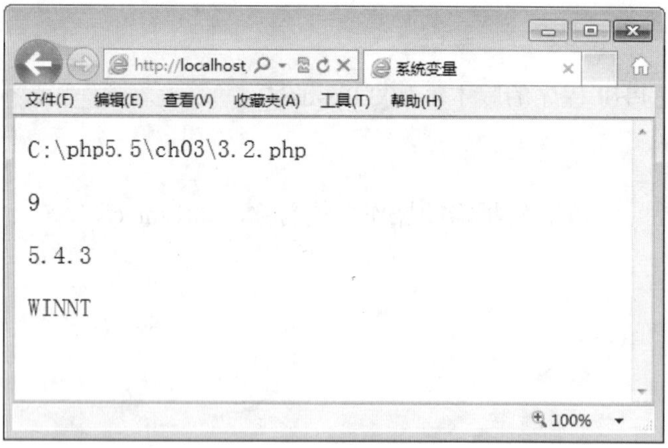

图 3-2　使用内置常量

案例分析：

(1) echo “<p>”语句表示为输出换行。

(2) echo(__FILE__)语句输出文件的文件名，包括详细的文件路径。echo(__LINE__)语句输出该语句所在的行数。echo(PHP_VERSION)语句输出 PHP 程序的版本。echo(PHP_OS)语句输出执行 PHP 解析器的操作系统名称。

3.4 变 量

变量像是一个贴有名字标签的空盒子。不同的变量类型对应不同种类的数据，就像不同种类的东西要放入不同种类的盒子一样。

3.4.1 PHP 中的变量声明

与 C 或 Java 语言中不同的是，PHP 中的变量是弱类型的。在 C 或 Java 中，需要对每一个变量声明类型，而在 PHP 中不需要这样做。这是极其方便的。

PHP 中的变量一般以“$”作为前缀，然后以字母 a-z 的大小写或者“_”下划线开头。这是变量的一般表示。

合法的变量名可以是：

```
$hello
$Aform1
$_formhandler
```

非法的变量名如：

```
$168
$!like
```

3.4.2 可变变量和变量的引用

一般的变量很容易理解，但是有两种变量的概念比较难于理解，这就是可变变量和变量的引用。我们通过下面的例子对它们进行学习。

【例 3.3】(示例文件 ch03\3.3.php)

```
<HTML>
<HEAD>
    <TITLE>系统变量</TITLE>
</HEAD>
<BODY>
<?php
    $value0 = "guest";
    $$value0 = "customer";
    echo $guest."<br />";
    $guest = "feifei";
    echo $guest."\t".$$value0."<br />";
    $value1 = "xiaoming";
    $value2 = &$value1;
```

```
    echo $value1."\t".$value2."<br />";
    $value2 = "lili";
    echo $value1."\t".$value2;
?>
</BODY>
<HTML>
```

本程序运行结果如图 3-3 所示。

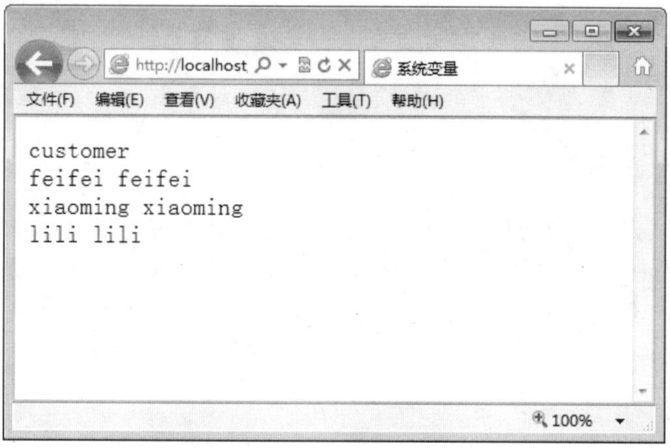

图 3-3 使用可变变量和变量的引用

案例分析：

(1) 在代码的第一部分中，$value0 被赋值为 guest。而$value0 相当于 guest，则$$value0 相当于$guest。所以当$$value0 被赋值为 customer 时，打印$guest 就得到 customer。反之，当$guest 变量被赋值为 feifei 时，打印$$value0 同样得到 feifei。这就是可变变量。

(2) 在代码的第二部分中，$value1 被赋值为 xiaoming，然后通过“&”引用变量$value1 并赋值给$value2。而这一步的实质是，给变量$value1 添加了一个别名$value2。所以打印时，都得出原始赋值 xiaoming。由于$value2 是别名，与$value1 指的是同一个变量，所以$value2 被赋值为 lili 后，$value1 和$value2 都得到新值 lili。

(3) 可变变量其实是允许改变一个变量的变量名。允许使用一个变量的值作为另外一个变量的名。

(4) 变量引用相当于给变量添加了一个别名。用“&”来引用变量。其实两个变量名指的都是同一个变量。就像是给同一个盒子贴了两个名字标签，两个名字标签指的都是同一个盒子。

3.4.3 变量作用域

所谓变量作用域(Scope)，是指特定变量在代码中可以被访问到的位置。在 PHP 中，有 6 种基本的变量作用域法则。

- 内置超全局变量：在代码中的任意位置都可以访问到。
- 常数：一旦声明，它就是全局性的。可以在函数内外使用。

- 全局变量：在代码中声明，可在代码中访问，但是不能在函数内访问。
- 在函数中声明为全局变量的变量：就是同名的全局变量。
- 在函数中创建和声明为静态变量的变量：在函数外是无法访问的，但是这个静态变量的值是得以保留的。
- 在函数中创建和声明的局部变量：在函数外是无法访问的，并且在本函数终止时终止并退出。

1. 超全局变量

超全局变量英文是 Superglobal 或者 Autoglobal(自动全局变量)。这种变量的特性是，不管在程序的任何地方都可以访问，也不管是函数内或是函数外，都可以访问。而这些“超全局变量”就是由 PHP 预先定义好，以方便使用的。

这些“超全局变量”或“自动全局变量”如下所示。

- $GLOBALS：包含全局变量的数组。
- $_GET：包含所有通过 GET 方法传递给代码的变量的数组。
- $_POST：包含所有通过 POST 方法传递给代码的变量的数组。
- $_FILES：包含文件上传变量的数组。
- $_COOKIE：包含 cookie 变量的数组。
- $_SERVER：包含服务器环境变量的数组。
- $_ENV：包含环境变量的数组。
- $_REQUEST：包含用户所有输入内容的数组(包括$_GET、$_POST 和$_COOKIE)。
- $_SESSION：包含会话变量的数组。

2. 全局变量

全局变量其实就是在函数外声明的变量，在代码中都可以访问。但是在函数内是不能访问的。这是因为函数默认就不能访问在其外部的全局变量。

下面通过例子介绍全局变量的使用方法和技巧。

【例 3.4】(示例文件 ch03\3.4.php)

```
<HTML>
<HEAD>
   <TITLE> </TITLE>
</HEAD>
<BODY>
<?php
$room = 20;
function showrooms(){
   echo $room;
}
showrooms();
echo $room.'间房间。';
?>
</BODY>
<HTML>
```

本程序运行结果如图 3-4 所示。

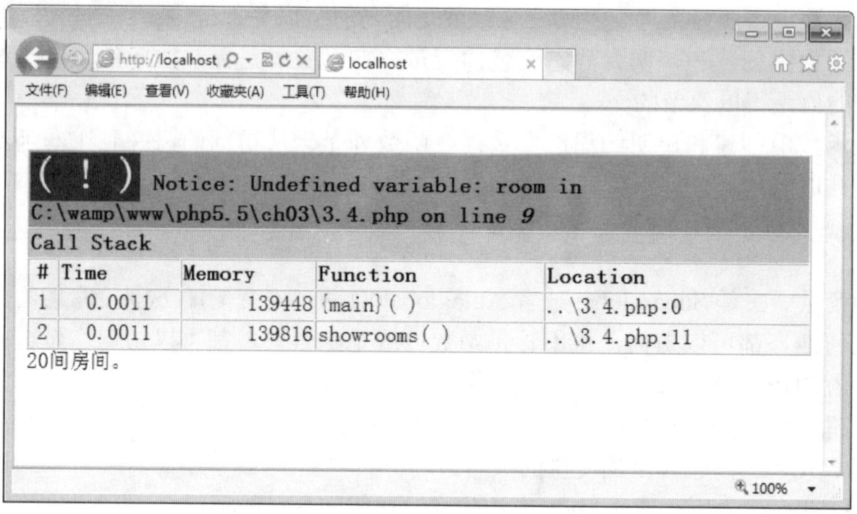

图 3-4　使用全局变量

案例分析：

出现上述结果，是因为函数无法访问到外部全局变量，但是在代码中都可以访问全局变量。如果想让函数访问某个全局变量，可以在函数中通过 global 关键字来声明。就是说，要告诉函数，它要调用的变量是一个已经存在或者即将创建的同名全局变量，而不是默认的本地变量。

下面通过例子介绍使用 global 关键字的方法和技巧。

【例 3.5】(示例文件 ch03\3.5.php)

```
<HTML>
<HEAD>
    <TITLE> </TITLE>
</HEAD>
<BODY>
<?php
$room = 20;
function showrooms(){
    global $room;
    echo $room.'间新房间。<br />';
}
showrooms();
echo $room.'间房间。';
?>
</BODY>
<HTML>
```

本程序运行结果如图 3-5 所示。

图 3-5　使用 global 关键字

另外，读者还可以通过“超全局变量”中的$GLOBALS 数组进行访问。

下面的例子介绍如何使用$GLOBALS 数组。

【例 3.6】(示例文件 ch03\3.6.php)

```
<HTML>
<HEAD>
   <TITLE> </TITLE>
</HEAD>
<BODY>
<?php
$room = 20;
function showrooms(){
   $room = $GLOBALS['room'];
   echo $room.'间新房间。<br />';
}
showrooms();
echo $room.'间房间。';
?>
</BODY>
<HTML>
```

本程序运行结果如图 3-6 所示。

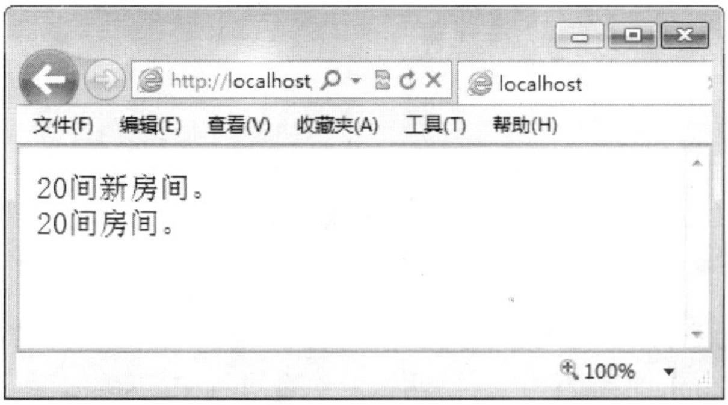

图 3-6　使用$GLOBALS 数组

结果与前面的例子完全相同，可见两种方法都可以实现同一个效果。

3. 静态变量

静态变量只在函数内存在，函数外无法访问。但是执行后，其值保留。

也就是说，这一次执行完毕后，这个静态变量的值保留，下一次再执行此函数，这个值还可以调用。

通过下面的例子介绍静态变量的使用方法和技巧。

【例 3.7】(示例文件 ch03\3.7.php)

```
<HTML>
<HEAD>
    <TITLE>静态变量</TITLE>
</HEAD>
<BODY>
<?php
$person = 20;
function showpeople(){
    static $person = 5;
    $person++;
    echo '再增加一位，将会有 '.$person.' 位 static 人员。<br />';
}
showpeople();
echo $person.' 人员。<br />';
showpeople();
?>
</BODY>
<HTML>
```

本程序运行结果如图 3-7 所示。

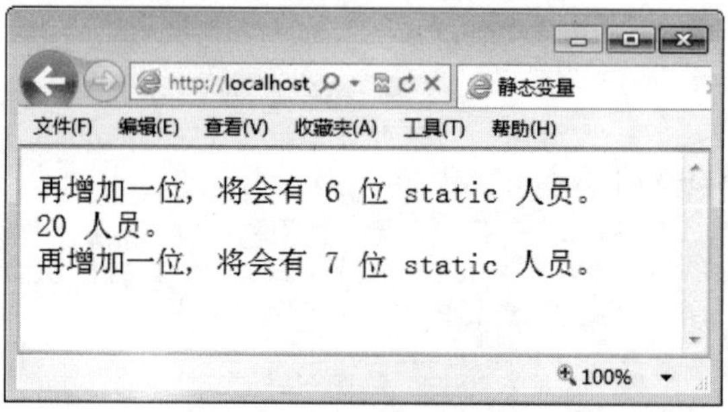

图 3-7 使用静态变量

案例分析：

(1) 其中函数外的 echo 语句无法调用函数内的 static $person，它调用的是$person = 20。

(2) 另外，showpeople()函数被执行了两次，这个过程中，static $person 的运算值得以保留，并且通过$person++进行了累加。

3.5 理解变量的类型

从 PHP 4 开始，PHP 中的变量不需要事先声明，赋值即声明。声明和使用这些数据类型前，读者需要了解它们的含义和特性。下面介绍整型、浮点型、布尔值和两个较特殊类型。

3.5.1 什么是类型

不同的数据类型其实就是所储存数据的不同种类。PHP 主要有下列数据类型。

- 整型(integer)：用来储存整数。
- 浮点型(float)：用来储存实数。
- 字符串(string)：用来储存字符串。
- 布尔值(boolean)：用来储存真(true)或假(false)。
- 数组(array)：用来储存一组数据。
- 对象(object)：用来储存一个类的实例。

作为弱类型语言，PHP 也被称为动态类型语言。在强类型语言中(例如 C 语言)，一个变量只能储存一种类型的数据，并且这个变量在使用前必须声明变量类型。而在 PHP 中，给变量赋什么类型的值，这个变量就是什么类型的。例如以下几个变量：

```
$hello = 'hello world';
//由于'hello world'是字符串，则变量$hello 的数据类型就为字符串类型
$hello = 100;
//由于 100 为整型，所以$hello 也就为整型
$wholeprice = 100.0;
//由于 100.0 为浮点型，所以$wholeprice 就是浮点型
```

由此可见，对于变量而言，如果没有定义变量的类型，则它的类型由所赋值的类型来决定。

3.5.2 整型(integer)

整型是数据类型中最为基本的类型。在 32 位的运算中，整型的取值范围是-2147483648 ~ +2147483647。整型可以表示为十进制、十六进制和八进制数。

例如：

```
3560    //十进制整数
01223    //八进制整数
0x1223    //十六进制整数
```

3.5.3 浮点型(float 或 double)

浮点型就是实数。在大多数运行平台下，这个数据类型的大小为 8 个字节。它的近似取值范围是 2.2E-308 ~ 1.8E+308(科学计数法)。

例如：

```
-1.432
1E+07
0.0
```

3.5.4 布尔型(boolean)

布尔型只有两个值，就是 true 和 false。布尔型是十分有用的数据类型，通过它，程序实现了逻辑判断的功能。

而对于其他的数据类型，基本都有布尔属性。

- 整型：为 0 时，其布尔属性为 false，为非零值时，其布尔属性为 true。
- 浮点型：为 0.0 时，其布尔属性为 false，为非零值时，其布尔属性为 true。
- 字符串型：空字符串“”，或者零字符串“0”时，为 false，包含除此以外的字符串时为 true。
- 数组型：若不含任何元素，为 false，只要包含元素，则为 true。
- 对象型、资源型：永远为 true。
- 空型：永远为 false。

3.5.5 字符串型(string)

字符串型的数据是引号之间的一串字符。引号有双引号“”和单引号‘’两种。

但是这两种表示也有一定的区别。

双引号几乎可以包含所有的字符。但是其中显示的变量的值，而不是变量的名。而有些特殊字符在使用时需要加上“\”这一转义符号。

单引号内的字符是被直接表示出来的。

下面通过一个例子来讲述上面 5 种类型的使用方法和技巧。

【例 3.8】(示例文件 ch03\3.8.php)

```
<HTML>
<HEAD>
    <TITLE>变量的类型</TITLE>
</HEAD>
<BODY>
<?php
    $int1 = 2012;
    $int2 = 01223;     //八进制整数
    $int3 = 0x1223;    //十六进制整数
    echo "输出整数类型的值：";
    echo $int1;
    echo "\t";    //输出一个制表符
    echo $int2;    //输出 659
    echo "\t";
    echo $int3;    //输出 4643
    echo "<br>";
    $float1 = 54.66;
```

```
    echo $float1;   //输出 54.66
    echo "<br>";
    echo "输出布尔型变量: ";
    echo (Boolean)($int1);    //将 int1 整型转化为布尔变量
    echo "<br>";
    $string1 = "字符串类型的变量";
    echo $string1;
?>
</BODY>
<HTML>
```

本程序的运行结果如图 3-8 所示。

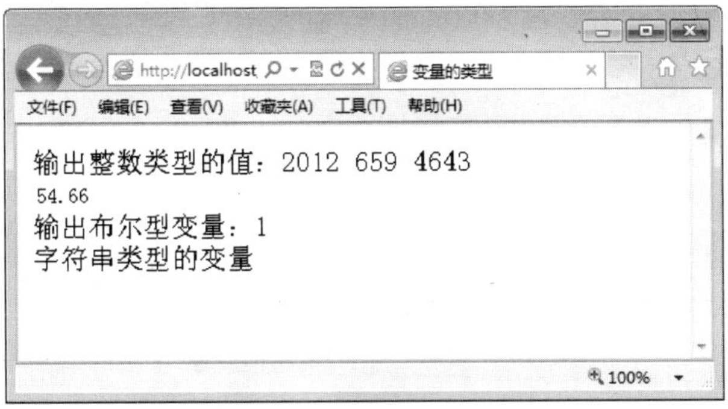

图 3-8 使用各种数据类型

3.5.6 数组型(array)

数组是 PHP 变量的集合，它是按照“键”与“值”对应的关系组织数据的。数组的键可以是整数，也可以是字符串。

在默认情况下，数组元素的键为从零开始的整数。

在 PHP 中，使用 list()函数或 array()函数来创建数组，也可以直接进行赋值。

下面使用 array()函数创建数组。

【例 3.9】(示例文件 ch03\3.9.php)

```
<HTML>
<HEAD>
   <TITLE>数组变量</TITLE>
</HEAD>
<BODY>
<?php
$arr=array
(
   0=>15,
   2=>1E+05,
   1=>"开始学习 PHP 基本语法了",
);
for ($i=0; $i<count($arr); $i++)
{
```

```
    $arr1 = each($arr);
    echo "$arr1[value]<br>";
}
?>
</BODY>
<HTML>
```

本程序的运行结果如图 3-9 所示。

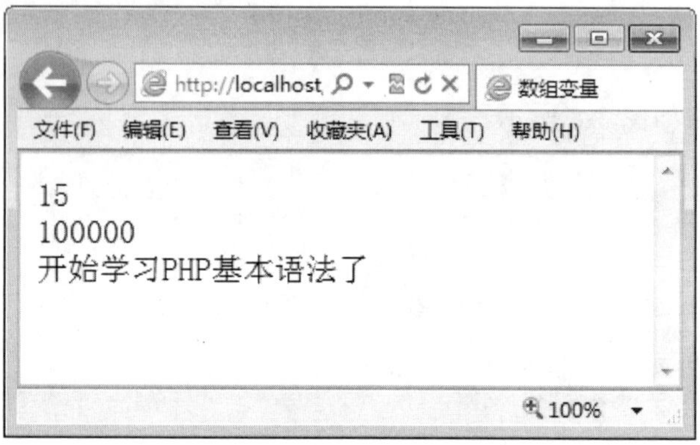

图 3-9 使用 array()函数创建数组

案例分析：

(1) 程序中用=>为数组赋值，数组的下标只是存储的标识，没有任何其他意义，数组元素的排列以加入的先后顺序为准。

(2) 本程序采用 for 循环语句输出整个数组，其中 count 函数返回数组的个数，echo 函数返回当前数组指针的索引/值对，后面章节中将详细讲述函数的使用方法。

上面例子中的语句可以简化如下。

【例 3.10】(示例文件 ch03\3.10.php)

```
<HTML>
<HEAD>
    <TITLE>数组变量</TITLE>
</HEAD>
<BODY>
<?php
$arr = array(15,1E+05,"开始学习 PHP 基本语法了");
for ($i=0; $i<3; $i++)
{
    echo $arr[$i]<br>";
}
?>
</BODY>
<HTML>
```

本程序运行结果如图 3-10 所示。

从结果可以看出，两种写法的运行结果完全一样。

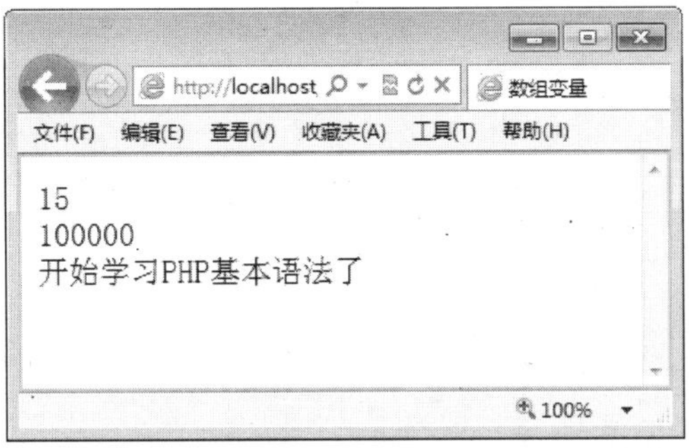

图 3-10　简化后的程序运行结果

另外，读者还可以对数组的元素一个一个地赋值，下面举例说明。上面的程序中的语句可以写成如下形式。

【例 3.11】(示例文件 ch03\3.11.php)

```
<HTML>
<HEAD>
    <TITLE>数组变量</TITLE>
</HEAD>
<BODY>
<?php
$arr[0] = 15;
$arr[2] = 1E+05;
$arr[1] = "开始学习 PHP 基本语法了";
for ($i=0; $i<count($arr); $i++)
{
    $arr1 = each($arr);
    echo "$arr1[value]<br>";
}
?>
</BODY>
<HTML>
```

本程序运行结果如图 3-11 所示。

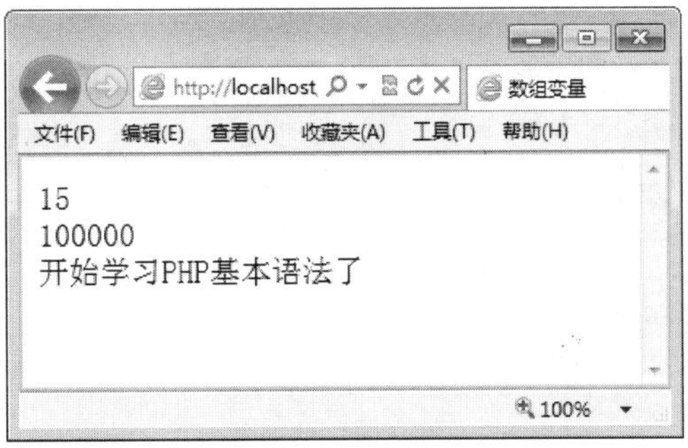

图 3-11　逐个赋值时的程序运行结果

从结果可以看出，一个一个赋值的方法与上面两种写法的运行结果是一样的。

3.5.7 对象型(object)

对象就是类的实例。当一个类被实例化以后，这个生成的对象被传递给一个变量，这个变量就是对象型变量。对象型变量也属于资源型变量。

3.5.8 NULL 型

NULL 类型用来标记一个变量为空。但一个空字符串与一个 NULL 是不同的。在数据库存储时，会把空字符串和 NULL 区分开处理。NULL 型在布尔判断时永远为 false。很多情况下，在声明一个变量的时候可以直接先赋值为 NULL 型，如$value = NULL。

3.5.9 资源类型(Resource)

Resources 类型就是资源类型，它也是十分特殊的数据类型，表示了 PHP 的扩展资源，它可以是一个打开的文件，可以是一个数据库连接，甚至可以是其他数据类型。但是在编程过程中，资源类型却是几乎永远接触不到的。

3.5.10 数据类型之间的相互转换

数据从一个类型转换到另外一个类型，就是数据类型转换。在 PHP 语言中，有两种常见的转换方式：自动数据类型转换和强制数据类型转换。

1. 自动数据类型转换

这种转换方法最为常用。直接输入数据的转换类型即可。

例如，float 型转换为整数 int 型，小数点后面的数将被舍弃。如果 float 数超过了整数的取值范围，则结果可能是 0 或者整数的最小负数。

【例 3.12】(示例文件 ch03\3.12.php)

```
<HTML>
<HEAD>
    <TITLE>自动数据类型转换</TITLE>
</HEAD>
<BODY>
<?php
$flo1 = 1.86;
echo (int)$flo1."<br>";
$flo2 = 4E32; //超过整数取值范围
echo (int)$flo2;
?>
</BODY>
<HTML>
```

程序运行结果如图 3-12 所示。

图 3-12 自动数据类型转换

2. 强制数据类型转换

在 PHP 中，可以使用 setType 函数强制转换数据类型。基本语法如下：

```
Bool setType(var, string type)
```

> 注意：type 的可能值不能包含资源类型数据。

【例 3.13】(示例文件 ch03\3.13.php)

```
<HTML>
<HEAD>
    <TITLE>强制数据类型转换</TITLE>
</HEAD>
<BODY>
<?php
$flo1 = 1.86;
echo setType($flo1, "int");
?>
</BODY>
<HTML>
```

程序运行结果如图 3-13 所示。

图 3-13 使用强制类型转换

3.6 学习使用运算符

PHP 包含三种类型的运算符。一元运算符、二元运算符和三元运算符。一元运算符用在一个操作数之前，二元运算符用在两个操作数之间，三元运算符是作用在三个操作数之间。

3.6.1 算术运算符

算术运算符是最简单，也是最常用的运算符。常见的算术运算符如表 3-1 所示。

表 3-1 常用运算符

运 算 符	名 称
+	加法运算
-	减法运算
*	乘法运算
/	除法运算
%	取余运算
++	累加运算
--	累减运算

【例 3.14】(示例文件 ch03\3.14.php)

```
<HTML>
<HEAD>
    <TITLE>算术运算符</TITLE>
</HEAD>
<BODY>
<?php
    $a=13;
    $b=2;
    echo $a."+".$b."=";
    echo $a+$b."<br>";
    echo $a."-".$b."=";
    echo $a-$b."<br>";
    echo $a."*".$b."=";
    echo $a*$b."<br>";
    echo $a."/".$b."=";
    echo $a/$b."<br>";
    echo $a."%".$b."=";
    echo $a%$b."<br>";
    echo $a."++"."=";
    echo $a++."<br>";
    echo $a."--"."=";
    echo $a--."<br>";
?>
</BODY>
<HTML>
```

程序运行结果如图 3-14 所示。

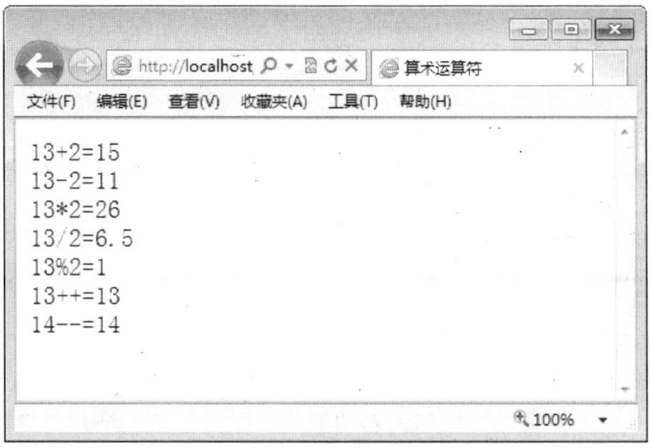

图 3-14　使用算术运算符

提示　除了数值可以进行自增运算外，字符也可以进行自增运算操作。例如 b++，结果将等于 c。

3.6.2　字符串连接符

字符运算符“.”把两个字符串连接起来，变成一个字符串。如果变量是整型或浮点型，PHP 也会自动地把它们转换为字符串输出。

【例 3.15】(示例文件 ch03\3.15.php)

```
<HTML>
<HEAD>
    <TITLE>算术运算符</TITLE>
</HEAD>
<BODY>
<?php
    $a = "把两个字符串";
    $b = 10.25;
    echo $a."连接起来，".$b."天。";
?>
</BODY>
<HTML>
```

程序运行结果如图 3-15 所示。

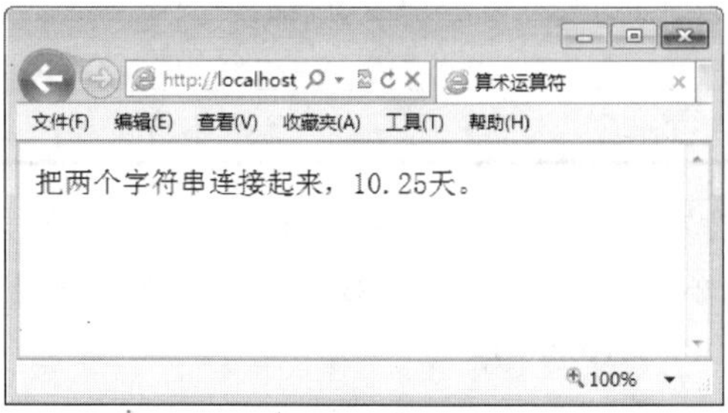

图 3-15　使用字符串连接符

3.6.3 赋值运算符

赋值运算符的作用是把一定的数值加载给特定的变量。

赋值运算符的具体含义如表 3-2 所示。

表 3-2 赋值运算符

运 算 符	名 称
=	将右边的值赋值给左边的变量
+=	将左边的值加上右边的值，赋给左边的变量
-=	将左边的值减去右边的值，赋给左边的变量
*=	将左边的值乘以右边的值，赋给左边的变量
/=	将左边的值除以右边的值，赋给左边的变量
.=	将左边的字符串连接到右边
%=	将左边的值对右边的值取余数，赋给左边的变量

例如，\$a-=\$b 等价于\$a=\$a-\$b，其他赋值运算符与之类似。从表 3-2 可以看出，赋值运算符可以使程序更加简练，从而提高执行效率。

3.6.4 比较运算符

比较运算符用来比较其两端数值的大小。比较运算符的具体含义如表 3-3 所示。

表 3-3 比较运算符

运 算 符	名 称
==	相等
!=	不相等
>	大于
<	小于
>=	大于等于
<=	小于等于
===	精确等于(类型)
!==	不精确等于

其中，===和!==需要特别注意一下。\$b===\$c 表示\$b 和\$c 不只是数值上相等，而且两者的类型也一样；\$b!==\$c 表示\$b 和\$c 有可能是数值不等，也可能是类型不同。

【例 3.16】(示例文件 ch03\3.16.php)

```
<HTML>
<HEAD>
```

```
    <TITLE>使用比较运算符</TITLE>
</HEAD>
<BODY>
<?PHP
    $value="15";
    echo "\$value = \"$value\"";
    echo "<br>\$value==15: ";
    var_dump($value==15);        //结果为:bool(true)
    echo "<br>\$value==true: ";
    var_dump($value==true);        //结果为:bool(true)
    echo "<br>\$value!=null: ";
    var_dump($value!=null);        //结果为:bool(true)
    echo "<br>\$value==false: ";
    var_dump($value==false);       //结果为:bool(false)
    echo "<br>\$value === 100: ";
    var_dump($value===100);       //结果为:bool(false)
    echo "<br>\$value===true: ";
    var_dump($value===true);       //结果为:bool(true)
    echo "<br>(10/2.0 !== 5): ";
    var_dump(10/2.0 !==5);         //结果为:bool(true)
?>
</BODY>
<HTML>
```

程序运行结果如图 3-16 所示。

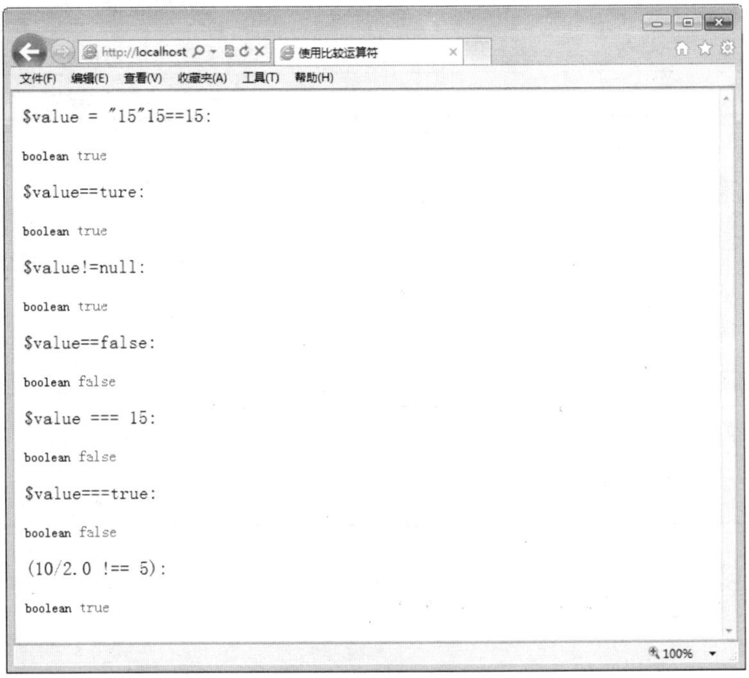

图 3-16　使用比较运算符

3.6.5 逻辑运算符

一个编程语言最重要的功能之一就是进行逻辑判断和运算。比如逻辑和、逻辑或、逻辑非。逻辑运算符的含义如表 3-4 所示。

表 3-4 逻辑运算符

运 算 符	名 称
&&、AND	逻辑和
||、OR	逻辑或
!、NOT	逻辑非
XOR	逻辑异或

2.6.6 按位运算符

按位运算符是把整数以“位”为单位进行处理。按位运算符的含义如表 3-5 所示。

表 3-5 按位运算符

运 算 符	名 称
&	按位和
|	按位或
^	按位异或

3.6.7 否定控制运算符

否定控制运算符用在“操作数”之前，用于对操作数真假的判断。否定控制运算符的含义如表 3-6 所示。

表 3-6 否定控制运算符

运 算 符	名 称
!	逻辑非
~	按位非

3.6.8 错误控制运算符

错误控制运算符是用“@”来表示的，在一个操作数之前使用，该运算符用来屏蔽错误信息的生成。

3.6.9 三元运算符

三元运算符是作用在三个操作数之间的。这样的运算符在 PHP 中只有一个，即“? :”。

3.6.10 运算符的优先级和结合规则

运算符的优先级和结合规则其实与正常的数学运算符的规则十分相似：

- 加减乘除的先后顺序与数学运算中的完全一致。
- 对于括号，则先运行括号内，再运行括号外。
- 对于赋值，则由右向左运行，也就是依次从右边向左边的变量进行赋值。

3.7 PHP 中的表达式

表达式是表达一个特定操作或动作的语句。表达式由“操作数”和“操作符”组成。

操作数可以是变量，也可以是常量。

操作符则体现了要表达的各个行为，如逻辑判断、赋值、运算等。

例如$a=5 就是表达式，而$a=5;则为语句。另外，表达式也有值，例如表达式$a=1 的值为 1。

提示　在 PHP 代码中，使用“;”号来区分表达式和语句，即一个表达式和一个分号组成一条 PHP 语句。在编写代码程序时，应该特别注意表达式后面的“;”，不要漏写或写错，否则会提示语法错误。

3.8 创建多维数组

前面讲述了如何创建一维数组，本节讲述如何创造多维数组。多维数组的和一维数组的区别是有两个或多个下标，它们的用法基本相似。

下面给出创建二维数组的例子。

【例 3.17】(示例文件 ch03\3.17.php)

```
<HTML>
<HEAD>
   <TITLE>二维数组</TITLE>
</HEAD>
<BODY>
<?php
   $arr[0][0] = 10;
   $arr[0][1] = 22;
   $arr[1][0] = 1E+05;
   $arr[1][1] = "开始学习 PHP 基本语法了";
```

```
    for ($i=0; $i<count($arr); $i++)
    {
        for ($k=0; $k<count($arr[$i]); $k++)
        {
            $arr1 = each($arr[$i]);
            echo "$arr1[value]<br>";
        }
    }
?>
</BODY>
<HTML>
```

程序运行结果如图 3-17 所示。

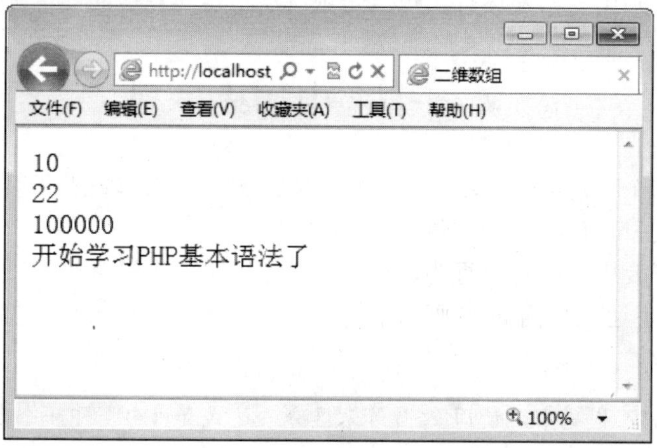

图 3-17 创建二维数组

3.9 疑难解惑

疑问 1：如何灵活运用命名空间(namespace)?

命名空间(namespaces)作为一个比较宽泛的概念，可以理解为用来封装各个项目的手段。比如文件系统中不同文件夹路径中的两个文件的文件名可以完全相同，但由于是在不同的文件夹中，所以是两个完全不同的文件。

PHP 的命名空间也是这样的一个概念。它主要用于在“类的命名”、“函数命名”及“常量命名”中避免代码冲突和在命名空间下管理变量名和常量名。

命名空间使用 namespace 关键字在文件头部定义。例如：

```
<?php
namespace 2ndbuilding\number24;
class room{}
$room = new __NAMESPACE__.room;
?>
```

命名空间还可以拥有子空间，它们组合起来，就像文件夹的路径一样。对于命名空间的使用，可以通过内置变量__NAMESPACE__来使用命名空间及其子空间。

疑问 2：如何快速区分常量和变量？

常量和变量的明显区别如下：

- 常量前面没有美元符号($)。
- 常量只能用 define()函数定义，而不能通过赋值语句定义。
- 常量可以不用理会变量范围的规则，可以在任何地方定义和访问。
- 常量一旦定义就不能被重新定义或者取消定义。
- 常量的值只能是标量。

第4章

PHP 的语言结构

编程语言都是由各种程序结构组成的，常见的有顺序结构、分支结构和循环结构。在学习程序结构前，读者还需要对函数的知识进行学习。本章主要介绍 PHP 语言中的函数及语言结构的使用方法和技巧。

4.1 函 数

函数的英文为 function，这个词也是功能的意思。顾名思义，使用函数就是要在编程过程中实现一定的功能，也就是通过一段代码块来实现一定的功能。比如通过一定的功能记录下酒店客人的个人信息，每到他生日的时候自动给他发送祝贺 E-mail，并且这个发信“功能”可以重用，将来在某个客户的结婚纪念日也使用这个功能给他发送祝福 E-mail。可见，函数就是实现一定功能的一段特定的代码。

4.1.1 认识 PHP 函数

实际上，前面我们早已使用过函数了。例如用 define()函数定义一个常量。如果现在再写一个程序，则同样可以调用 define()函数。

在更多的情况下，程序员面对的是自定义函数。其结构如下：

```
function name_of_function(param1, param2, ...){
    statement;
}
```

其中，name_of_function 是函数名，param1、param2 是参数，而 statement 是函数的具体内容。

4.1.2 定义和调用函数

下面以自定义和调用函数为例进行讲解。本例主要实现酒店欢迎页面。

【例 4.1】(示例文件 ch04\4.1.php)

```
<HTML>
<HEAD>
<meta http-equiv="Content-Type" content="text/html; charset=gb2312" />
</HEAD>
<BODY>
<?php
function sayhello($customer){
    return $customer.", 欢迎您来到 GoodHome 酒店。";
}
echo sayhello('张先生');
?>
</BODY>
</HTML>
```

程序运行结果如图 4-1 所示。

图 4-1　定义和调用函数

案例分析：

值得一提的是，此函数是以值的形式返回的。也就是说 return 语句返回值时，创建了一个值的拷贝，并把它返回给使用此函数的命令或函数，在这里是 echo 命令。

4.1.3　向函数传递参数值

由于函数是一段封闭的程序，很多时候，程序员都需要向函数内传递一些数据，来进行操作。

可以接受传入参数的函数定义形式如下：

```
function 函数名称(参数 1, 参数 2){
    算法描述，其中使用参数 1 和参数 2;
}
```

下面以酒店房间住宿费总价为例进行讲解。

【例 4.2】(示例文件 ch04\4.2.php)

```
<HTML>
<HEAD>
<meta http-equiv="Content-Type" content="text/html; charset=gb2312" />
</HEAD>
<BODY>
<?php
function totalneedtopay($days,$roomprice){
    $totalcost = $days*$roomprice;
    "需要支付的总价:$totalcost"."元。";
}
$rentdays = 3;
$roomprice = 168;
totalneedtopay($rentdays,$roomprice);
totalneedtopay(5,198);
?>
</BODY>
</HTML>
```

运行结果如图 4-2 所示。

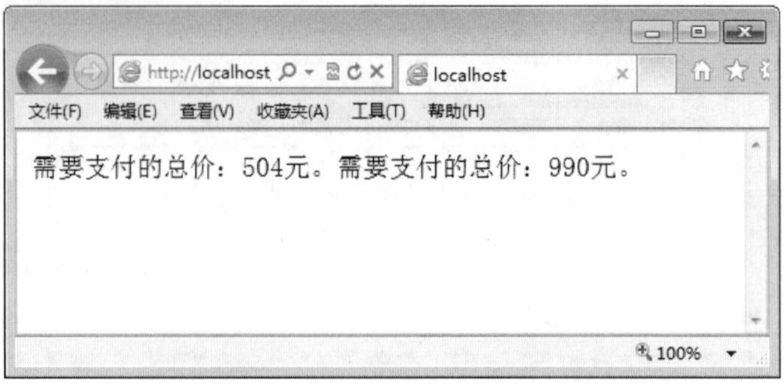

图 4-2　向函数传递参数值

案例分析：

(1) 以这种方式传递参数值的方法就是向函数传递参数值。

(2) 其中 function totalneedtopay($days,$roomprice){}定义了函数和参数。

(3) 不管是通过变量$rentdays 和$roomprice 向函数内传递参数值，还是像 totalneedtopay (5,198)这样直接传递参数值，效果都是一样的。

4.1.4　向函数传递参数引用

向函数传递参数引用，其实就是向函数传递变量引用。参数引用一定是变量引用，静态数值是没有引用一说的。变量引用其实就是对变量名的使用，即是对变量位置的使用。

下面仍然以酒店服务费总价为例进行讲解。

【例 4.3】(示例文件 ch04\4.3.php)

```
<HTML>
<HEAD>
<meta http-equiv="Content-Type" content="text/html; charset=gb2312" />
</HEAD>
<BODY>
<?php
$fee = 300;
$serviceprice = 50;
function totalfee(&$fee, $serviceprice){
    $fee = $fee + $serviceprice;
    echo "需要支付的总价:$fee"."元。";
}
totalfee($fee, $serviceprice);
totalfee($fee, $serviceprice);
?>
</BODY>
</HTML>
```

运行结果如图 4-3 所示。

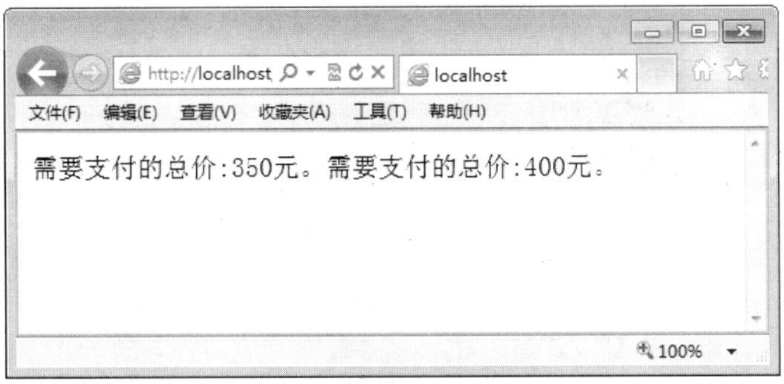

图 4-3　向函数传递参数引用

案例分析：

(1) 以这种方式传递参数值的方法就是向函数传递参数引用。使用“&”符号表示参数引用。

(2) 其中 function totalfee(&$fee, $serviceprice){}定义了函数、参数和参数引用。变量$fee 是以参数引用的方式进入函数的。当函数的运行结果改变了变量$fee 的引用的时候，在函数外的变量$fee 的值也发生了改变。也就是函数改变了外部变量的值。

4.1.5　从函数中返回值

以上的一些例子中，都是把函数运算完成的值直接打印出来。但是，很多情况下，程序并不需要直接把结果打印出来，而是仅仅给出结果，并且把结果传递给调用这个函数的程序，为其所用。

这里需要用到 return 关键字。下面以酒店客房费用为例进行讲解。

【例 4.4】(示例文件 ch04\4.4.php)

```
<HTML>
<HEAD>
<meta http-equiv="Content-Type" content="text/html; charset=gb2312" />
</HEAD>
<BODY>
<?php
function totalneedtopay($days,$roomprice){
   return $days*$roomprice;
}
$rentdays = 3;
$roomprice = 168;
echo totalneedtopay($rentdays,$roomprice);
?>
</BODY>
</HTML>
```

运行结果如图 4-4 所示。

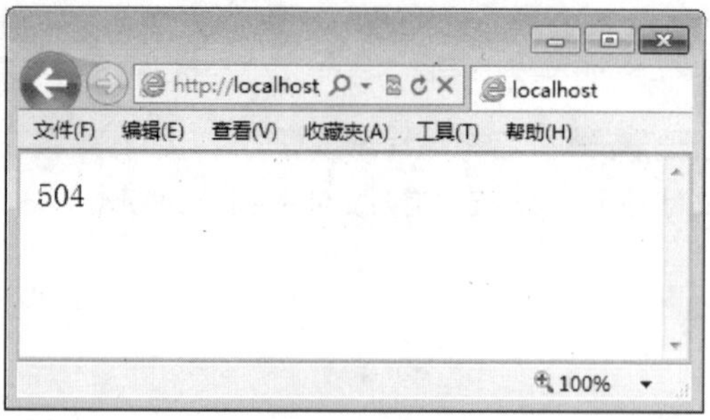

图 4-4　从函数中返回值

案例分析：

(1) 在函数 function totalneedtopay($days,$roomprice)的算法中，直接使用 return 把运算的值返回给调用此函数的程序。

(2) 其中 echo totalneedtopay($rentdays,$roomprice);语句调用了此函数，totalneedtopay()把运算结果值返回给了 echo 语句。才有上面的显示。当然，这里也可以不用 echo 来处理返回值，也可以对它进行其他处理，比如赋值给变量等。

4.1.6　引用函数

不管是 PHP 中的内置函数，还是程序员在程序中的自定义函数，都可以直接简单地通过函数名调用。但是在操作过程中也有些不同，大致分为以下 3 种情况：

- 如果是 PHP 的内置函数，如 date()，可以直接调用。
- 如果这个函数是 PHP 的某个库文件中的函数，则需要用 include()或 require()命令把此库文件加载，然后才能使用。
- 如果是自定义函数，若与引用程序在同一个文件中，则可直接引用，若此函数不在当前文件内，则需要用 include()或 require()命令加载。

对函数的引用，实质上是对函数返回值的引用。

【例 4.5】(示例文件 ch04\4.5.php)

```
<html>
<head>
<meta http-equiv="Content-Type" content="text/html; charset=gb2312" />
<title>对函数的引用</title>
</head>
<body>
<?php
function &example($aa=1){                  //定义一个函数，别忘了加“&”符
   return $aa;                             //返回参数$str
}
$bb = &example("引用函数的实例");           //声明一个函数的引用$str1;
echo $bb."<p>";
?>
</body>
</html>
```

运行结果如图 4-5 所示。

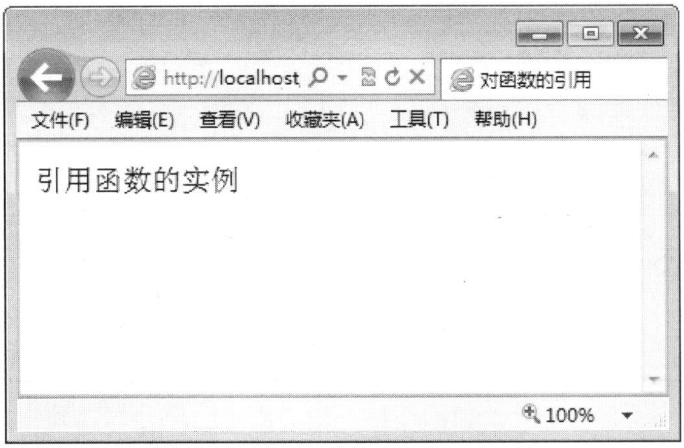

图 4-5　引用函数

案例分析：

(1) 本例首先定义一个函数，然后变量$bb 将引用函数，最后输出变量$bb，实质上是$aa的值。

(2) 与参数传递不同，使用函数引用时，定义函数和引用函数都必须使用“&”符，表明返回的是一个引用。

4.1.7　取消函数引用

对于不需要引用的函数，可以做取消操作。取消引用函数使用 unset()函数来完成，目的是断开变量名和变量内容之间的绑定，此时并没有销毁变量内容。

【例 4.6】(示例文件 ch04\4.6.php)

```
<html>
<head>
<meta http-equiv="Content-Type" content="text/html; charset=gb2312" />
<title>对函数取消引用</title>
</head>
<body>
<?php
   $num = 166;                                //声明一个整型变量
   $math = &$num;                             //声明一个对变量$num 的引用$math
   echo "\$math is:  ".$math."<br>";   //输出引用$math
   unset($math);                              //取消引用$math
   echo "\$math is: ".$math."<br>";    //再次输出引用
   echo "\$num is:  ".$num;                   //输出原变量
?>
</body>
</html>
```

运行结果如图 4-6 所示。

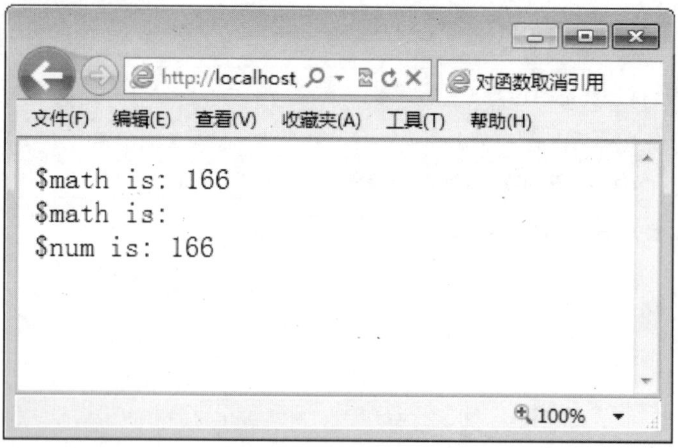

图 4-6　取消函数引用

案例分析：

本程序首先声明一个变量和变量的引用，输出引用后取消引用，再次调用引用和原变量。从图 4-6 可以看出，取消引用后，对原变量没有任何影响。

4.2　流程控制概述

流程控制，也叫控制结构，是在一个应用中用来定义执行程序流程的程序。它决定了某个程序段是否会被执行和执行多少次。

PHP 中的控制语句分为 3 类：顺序控制语句、条件控制语句和循环控制语句。其中顺序控制语句是从上到下依次执行的，这种结构没有分支和循环，是 PHP 程序中最简单的结构，本书不再讲述。下面主要讲述条件控制语句和循环语句。

4.3　条件控制结构

条件控制语句中包含两个主要的语句，一个是 if 语句，一个是 switch 语句。

4.3.1　单一条件分支结构(if 语句)

if 语句是最为常见的条件控制语句。它的格式为：

```
if(条件判断语句){
    执行语句;
}
```

这种形式只是对一个条件进行判断。如果条件成立，则执行命令语句，否则不执行。

if 语句的控制流程如图 4-7 所示。

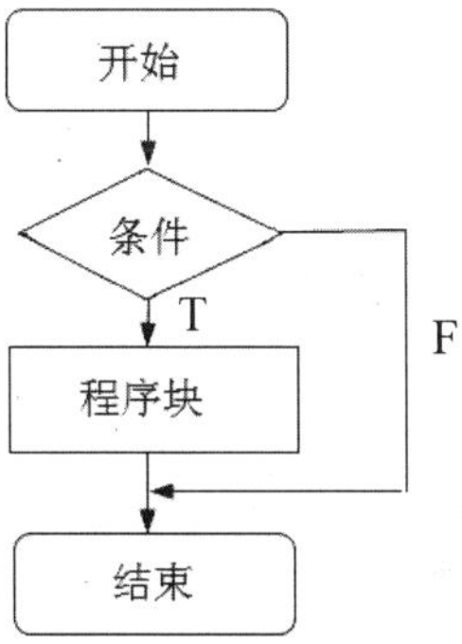

图 4-7　if 语句的控制流程

【例 4.7】(示例文件 ch04\4.7.php)

```
<html>
<head>
<meta http-equiv="Content-Type" content="text/html; charset=gb2312" />
<title>if 语句的使用</title>
</head>
<body>
<?php
$num = rand(1,100);                              //使用 rand()函数生成一个随机数
if ($num % 2 != 0){                              //判断变量$num 是否为奇数
    echo "\$num = $num";                         //如果为奇数，输出表达式和说明文字
    echo "<br>$num 是奇数。";
}
?>
</body>
</html>
```

运行后刷新页面，结果如图 4-8 所示。

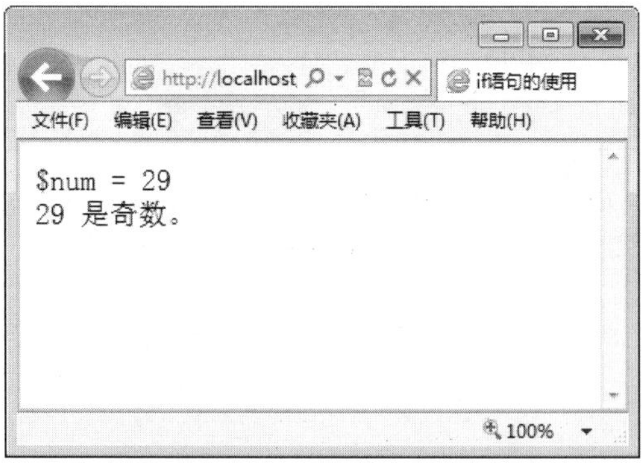

图 4-8　使用 if 语句

案例分析：

(1) 此案例首先使用 rand()函数随机生成一个整数$sum，然后判断这个随机整数是不是奇数，如果是，则输出上述结果，如果不是，则不输出任何内容，所以如果页面内容显示为空，则刷新页面即可。

(2) rand()函数返回随机整数。语法格式如下：

```
rand(min,max)
```

此函数主要是返回 min 和 max 之间的一个随机整数。如果没有提供可选参数 min 和 max，rand()将返回 0 到 RAND_MAX 之间的伪随机整数。

4.3.2 双向条件分支结构(if…else 语句)

如果是非此即彼的条件判断，可以使用 if…else 语句。它的格式为：

```
if(条件判断语句){
    执行语句A;
}else{
    执行语句B;
}
```

这种结构形式首先判断条件是否为真，如果为真，则执行语句 A，否则执行语句 B。
if…else 语句的控制流程如图 4-9 所示。

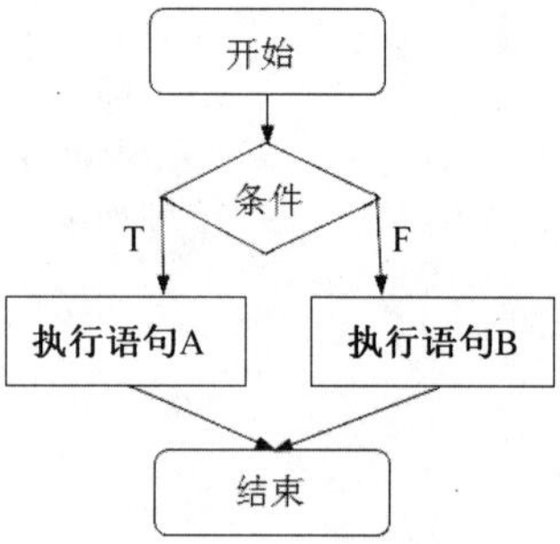

图 4-9 if...else 的控制流程

【例 4.8】(示例文件 ch04\4.8.php)

```
<html>
<head>
<meta http-equiv="Content-Type" content="text/html; charset=gb2312" />
<title>if…else 语句的使用</title>
</head>
<body>
<?php
$d = date("D");
if ($d=="Fri")
    echo "今天是周五哦!";
else
    echo "可惜今天不是周五!";
?>
</body>
</html>
```

运行结果如图 4-10 所示。

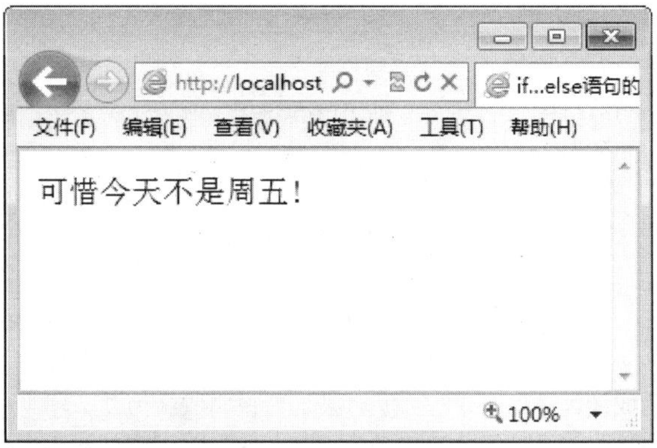

图 4-10 使用 if...else 语句

4.3.3 多向条件分支结构(elseif 语句)

在条件控制结构中，有时会出现多于两种的选择，此时可以使用 elseif 语句。它的语法格式为：

```
if(条件判断语句){
    命令执行语句;
}elseif(条件判断语句){
    命令执行语句;
}
...
else{
    命令执行语句;
}
...
```

elseif 语句的控制流程如图 4-11 所示。

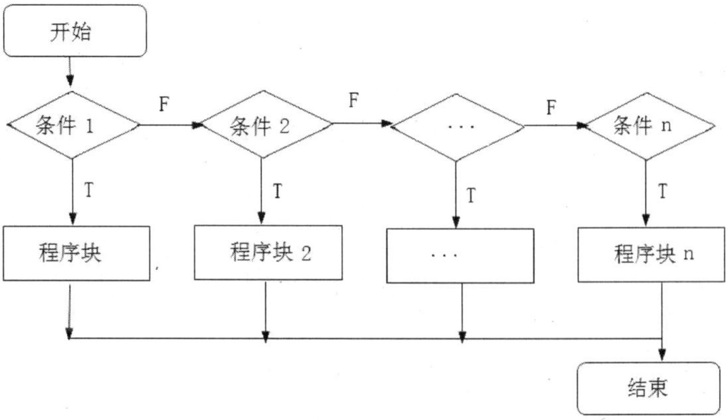

图 4-11 elseif 语句的控制流程

【**例 4.9**】(示例文件 ch04\4.9.php)

```
<html>
<head>
<meta http-equiv="Content-Type" content="text/html; charset=gb2312" />
<title>elseif 语句的使用</title>
</head>
<body>
<?php
    $score = 85;                              //设置成绩变量$score
    if ($score >= 0 and $score <= 60){        //判断成绩变量是否在 0~60 之间
        echo "您的成绩为差";      //如果是，说明成绩为差
    }elseif($score > 60 and $score <= 80){  //否则判断成绩变量是否在 61~80 之间
        echo "您的成绩为中等";    //如果是，说明成绩为中等
    }else{                                    //如果两个判断都是 false，则输出默认值
        echo "您的成绩为优等";    //说明成绩为优等
    }
?>
</body>
</html>
```

运行结果如图 4-12 所示。

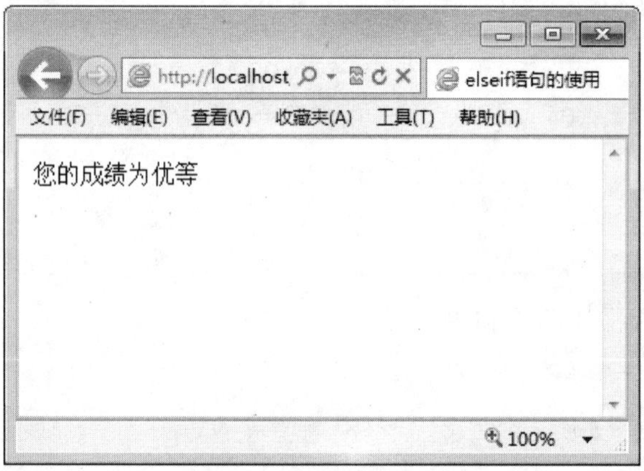

图 4-12　使用 elseif 语句

4.3.4　多向条件分支结构(switch 语句)

switch 语句的结构给出不同情况下可能执行的程序块，条件满足哪个程序块，就执行哪个。它的语法格式为：

```
switch(条件判断语句){
    case 判断结果为 a:
        执行语句 1;
        break;
```

```
    case 判断结果为b:
        执行语句2;
        break;
    ...
    default:
        执行语句n;
}
```

若“条件判断语句”的结果符合哪个可能的“判断结果”，就执行其对应的“执行语句”。如果都不符合，则执行 default 对应的默认“执行语句 n”。

switch 语句的控制流程如图 4-13 所示。

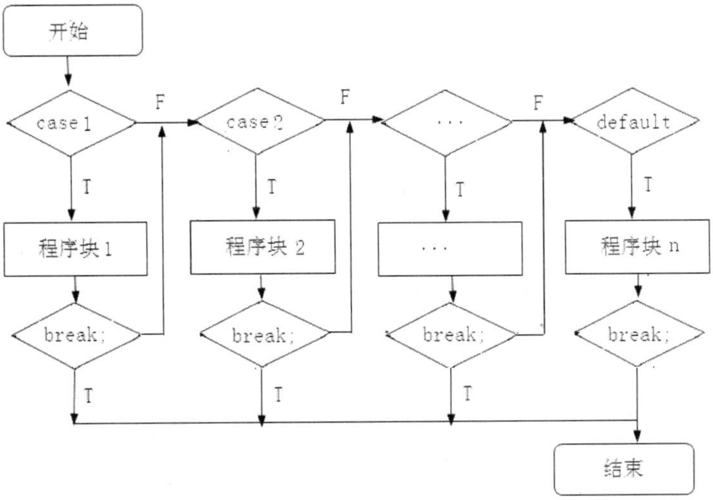

图 4-13　switch 语句的控制流程

【例 4.10】(示例文件 ch04\4.10.php)

```
<html>
<head>
<meta http-equiv="Content-Type" content="text/html; charset=gb2312" />
<title>switch 语句的使用</title>
</head>
<body>
<?php
x = 5;
switch ($x)
{
    case 1:
        echo "数值为 1";
        break;
    case 2:
        echo "数值为 2";
        break;
    case 3:
```

```
        echo "数值为 3";
        break;
    case 4:
        echo "数值为 4";
        break;
    case 5:
        echo "数值为 5";
        break;
    default:
        echo "数值不在 1~5 之间";
}
?>
</body>
</html>
```

运行结果如图 4-14 所示。

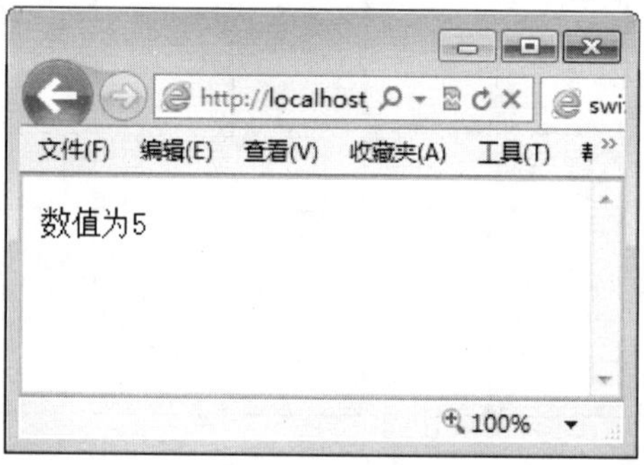

图 4-14　使用 switch 语句

4.4　循环控制结构

循环控制语句中主要包括 3 个语句，即 while 循环、do…while 循环和 for 循环。while 循环在代码运行的开始检查条件的真假；而 do…while 循环则是在代码运行的末尾检查条件的真假，所以，do…while 循环至少要运行一遍。

4.4.1　while 循环语句

while 循环的结构为：

```
while (条件判断语句){
    执行语句;
}
```

其中当“条件判断语句”为 true 时，执行后面的“执行语句”，然后返回到条件表达式继续进行判断，直到表达式的值为假，才能跳出循环，执行后面的语句。

while 循环语句的控制流程如图 4-15 所示。

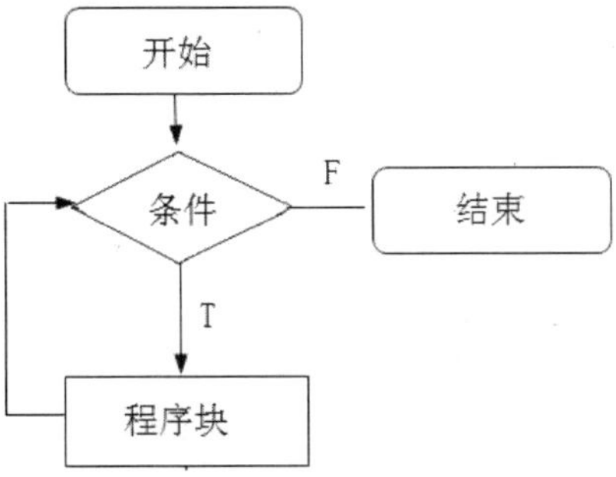

图 4-15 while 语句的控制流程

【例 4.11】(示例文件 ch04\4.11.php)

```
<html>
<head>
<meta http-equiv="Content-Type" content="text/html; charset=gb2312" />
<title>while 语句的使用</title>
</head>
<body>
<?php
    $num = 1;
    $str = "20 以内的奇数为: ";
    while($num <=20){
        if($num % 2!= 0){
            $str .= $num." ";
        }
        $num++;
    }
    echo $str;
?>
</body>
</html>
```

运行结果如图 4-16 所示。

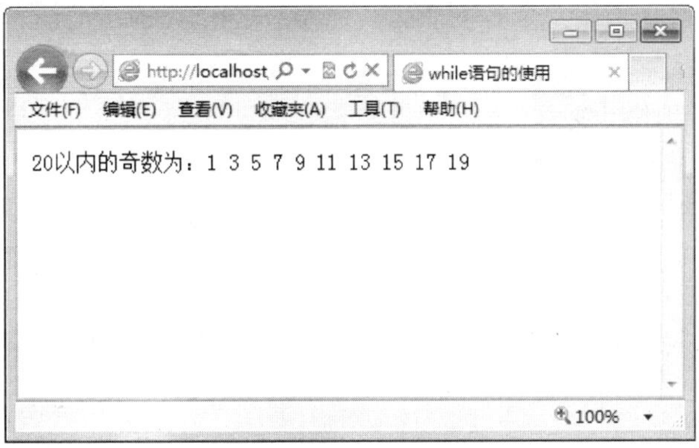

图 4-16 使用 while 循环语句

案例分析：

本例主要实现 20 以内的奇数输出。从 1~20 依次判断是否为奇数，如果是，则输出；如果不是，则继续下一次循环。

4.4.2 do...while 循环语句

do…while 循环的结构为：

```
do{
    执行语句;
}while(条件判断语句)
```

首先执行 do 后面的“执行语句”，其中的变量会随着命令的执行发生变化。当此变量通过 while 后的“条件判断语句”判断为 false 时，将停止循环执行“执行语句”。

do…while 循环语句的控制流程如图 4-17 所示。

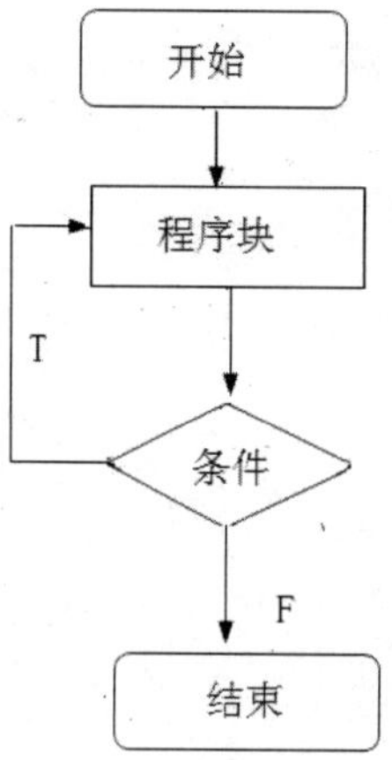

图 4-17　do...while 循环语句的控制流程

【例 4.12】(示例文件 ch04\4.12.php)

```
<html>
<head>
<meta http-equiv="Content-Type" content="text/html; charset=gb2312" />
<title>while 语句的使用</title>
</head>
<body>
<?php
    $aa = 0;                                  //声明一个整数变量$aa
    while($aa != 0){                          //使用 while 循环输出
        echo "不会被执行的内容";              //这句不会被输出
    }
    do{                                       //使用 do...while 循环输出
        echo "被执行的内容";                  //这句会被输出
    }while($aa != 0);
?>
</body>
</html>
```

运行结果如图 4-18 所示。从结果可以看出，while 语句和 do…while 有很大的区别。

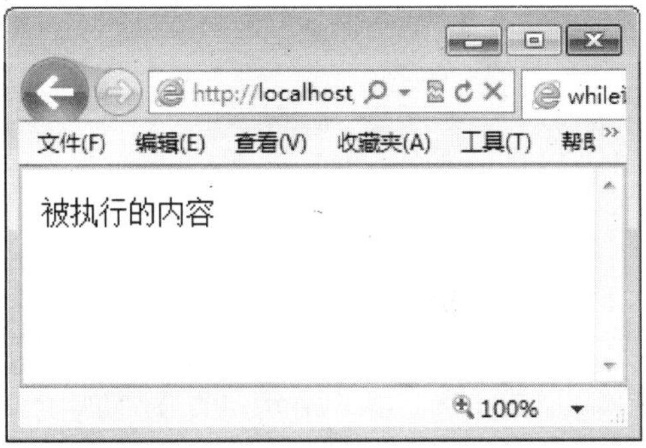

图 4-18　使用 do…while 语句

4.4.3　for 循环语句

for 循环的结构如下：

```
for(expr1; expr2; expr3)
{
    命令语句;
}
```

其中 expr1 为条件的初始值，expr2 为判断的最终值，通常都是用比较表达式或逻辑表达式充当判断的条件，执行完命令语句后，再执行 expr3。

for 循环语句的控制流程如图 4-19 所示。

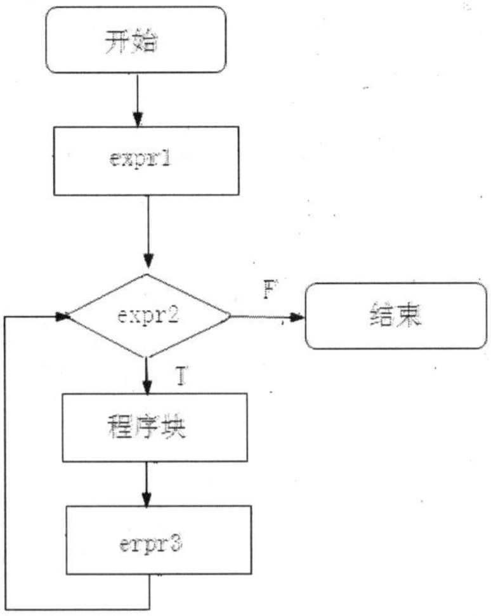

图 4-19　for 循环语句的控制流程

【例 4.13】(示例文件 ch04\4.13.php)

```
<HTML>
<HEAD>
```

```
<meta http-equiv="Content-Type" content="text/html; charset=gb2312" />
</HEAD>
<BODY>
<?php
    for($i=0; $i<4; $i++){
        echo "for 语句的功能非常强大<br>";
    }
?>
</BODY>
</HTML>
```

运行结果如图 4-20 所示。从中可以看出，语句执行了 4 次。

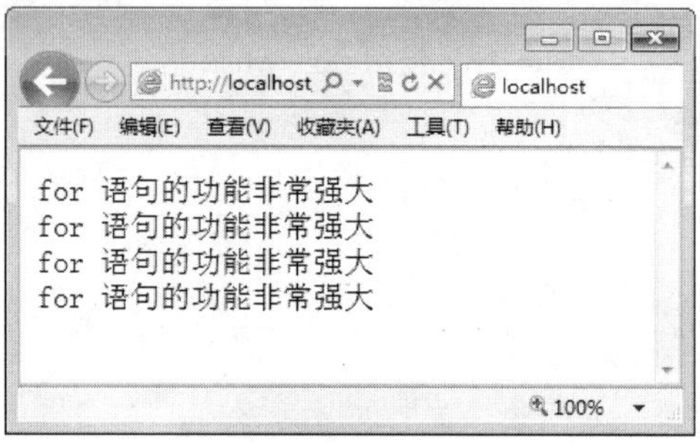

图 4-20　使用 for 循环语句

4.4.4　foreach 循环语句

foreach 语句是十分常用的一种循环语句，它经常被用来遍历数组元素，格式为：

```
foreach(数组 as 数组元素){
    对数组元素的操作命令;
}
```

可以把数组分为两种情况，即不包含键值的数组和包含键值的数组。

(1)　不包含键值的数组：

```
foreach(数组 as 数组元素值){
    对数组元素的操作命令;
}
```

(2)　包含键值的数组：

```
foreach(数组 as 键值 => 数组元素值){
    对数组元素的操作命令;
}
```

每进行一次循环，当前数组元素的值就会被赋值给数组元素值变量，数组指针会逐一地移动，直到遍历结束为止。

【例 4.14】(示例文件 ch04\4.14.php)

```
<html>
<body>
```

```
<?php
$arr = array("one", "two", "three");
foreach ($arr as $value)
{
   echo "数组值: " . $value . "<br />";
}
?>
</body>
</html>
```

运行结果如图 4-21 所示。从中可以看出，语句执行了 3 次。

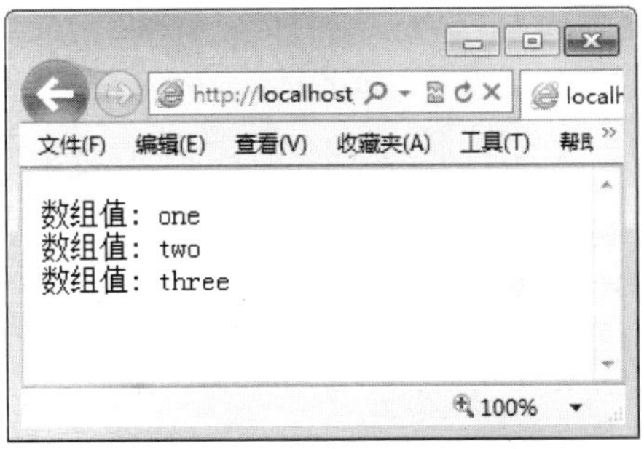

图 4-21　使用 foreach 循环语句

4.4.5　流程控制的另一种书写格式

在一个含有多条件、多循环的语句中，包含多个{}，查看起来比较繁琐。流程控制语句的另外一种书写方式是以“:”来代替左边的大括号，使用 endif、endwhile、endfor、endreach 和 endswitch 来替代右边的大括号，这种描述程序结构的可读性比较强。

例如常见的格式如下。

(1)　if 语句：

```
if(条件判断语句):
   执行语句 1;
elseif(条件判断语句):
   执行语句 2;
elseif(条件判断语句):
   执行语句 3;
...
else:
   执行语句 n;
endif;
```

(2)　switch 语句：

```
switch(条件判断语句):
   case  判断结果 a:
      执行语句 1;
   case  判断结果 b:
      执行语句 2;
```

```
    ...
    default:
        执行语句 n;
endswitch;
```

(3) while 循环：

```
while(条件判断语句):
    执行语句;
endwhile;
```

(4) do…while 循环：

```
do
    命令执行语句;
while(条件判断语句);
```

(5) for 循环：

```
for(初始化语句;条件终止语句; 增幅语句):
    执行语句;
endfor;
```

【例 4.15】(示例文件 ch04\4.15.php)

```
<html>
<head>
<meta http-equiv="Content-Type" content="text/html; charset=gb2312" />
<title>杨辉三角</title>
</head>
<body>
<?php
    $mixnum = 1;
    $maxnum = 10;
    $tmparr[][] = array();
    $tmparr[0][0] = 1;
    for($i = 1; $i < $maxnum; $i++):
        for($j = 0; $j <= $i; $j++):
            if($j == 0 or $j == $i):
                $tmparr[$i][$j] = 1;
                  else:
                $tmparr[$i][$j] = $tmparr[$i - 1][$j - 1] + $tmparr[$i - 1][$j];
           endif;
        endfor;
     endfor;
     foreach($tmparr as $value):
        foreach($value as $vl)
            echo $vl.' ';
        echo '<p>';
     endforeach;
?>
</body>
</html>
```

运行结果如图 4-22 所示。从中可以看出，该代码使用新的书写格式实现了杨辉三角的排列输出。

图 4-22　使用流程控制的另一种书写格式

4.4.6　使用 break/continue 语句跳出循环

break 关键字用来跳出(也就是终止)循环控制语句和条件控制语句中的 switch 控制语句的执行。例如：

```
<?php
$n = 0;
while (++$n) {
    switch ($n) {
    case 1:
        echo "case one";
        break;
    case 2:
        echo "case two";
        break 2;
    default:
        echo "case three";
        break 1;
    }
}
?>
```

在这段程序中，while 循环控制语句里面包含一个 switch 流程控制语句。在程序执行到 break 语句时，break 会终止执行 switch 语句，或者是终止执行 switch 和 while 语句。其中，

case 1 下的 break 语句跳出了 switch 语句。case 2 下的 break 2 语句跳出 switch 语句和包含 switch 的 while 语句。case 3 下的 break 1 语句与 case 1 下的 break 语句一样，只是跳出 switch 语句。这里，break 后所携带的数字参数是指 break 要跳出的控制语句结构的层数。

使用 continue 关键字的作用是，跳开当前的循环迭代项，直接进入到下一个循环迭代项，继续执行程序。下面通过一个示例来说明此关键字的作用。

【例 4.16】(示例文件 ch04\4.16.php)

```
<HTML>
<HEAD>
<meta http-equiv="Content-Type" content="text/html; charset=gb2312" />
</HEAD>
<BODY>
  <?php
  $n = 0;
  while ($n++ < 6) {
     if ($n == 2){
          continue;
     }
      echo $n."<br />";
  }
  ?>
</BODY>
</HTML>
```

运行结果如图 4-23 所示。

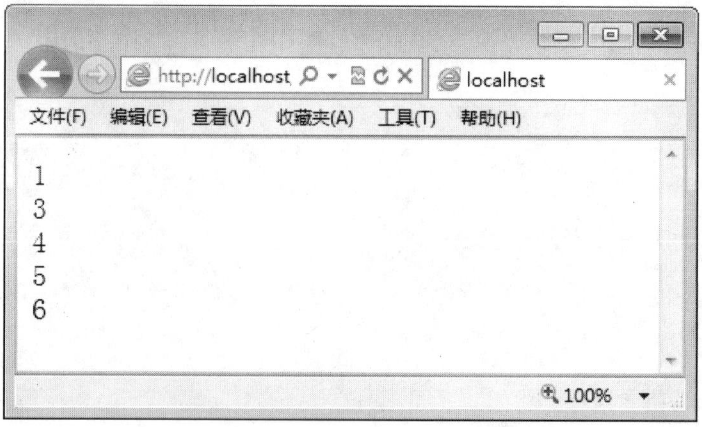

图 4-23 使用 continue 关键字

案例分析：

continue 关键字在 n 等于 2 的时候跳离本次循环，并且直接进入到下一个循环迭代项，即当 n 等于 3。另外，continue 关键字和 break 关键字一样，都可以在后面直接跟一个数字参数，用来表示跳开循环的结构层数。continue 与 continue 1 相同。continue 2 表示跳离所在循环和上一级循环的当前迭代项。

4.5 综合应用条件分支结构

下面的例子讲述条件分支结构的综合应用。

【例 4.17】(示例文件 ch04\4.17.php)

```
<HTML>
<HEAD>
<meta http-equiv="Content-Type" content="text/html; charset=gb2312" />
</HEAD>
<BODY>
<?php
$members = Null;
function checkmembers($members){
    if ($members < 1){
        echo "我们不能为少于一人的顾客提供房间。<br />";
    }else{
        echo "欢迎来到 GoodHome 酒店。<br />";
    }
}
checkmembers(2);
checkmembers(0.5);
function checkmembersforroom($members){
    if ($members < 1){
        echo "我们不能为少于一人的顾客提供房间。<br />";
    }elseif( $members == 1 ){
        echo "欢迎来到 GoodHome 酒店。 我们将为您准备单床房。<br />";
    }elseif( $members == 2 ){
        echo "欢迎来到 GoodHome 酒店。 我们将为您准备标准间。<br />";
    }elseif( $members == 3 ){
        echo "欢迎来到 GoodHome 酒店。 我们将为您准备三床房。<br />";
    }else{
        echo "请直接电话联系我们，我们将依照具体情况为您准备合适的房间。<br />";
    }
}
checkmembersforroom(1);
checkmembersforroom(2);
checkmembersforroom(3);
checkmembersforroom(5);
function switchrooms($members){
    switch ($members){
        case 1:
            echo "欢迎来到 GoodHome 酒店。 我们将为您准备单床房。<br />";
            break;
        case 2:
            echo "欢迎来到 GoodHome 酒店。 我们将为您准备标准间。<br />";
            break;
        case 3:
```

```
            echo "欢迎来到 GoodHome 酒店。 我们将为您准备三床房。<br />";
            break;
        default:
            echo "请直接电话联系我们，我们将依照具体情况为您准备合适的房间。";
            break;
    }
}
switchrooms(1);
switchrooms(2);
switchrooms(3);
switchrooms(5);
?>
</BODY>
</HTML>
```

运行结果如图 4-24 所示。

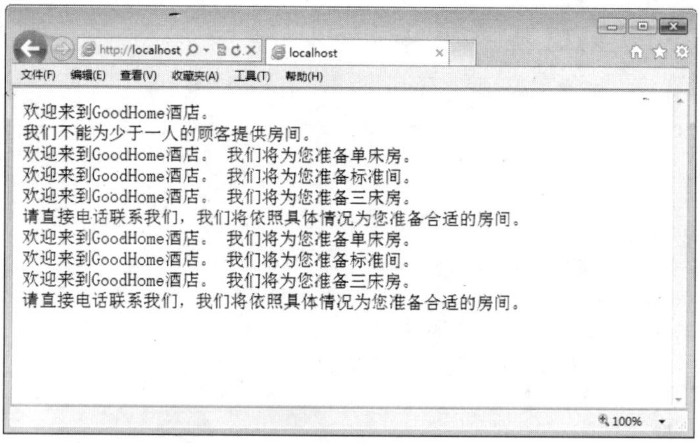

图 4-24 综合应用条件分支结构

案例分析：

其中最后 4 行由 switch 语句实现。其他输出均由 if 语句实现。

4.6 综合应用循环控制结构

下面以遍历已订房间门牌号为例，介绍循环控制语句应用技巧。

【例 4.18】(示例文件 ch04\4.18.php)

```
<HTML>
<HEAD>
<meta http-equiv="Content-Type" content="text/html; charset=gb2312" />
</HEAD>
<BODY>
<?php
$bookedrooms = array('102','202','203','303','307');
for ($i=0; $i<5; $i++){
```

```
    echo $bookedrooms[$i]."<br />";
}
function checkbookedroom_while($bookedrooms){
    $i = 0;
    while (isset($bookedrooms[$i])){
        echo $i.":".$bookedrooms[$i]."<br />";
        $i++;
    }
}
checkbookedroom_while($bookedrooms);
$i = 0;
do{
    echo $i."-".$bookedrooms[$i]."<br />";
    $i++;
} while($i < 2);
?>
</BODY>
</HTML>
```

运行结果如图 4-25 所示。

图 4-25 综合应用循环控制结构

案例分析：

其中，102 到 307 由 for 循环实现。0:102 到 4:307 由 while 循环实现。0-102 和 1-202 由 do…while 循环实现。for 循环和 while 循环都完全遍历了数组$bookedrooms，而 do…while 循环由于 while($i < 2)，所以 do 后面的命令执行了两次。

4.7 疑 难 解 惑

疑问 1：如何合理运用 include_once()和 require_once()?

include()和 require()函数在其他 PHP 语句执行之前运行，引入需要的语句并加以执行。但是每次运行包含此语句的 PHP 文件时，include()和 require()函数都要运行一次。include()和 require()函数如果在先前已经运行过，并且引入了相同的文件，则系统就会重复引入这个文件，从而产生错误。而 include_once()和 require_once()函数只是在此次运行的过程中引入特定的文件或代码，但是在引入之前，会先检查所需文件或者代码是否已经引入，如果已经引入，将不再重复引入，从而不会造成冲突。

疑问 2：程序检查后正确，却显示 Notice: Undefined variable，为什么？

PHP 默认配置会报这个错误，就是将警告在页面上打印出来，虽然这有利于暴露问题，但实际使用中会存在很多问题。

通用的解决办法是修改 php.ini 的配置，需要修改的参数如下：

- 找到 error_reporting = E_ALL，修改为 error_reporting = E_ALL & ~E_NOTICE。
- 找到 register_globals = Off，修改为 register_globals = On。

第 5 章

字符串和正则表达式

字符串在 PHP 程序中经常应用，如何格式化字符串、连接/分离字符串、比较字符串等，是初学者经常遇到的问题，本章将介绍这些知识。另外，本章还将讲述正则表达式的使用方法和技巧。

5.1 字符串的单引号和双引号

字符串，是指一连串不中断的字符。这里的字符主要包括以下几种类型。

- 字母类型：例如常见的 a、b、c 等。
- 数字类型：例如常见的 1、2、3、4 等。
- 特殊字符类型：例如常见的#、%、^、$等。
- 不可见字符类型：例如回车符、Tab 字符和换行符等。

通常使用单引号或双引号来标识字符串，表面看起来没有什么区别，但是，对存在于字符串中的变量来说，二者是不一样的：双引号内会输出变量的值，而单引号内则直接显示变量名称。双引号中可以通过“\”转义符输出的特殊字符如表 5-1 所示。

表 5-1　双引号中可以通过“\”转义符输出的特殊字符

特殊字符	含　义
\n	换行且回到下一行的最前端
\t	Tab
\\	反斜杠
\0	ASCII 码的 0
\$	把此符号转义为单纯的美元符号，而不再作为声明变量的标识符
\r	换行
\{octal #}	八进制转义
\x{hexadecimal #}	十六进制转义

而单引号中可以通过“\”转义符输出的特殊字符只有如表 5-2 所示的两个。

表 5-2　单引号中可以通过“\”转义符输出的特殊字符

特殊字符	含　义
\'	转义为单引号本身，而不作为字符串标识符
\\	反斜杠转义为其本身

下面通过示例来讲解它们的不同用法。

【例 5.1】(示例文件 ch05\5.1.php)

```
<HTML>
<HEAD>
<meta http-equiv="Content-Type" content="text/html; charset=gb2312" />
</HEAD>
<BODY>
<?php
```

```
  $message = "PHP 程序";
  echo "这是关于字符串的程序。<br />";
  echo "这是一个关于双引号和\$的$message<br />";
  $message2 = '字符串的程序。';
  echo '这是一个关于字符串的程序。<br /> ';
  echo '这是一个关于单引号的$message2';
  echo $message2;
?>
</BODY>
</HTML>
```

运行结果如图 5-1 所示。可见单引号串和双引号串在 PHP 中处理普通的字符串时效果是一样的，而在处理变量时是不一样的，单引号串中的内容只是被当成普通的字符串处理，而双引号串中的内容是可以被解释并替换的。

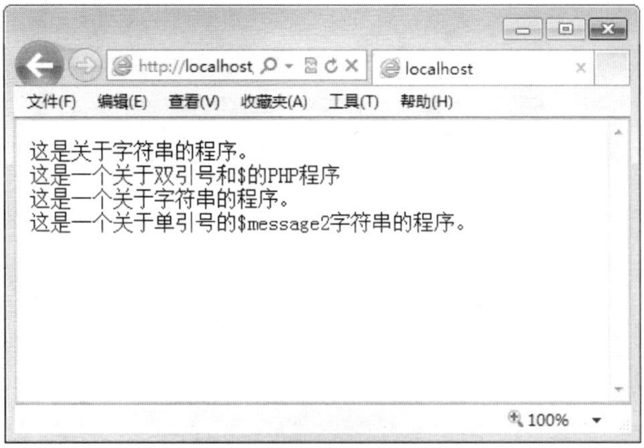

图 5-1 单引号和双引号的区别

案例分析：

(1) 第一段程序使用双引号对字符串进行处理。\$转义成了美元符号。$message 的值“ PHP 程序”被输出。

(2) 第二段程序使用单引号对字符串进行处理。$message2 的值在单引号的字符串中无法被输出，但是可以通过变量打印出来。

5.2 字符串的连接符

字符串连接符的使用十分频繁。这个连接符就是“.”(点)。它可以直接连接两个字符串，可以连接两个字符串变量，也可以连接字符串和字符串变量。

【例 5.2】(示例文件 ch05\5.2.php)

```
<HTML>
<HEAD>
<meta http-equiv="Content-Type" content="text/html; charset=gb2312" />
```

```
</HEAD>
<BODY>
<?php
  //定义字符串
  $a = "使用字符串的连接符";
  $b = "可以非常方面地连接字符串";
  //连接上面两个字符串 中间用逗号分隔
  $c = $a."，".$b;    //输出连接后的字符串
  echo $c;
?>
</BODY>
</HTML>
```

运行结果如图 5-2 所示。

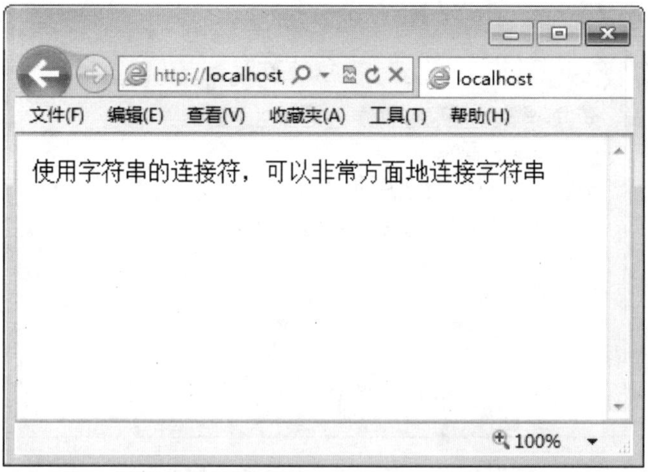

图 5-2 使用字符串的连接符

除了上面的方法以外，读者还可以使用{}方法来连接字符串，此方法类似于 C 中 printf 的占位符。下面举例说明使用方法。

【例 5.3】(示例文件 ch05\5.3.php)

```
<HTML>
<HEAD>
<meta http-equiv="Content-Type" content="text/html; charset=gb2312" />
</HEAD>
<BODY>
<?php
  //定义需要插入的字符串
  $a = "张先生";
  //生成新的字符串
  $b = "欢迎{$a}入住丰乐园高级酒店";
  //输出连接后的字符串
  echo $b;
```

```
?>
</BODY>
</HTML>
```

运行结果如图 5-3 所示。

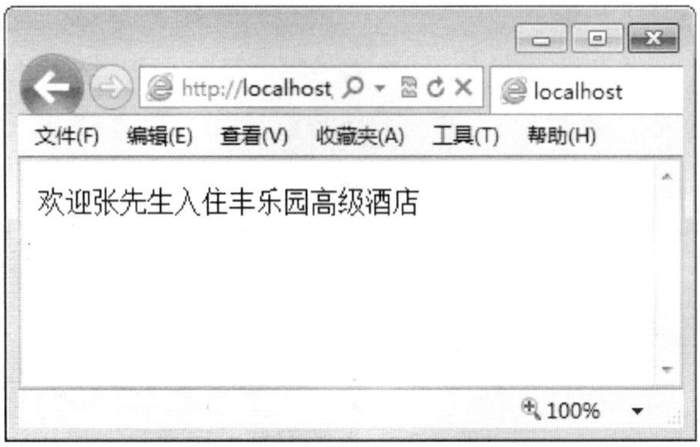

图 5-3　使用{}方法来连接字符串

5.3　字符串的基本操作

字符串的基本操作主要包括对字符串的格式化处理、连接/切分字符串、比较字符串、字符串子串的对比与处理等。

5.3.1　手动和自动转义字符串中的字符

手动转义字符串数据，就是在引号内(包括单引号和双引号)通过使用“\”反斜杠使一些特殊字符转义为普通字符。这个方法在介绍单引号和双引号的时候已经有了详细的描述。

自动转义字符串的字符，是通过 PHP 的内置函数 addslashes()来完成的。还原这个操作则是通过 stripslashes()来完成的。以上两个函数也经常用于格式化字符串以实现 MySQL 的数据库储存。

5.3.2　计算字符串的长度

计算字符串的长度在很多应用中都经常出现，比如统计输入框输入文字的多少等。这个功能使用 strlen()函数就可以实现。以下介绍计算字符串长度的方法和技巧。

【例 5.4】(示例文件 ch05\5.4.php)

```
<HTML>
<HEAD>
<meta http-equiv="Content-Type" content="text/html; charset=gb2312" />
</HEAD>
<BODY>
<?php
   $someinput = "这个字符串的长度不长。length is not long.";
```

```
    $length = strlen($someinput);
    if(strlen($someinput)>50){
        echo "输入的字符串的长度不能大于 50 个字符。";
    }else{
        echo "允许输入字符串的长度，此字符串长度为$length";
    }
?>
</BODY>
</HTML>
```

运行结果如图 5-4 所示。

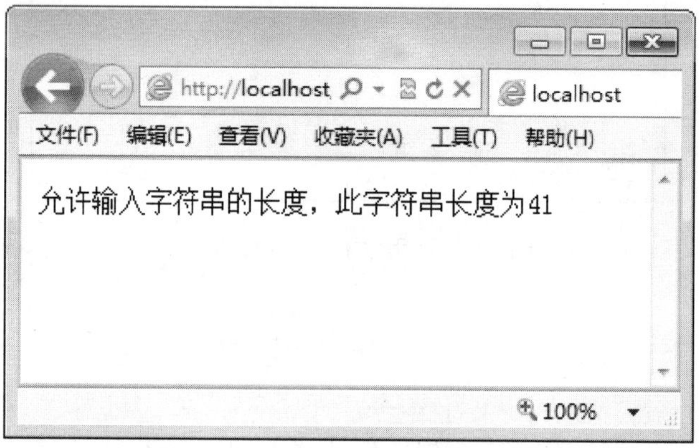

图 5-4　使用 strlen()函数

案例分析：

(1) $someinput 为一个字符串变量。strlen($someinput)则是直接调用 strlen()函数计算出字符串的长度。

(2) 在 if 语句中，strlen($someinput)返回字符串长度并与 50 这一上限做比较。

(3) $someinput 中有中文和英文两种字符。由于每个中文字占两个字符位，而每个英文字符只占一个字符位，且字符串内的每个空格也算一个字符位，所以，最后字符串的长度为 41 个字符。

5.3.3　字符串单词统计

有的时候，对字符串的单词进行统计有更大的意义。使用 str_word_count()函数可以实现此操作，但该函数只对基于 ASCII 码的英文单词起作用，并不对 UTF8 的中文字符起作用。

下面通过例子介绍字符串单词统计中的应用和技巧。

【例 5.5】(示例文件 ch05\5.5.php)

```
<HTML>
<HEAD>
<meta http-equiv="Content-Type" content="text/html; charset=gb2312" />
</HEAD>
<BODY>
<?php
```

```
    $someinput = "How many words in this sentence? Just count it.";
    $someinput2 = "这个句子由多少个汉字组成？数一数也不知道。";
    echo str_word_count($someinput)."<br />";
    echo str_word_count($someinput2);
?>
</BODY>
</HTML>
```

运行结果如图 5-5 所示。可见 str_word_count()函数无法计算中文字符，查询结果为 0。

图 5-5 使用 str_word_count()函数

5.3.4 清理字符串中的空格

空格在很多情况下是不必要的。所以清除字符串中的空格显得十分重要。例如，在判定输入是否正确的程序中，出现了不必要的空格，将增大程序出现错误判断的几率。

清除空格要使用到 ltrim()、rtrim()和 trim()函数。

其中，ltrim()是从左面清除字符串头部的空格。rtrim()是从右面清除字符串尾部的空格。trim()则是从字符串两边同时去除头部和尾部的空格。

以下例子介绍去除字符串中空格的方法和技巧。

【例 5.6】(示例文件 ch05\5.6.php)

```
<HTML>
<HEAD>
<meta http-equiv="Content-Type" content="text/html; charset=gb2312" />
</HEAD>
<BODY>
<?php
    $someinput = " 这个字符串的空格有待处理。 ";
    echo "Output:".ltrim($someinput)."End <br />";
    echo "Output:".rtrim($someinput)."End <br />";
    echo "Output:".trim($someinput)."End <br />";
    $someinput2 = " 这个字符串 的 空格有待处理。 ";
    echo "Output:".trim($someinput2)."End";
?>
</BODY>
</HTML>
```

运行结果如图 5-6 所示。

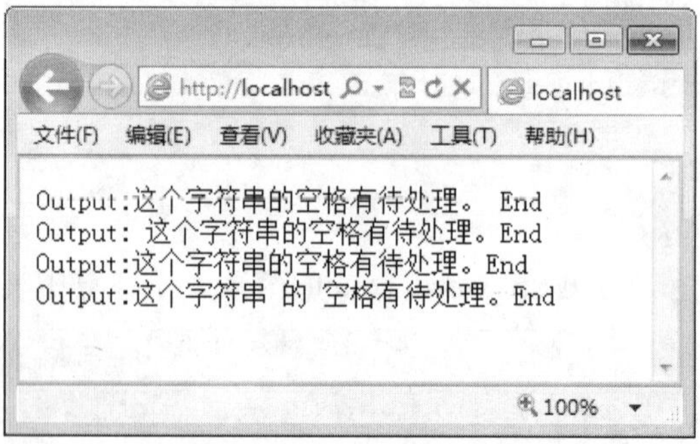

图 5-6　清理字符串中的空格

案例分析：

(1) $someinput 为一个两端都有空格的字符串变量。ltrim($someinput)从左边去除空格，rtrim($someinput)从右面去除空格，trim($someinput)从两边同时去除，得到这些输出结果。

(2) $someinput2 为一个两端都有空格且中间也有空格的字符串。用 trim($someinput2)处理，还只是去除了两边的空格。

5.3.5 字符串的切分与组合

字符串的切分使用 explode()和 strtok()函数。切分的反向操作为组合，使用 implode()和 join()函数。

其中，explode()把字符串切分成不同部分后，存入一个数组。impolde()函数则是把数组中的元素按照一定的间隔标准组合成一个字符串。

以下示例介绍字符串切分和组合的方法和技巧。

【例 5.7】(示例文件 ch05\5.7.php)

```
<HTML>
<HEAD>
<meta http-equiv="Content-Type" content="text/html; charset=gb2312" />
</HEAD>
<BODY>
<?php
   $someinput = "How_to_split_this_sentance.";
   $someinput2 = "把 这个句子 按空格 拆分。";
   $a = explode('_',$someinput);
   print_r($a);
   $b = explode(' ',$someinput2);
   print_r($b);
   echo implode('>',$a)."<br />";
   echo implode('*',$b);
?>
</BODY>
</HTML>
```

运行结果如图 5-7 所示。

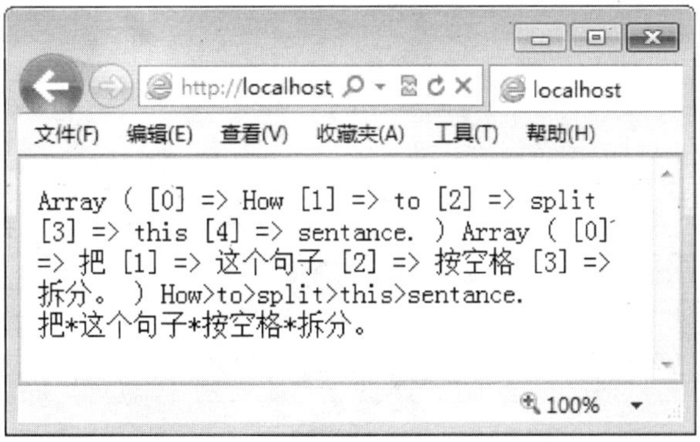

图 5-7　字符串的切分与组合

案例分析：

(1) explode()函数把$someinput 和$someinput2 按照下划线和空格的位置分别切分成$a 和$b 两个数组。

(2) implode()函数把$a 和$b 两个数组的元素分别按照“>”为间隔和“*”为间隔组合成新的字符串。

5.3.6　字符串子串的截取

在一串字符串中截取一个子串，就是字符串截取。

完成这个操作需要用到 substr()函数。这个函数有三个参数。分别规定了目标字符串、起始位置和截取长度。它的格式如下：

```
substr(目标字符串, 起始位置, 截取长度)
```

其中目标字符串是某个字符串变量的变量名，起始位置和截取长度都是整数。

如果都是正数，起始位置的整数必须小于截取长度的整数，否则函数返回值为假。

如果截取长度为负数，则意味着是从起始位置开始往后除去从目标字符串结尾算起的长度数的字符以外的所有字符。

以下例子介绍字符串截取的方法和技巧。

【例 5.8】(示例文件 ch05\5.8.php)

```
<HTML>
<HEAD>
<meta http-equiv="Content-Type" content="text/html; charset=gb2312" />
</HEAD>
<BODY>
<?php
   $someinput = "create a substring of this string.";
   $someinput2 = "创建一个这个字符串的子串。";
   echo substr($someinput,0,11)."<br />";
   echo substr($someinput,1,15)."<br />";
   echo substr($someinput,0,-2)."<br />";
```

```
   echo substr($someinput2,0,12)."<br />";
   echo substr($someinput2,0,10)."<br />";
   echo substr($someinput2,0,11);
?>
</BODY>
</HTML>
```

运行结果如图 5-8 所示。

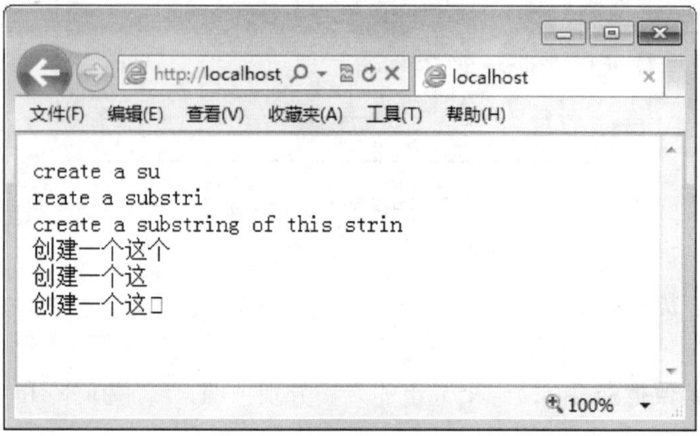

图 5-8 使用 substr()函数

案例分析：

(1) $someinput 为英文字符串变量。substr($someinput,0,11)、substr($someinput,1,15)展示了起始位和截取长度。substr($someinput,0,-2)则是从字符串开头算起，除了最后两个字符，其他字符都截取的子字符串。

(2) $someinput2 为中文字符串变量。因为中文字符都是全角字符，都占两个字符位，所以截取长度一定要是偶数，如果是奇数，则在此字符位上的汉字将不被输出。

5.3.7 字符串子串的替换

在某个字符串中替换其中的某个部分是重要的应用，就像在使用文本编辑器中的替换功能一样。

完成这个操作需要使用 substr_replace()函数。它的格式为：

```
substr_replace(目标字符串, 替换字符串, 起始位置, 替换长度)
```

下面举例介绍字符串替换的方法和技巧。

【例 5.9】(示例文件 ch05\5.9.php)

```
<HTML>
<HEAD>
<meta http-equiv="Content-Type" content="text/html; charset=gb2312" />
</HEAD>
<BODY>
<?php
```

```
  $someinput = "ID:125846843388648";
  echo substr_replace($someinput,"************",3,11)."<br />";
  echo substr_replace($someinput,"尾号为",3,11);
?>
</BODY>
</HTML>
```

运行结果如图 5-9 所示。

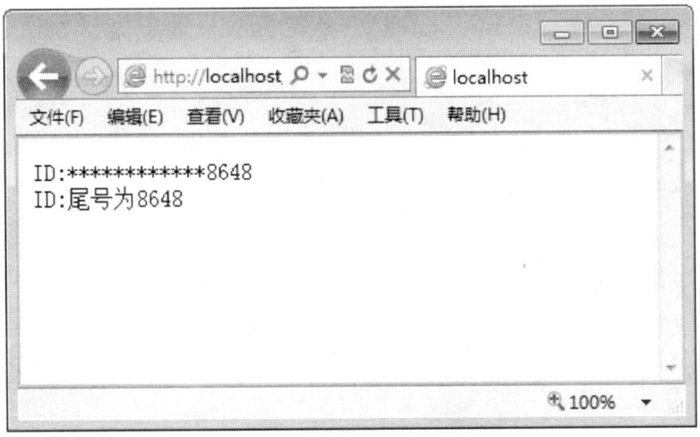

图 5-9 使用 substr_replace()函数

案例分析：

(1) $someinput 字符串变量从第 3 个字符开始为 ID 号。第一个输出是以“************”替换第三个字符开始往后的 11 个字符。

(2) 第二个输出是用“尾号为”替代第 3 个字符开始往后的 11 个字符。

5.3.8 字符串查找

在一个字符串中查找另外一个字符串，就像文本编辑器中的查找一样。实现这个操作需要使用 strstr()或 stristr()函数。strstr()函数的格式为：

```
strstr(目标字符串, 需查找的字符串)
```

当函数找到需要查找的字符或字符串时，则返回从第一个查找到字符串的位置往后所有的字符串内容。

stristr()函数为不敏感查找，也就是对字符的大小写不敏感。用法与 strstr()相同。

下面介绍字符串查找的方法和技巧。

【例 5.10】(示例文件 ch05\5.10.php)

```
<HTML>
<HEAD>
<meta http-equiv="Content-Type" content="text/html; charset=gb2312" />
</HEAD>
<BODY>
<?php
  $someinput = "I have a Dream that to find a string with a dream.";
```

```
    $someinput2 = "我有一个梦想，能够找到理想。";
    echo strstr($someinput,"dream")."<br />";
    echo stristr($someinput,"dream")."<br />";
    echo strstr($someinput,"that")."<br />";
    echo strstr($someinput2,"梦想")."<br />";
?>
</BODY>
</HTML>
```

运行结果如图 5-10 所示。

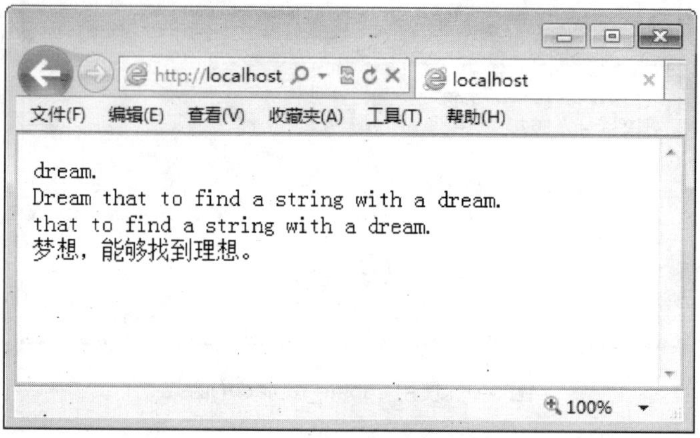

图 5-10 使用字符串查找

案例分析：

(1) $someinput 为英文字符串变量。strstr($someinput, “dream”)对大小写敏感，所以输出字符串中最后的字符。stristr($someinput, “dream”)对大小写不敏感，所以直接在第一个大写的匹配字符处开始输出。

(2) $someinput2 为中文字符串变量。strstr()函数同样对中文字符起作用。

5.4 什么是正则表达式

上面介绍的对字符串的处理比较简单，只是使用一定的函数对字符串进行处理，无法满足对字符串进行复杂处理的需求，此时就需要使用正则表达式。

正则表达式是把文本或字符串按照一定的规范或模型表示的方法。经常用于文本的匹配操作。

例如，验证用户在线输入的邮件地址的格式是否正确时，常常使用正则表达式技术来匹配，若匹配，则用户所填写的表单信息将会被正常处理；反之，如果用户输入的邮件地址与正则表达的模式不匹配，将会弹出提示信息，要求用户重新输入正确的邮件地址。可见正则表达式在 Web 应用的逻辑判断中具有举足轻重的作用。

5.5 正则表达式的语法规则

一般情况下，正则表达式由两部分组成，分别是元字符和文本字符。元字符就是具有特殊含义的字符，例如?和*等，文本字符就是普通的文本，例如字母和数字等。本章主要讲述正则表达式的语法规则。

5.5.1 方括号([ ])

方括号内的一串字符是将要用来进行匹配的字符。

例如，正则表达式在方括号内的[name]是指在目标字符串中寻找字母 n、a、m、e。[jk]表示在目标字符串中寻找字符 j 和 k。

5.5.2 连字符(-)

很多情况下，不可能逐个列出所有的字符。比如，若需要匹配所有英文字符，则把 26 个英文字母全部输入，这会十分困难。这样，就有了如下表示。

- [a-z]：表示匹配英文小写从 a 到 z 的任意字符。
- [A-Z]：表示匹配英文大写从 A 到 Z 的任意字符。
- [A-Za-z]：表示匹配英文大小写从大写 A 到小写 z 的任意字符。
- [0-9]：表示匹配从 0 到 9 的任意十进制数。

由于字母和数字的区间固定，所以根据这样的表示方法[开始-结束]，程序员可以重新定义区间大小，如[2-7]、[c-f]等。

5.5.3 点号字符(.)

点号字符在正则表达式中是一个通配符。它代表所有字符和数字。例如，“.er”表示所有以 er 结尾的三个字符的字符串，可以是 per、ser、ter、@er、&er 等。

5.5.4 限定符(+*?{n,m})

加号“+”表示其前面的字符至少有一个。例如“9+”表示目标字符串包含至少一个 9。

星号“*”表示其前面的字符有不止一个或零个。例如“y*”表示目标字符串包含 0 个或者不止一个 y。

问号“?”表示其前面的字符有一个或零个。例如“y?”表示目标字符串包含 0 个或者一个 y。

大括号“{n,m}”表示其前面的字符有 n 或 m 个。例如“a{3,5}”表示目标字符串包含 3 个或者 5 个 a，而“a{3}”表示目标字符串包含 3 个 a，“a{3,}”表示目标字符串包含至少 3 个 a。

点号和星号一起使用，表示广义同配。即“.*”表示匹配任意字符。

5.5.5 行定位符(^和$)

行定位符用来确定匹配字符串所要出现的位置。

如果是在目标字符串开头出现，则使用符号“^”；如果是在目标字符串结尾出现，则使用符号“$”。例如，^xiaoming 是指“xiaoming”只能出现在目标字符串开头。8895$是指“8895”只能出现在目标字符串结尾。

有一个特殊表示，即同时使用^$两个符号，就是“^[a-z]$”，表示目标字符串要只包含从 a 到 z 的单个字符。

5.5.6 排除字符([^])

符号“^”在方括号内所代表的意义则完全不同，它表示一个逻辑“否”，排除匹配字符串在目标字符串中出现的可能。例如，[^0-9]表示目标字符串包含从 0 到 9“以外”的任意其他字符。

5.5.7 括号字符(())

括号字符(())表示子串，所有对包含在子串内字符的操作，都是以子串为整体进行的，也是把正则表达式分成不同部分的操作符。

5.5.8 选择字符(|)

选择字符(|)表示“或”选择。例如，“com|cn|com.cn|net”表示目标字符串包含 com 或 cn 或 com.cn 或 net。

5.5.9 转义字符与反斜线

由于“\”在正则表达式中属于特殊字符，所以，如果单独使用此字符，则将直接表示为作为特殊字符的转义字符。如果要表示反斜杠字符本身，则应当在此字符的前面添加转义字符“\”，即为“\\”。

5.5.10 认证 E-mail 的正则表达式

在处理表单数据的时候，对用户的 E-mail 进行认证是十分常用的。如何判断用户输入的是一个 E-mail 地址呢？就是用正则表达式来匹配。其格式如下：

```
^[A-Za-z0-9_.]+@[A-Za-z0-9_]+\.[A-Za-z0-9.]+$
```

其中^[A-Za-z0-9_.]+表示至少有一个英文大小写字符、数字、下划线、点号，或者这些字符的组合。

@表示 email 中的“@”。

[A-Za-z0-9_]+表示至少有一个英文大小写字符、数字、下划线，或者这些字符的组合。

\.表示 E-mail 中“.com”之类的点。这里点号只是点本身，所以用反斜杠对它进行转义。

[A-Za-z0-9.]+$表示至少有一个英文大小写字符、数字、点号，或者这些字符的组合，并且直到这个字符串的末尾。

5.5.11 使用正则表达式对字符串进行匹配

用正则表达式对目标字符串进行匹配是正则表达式的主要功能。

完成这个操作需要用到 ereg()函数。这个函数是在目标字符串中寻找符合特定正则表达规范的字符串子串。根据指定的模式来匹配文件名或字符串。其中 ereg()函数是对字符大小写不敏感。它的语法格式如下：

```
ereg(正则表达规范, 目标字符串, 数组)
```

下面的例子介绍利用正则表达规范匹配 E-mail 输入的方法和技巧。

【例 5.11】(示例文件：ch05\5.11.php)

```
<HTML>
<HEAD>
<meta http-equiv="Content-Type" content="text/html; charset=gb2312" />
</HEAD>
<BODY>
<?php
  $email = "wangxioaming2011@hotmail.com";
  $email2 = "The email is liuxiaoshuai_2011@hotmail.com";
  $asemail = "This is wangxioaming2011@hotmail";
  $regex =  '^[a-zA-Z0-9_.]+@[a-zA-Z0-9_]+\.[a-zA-Z0-9.]+$';
  $regex2 =  '[a-zA-Z0-9_.]+@[a-zA-Z0-9_]+\.[a-zA-Z0-9.]+$';
  if(ereg($regex, $email, $a)){
      echo "This is an email.";
      print_r($a);
      echo "<br />";
  }
  if(ereg($regex2, $email2, $b)){
      echo "This is a new email.";
      print_r($b);
      echo "<br />";
  }
  if(ereg($regex, $asemail)){
      echo "This is an email.";
  }else{
      echo "This is not an email.";
  }
?>
```

```
</BODY>
</HTML>
```

运行结果如图 5-11 所示。

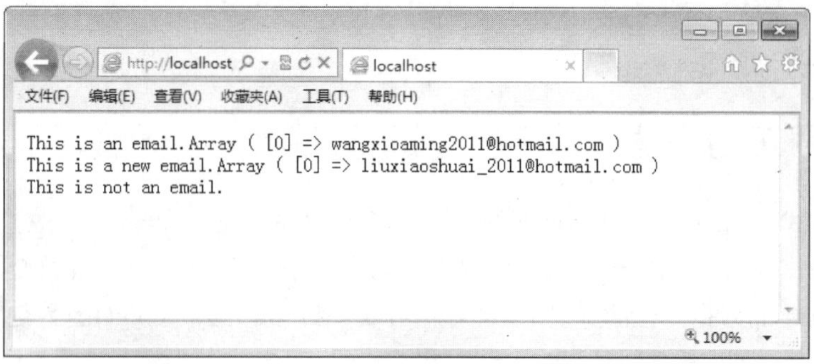

图 5-11　利用正则表达规范匹配 E-mail 输入

案例分析：

(1) $email 就是一个完整的 E-mail 字符串，用$regex 这个正则规范，也就是匹配 E-mail 的规范来匹配$email，得出的结果为图 5-11 中的第一行输出。

(2) 由于 ereg()函数的格式，ereg($regex, $email, $a)把匹配的子串储存在名为$a 的数组中。print_r($a)打印数组，得第一行数组的输出。

(3) $email2 包含了完整的 E-mail 字符串。用$regex 匹配，其返回值必然为 false。用$regex2 规范匹配，其返回值为真。因为$regex2 规范中去掉了表示从字符串头部开始的符号“^”。ereg($regex2, $email2, $b)把匹配的子串存储在数组$b 中。print_r($b)得到第二行数组的输出。

(4) $asemail 字符串不符合$regex 规范，返回值为 false，得到相应的输出。

5.5.12　使用正则表达式替换字符串的子串

做好了字符串及其子串的匹配，如果需要对字符串的子串进行替换，也可以使用正则表达式来完成。这种需求，比如是把输入文本中的 URL 变成可以直接点击的链接，此操作需要使用 ereg_replace()和 eregi_replace()函数。其中 ereg_replace()对大小写敏感，而 eregi_replace()对大小写不敏感。ereg_replace()的格式为：

```
ereg_replace(正则表达规范, 欲取代字符串子串, 目标字符串)
```

以下例子介绍利用正则表达式取代字符串子串的方法和技巧。

【例 5.12】(示例文件 ch05\5.12.php)

```
<HTML>
<HEAD>
<meta http-equiv="Content-Type" content="text/html; charset=gb2312" />
</HEAD>
<BODY>
<?php
```

```
  $searchurl =
    "这是搜索引擎连接：http://www.google.com/和 http://www.baidu.com/。";
  echo ereg_replace("(http://)([a-zA-Z0-9./-_]+)",
    "<a href=\"\\0\">\\0</a>", $searchurl);
  echo "<br />";
  echo ereg_replace("(http://)([a-zA-Z0-9./-_]+)","<a href=\"\\0\">\\2</a>",
    $searchurl);
?>
</BODY>
</HTML>
```

运行结果如图 5-12 所示。

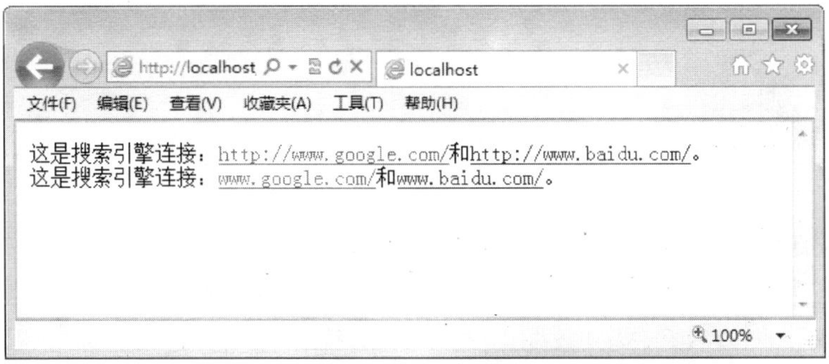

图 5-12　使用正则表达式替换字符串的子串

案例分析：

(1) 其中，$searchurl 里面包含两个 URL 文本。ereg_replace()按照格式对$searchurl 里的 URL 进行匹配替换。

(2) 正则规范为“(http://)([a-zA-Z0-9./-_]+)”，分为两部分，(http://)和([a-zA-Z0-9./-_]+)部分，前者直接匹配，后者用正则语法匹配。

(3) 第一行的输出，替换为“<a href=\"\\0\">\\0</a>”。里面的“\\0”把反斜杠转义后表示的是“\0”，“\0”表示正则规则中所有部分匹配的内容。第二行的输出替换为“<a href=\“\\0\">\\2</a>”，里面的“\\2”把反斜杠转义后表示的是“\2”，“\2”表示正则规则中第二部分匹配的内容。依次类推，“\1”表示的是第一部分匹配的内容。

5.5.13　使用正则表达式切分字符串

使用正则表达式可以把目标字符串按照一定的正则规范切分成不同的子串。完成此操作需要使用到 strtok()函数。它的语法格式为：

```
strtok(正则表达式规范, 目标字符串)
```

这个函数是指以正则规范内出现的字符为准，把目标字符串切分成若干个子串，并且存入数组。

下面的例子介绍利用正则表达式切分字符串的方法和技巧。

【例 5.13】(示例文件 ch05\5.13.php)

```
<HTML>
<HEAD>
<meta http-equiv="Content-Type" content="text/html; charset=gb2312" />
</HEAD>
<BODY>
<?php
$string = "Hello world. Beautiful day today.";
$token = strtok($string, " ");
while ($token !== false)
{
    echo "$token<br />";
    $token = strtok(" ");
}
?>
</BODY>
</HTML>
```

运行结果如图 5-13 所示。

图 5-13　利用正则表达式切分字符串

案例分析：

(1) $string 为包含多种字符的字符串。strtok($string, “ ”)对其进行切分，并将结果存入数组$token。

(2) 其正则规范为“ ”，是指按空格将字符串切分。

5.6　创建酒店系统在线订房表单

本例主要创建酒店系统的在线订房表单，其中需要创建两个 PHP 文件。具体步骤如下。

step 01 在网站主目录下建立文件 formstringhandler.php。输入以下代码并保存：

```
<!DOCTYPE html PUBLIC "-//W3C//DTD XHTML 1.0 Transitional//EN"
  "http://www.w3.org/TR/xhtml1/DTD/xhtml1-transitional.dtd">
<HTML xmlns="http://www.w3.org/1999/xhtml">
<HEAD>
<meta http-equiv="Content-Type" content="text/html; charset=gb2312" />
```

```
您的订房信息:
</HEAD>
<BODY>
<?php
$DOCUMENT_ROOT = $_SERVER['DOCUMENT_ROOT'];
$customername = trim($_POST['customername']);
$gender = $_POST['gender'];
$arrivaltime = $_POST['arrivaltime'];
$phone = trim($_POST['phone']);
$email = trim($_POST['email']);
$info = trim($_POST['info']);
if(!eregi('^[a-zA-Z0-9_\-\.]+@[a-zA-Z0-9\-]+\.[a-zA-Z0-9_\-\.]+$',$email)){
    echo "这不是一个有效的email 地址, 请返回上页且重试";
    exit;
}
if(!eregi('^[0-9]$',$phone) and strlen($phone)<= 4 or strlen($phone)>= 15){
    echo "这不是一个有效的电话号码, 请返回上页且重试";
    exit;
}
if($gender == "m"){
    $customer = "先生";
}else{
    $customer = "女士";
}
echo '<p>您的订房信息已经上传, 我们正在为您准备房间。 确认您的订房信息如下:</p>';
echo $customername."\t".$customer.' 将会在 '.$arrivaltime.' 天后到达。 您的电话
为'.$phone."。我们将会发送一封电子邮件到您的 email 邮箱: ".$email."。<br /><br />另
外, 我们已经确认了您其他的要求如下: <br /><br />";
echo nl2br($info);
echo "<p>您的订房时间为:".date('Y m d H: i: s')."</p>";
?>
</BODY>
</HTML>
```

step 02 在网站主目录下建立文件 form4string.html，输入以下代码并保存：

```
<!DOCTYPE html PUBLIC "-//W3C//DTD XHTML 1.0 Transitional//EN"
 "http://www.w3.org/TR/xhtml1/DTD/xhtml1-transitional.dtd">
<HTML xmlns="http://www.w3.org/1999/xhtml">
<HEAD>
<meta http-equiv="Content-Type" content="text/html; charset=gb2312" />
<h2>GoodHome 在线订房表。</h2>
</HEAD>
<BODY>
<form action="formstringhandler.php" method="post">
<table>
<tr bgcolor="#3399FF">
    <td>客户姓名:</td>
    <td><input type="text" name="customername" size="20" /></td>
```

```
</tr>
<tr bgcolor="#CCCCCC">
   <td>客户性别：</td>
   <td>
   <select name="gender">
      <option value="m">男</option>
      <option value="f">女</option>
   </select>
   </td>
</tr>
<tr bgcolor="#3399FF">
   <td>到达时间:</td>
   <td>
   <select name="arrivaltime">
      <option value="1">一天后</option>
      <option value="2">两天后</option>
      <option value="3">三天后</option>
      <option value="4">四天后</option>
      <option value="5">五天后</option>
   </select>
   </td>
</tr>
<tr bgcolor="#CCCCCC">
   <td>电话:</td>
   <td><input type="text" name="phone" size="20" /></td>
</tr>
<tr bgcolor="#3399FF">
   <td>email:</td>
   <td><input type="text" name="email" size="30" /></td>
</tr>
<tr bgcolor="#CCCCCC">
   <td>其他需求:</td>
   <td>
   <textarea name="info" rows="10" cols="30">如果您有什么其他要求，请填在这里。
   </textarea>
   </td>
</tr>
<tr bgcolor="#666666">
   <td align="center"><input type="submit" value="确认订房信息" /></td>
</tr>
</table>
</form>
</BODY>
</HTML>
```

step 03 运行 form4string.html，结果如图 5-14 所示。

图 5-14 form4string.html 的运行结果

step 04 填写表单。“客户姓名”为“王小明”、“性别”为“男”、“到达时间”为“三天后”、“电话”为“13592XXXX77”、“Email”为“wangxiaoming@hotmail.com”、“其他需求”为“两壶开水，【Enter】一条白毛巾，【Enter】一个冰激凌”。单击“确认订房信息”按钮，浏览器会自动跳转至 formstringhandler.php 页面，显示如图 5-15 所示的结果。

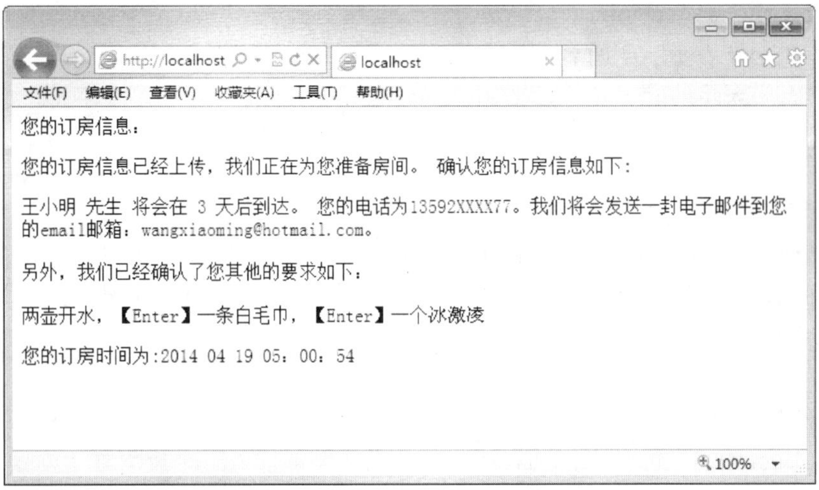

图 5-15 提交后的显示结果

案例分析：

(1) $customername = trim($_POST[‘customername’]); $phone = trim($_POST[‘phone’]);

$email = trim($_POST['email']); $info = trim($_POST['info']); 都是通过文本输入框直接输入的。所以，为了保证输入字符串的纯净，以方便处理，则需要使用 trim()，来对字符串的前后的空格进行清除。另外，ltrim()清除左边的空格；rtrim()清除右边的空格。

(2) !eregi('^[a-zA-Z0-9_\-\.]+@[a-zA-Z0-9\-]+\.[a-zA-Z0-9_\-\.]+$',$email)中使用了正则表达式对输入的 E-mail 文本进行判断。

(3) nl2br()对$info 变量中的【Enter】操作，也就是
操作符进行了处理。在有新行"\nl"操作的地方生成
。

(4) 由于要显示中文，需要对文字编码进行设置，charset=gb2312 就是简体中文的文字编码。

5.7 疑难解惑

疑问 1：模式修饰符、单词界定符如何使用？

在 PHP 的正则表达式的语法中，一种是 POSIX 语法，一种是 Perl 语法。POSIX 语法是先前所介绍的语法。Perl 语法则不同于 POSIX 语法。Perl 语法的正则表达是以"/"开头和以"/"结尾的，如"/name/"便是一个 Perl 语法形式的正则表达式。

模式修饰符则是在 Perl 语法正则表示中的内容。比如"i"表示正则表达式对大小写不敏感。"g"表示找到所有的匹配字符。"m"表示把目标字符串作为多行字符串进行处理。"s"把目标字符串作为单行字符串进行处理，忽略其中的换行符。"x"表示忽略正则表达式中的空格和备注。"u"表示在首次匹配后停止。

单词界定符也是 Perl 语法正则表达式中的内容。不同的单词界定符表示不同的字符界定范围。比如以下单词界定符所表示的意义："\A"表示仅仅匹配字符串的开头；"\b"表示匹配到单词边界；"\B"表示除了单词边界，匹配所有；"\d"表示匹配所有数字字符，等同于"[0-9]"；"\D"表示匹配所有非数字字符；"\s"表示匹配空格字符；"\S"表示匹配非空格字符；"\w"表示匹配字符串，如同"[a-zA-Z0-9_]"；"\W"匹配字符，忽略下划线和字母数字字符。

疑问 2：支持 Perl 语法形式的正则表达式有哪些？

PHP 为 Perl 语法的正则表达方式提供了下列函数。

- preg_grep()：用来搜索一个数组中的所有数组元素，以得到匹配元素。
- preg_match()：以特定模式匹配目标字符串。
- preg_match_all()：以特定模式匹配目标字符串，并且把匹配元素作为元素返回给一个特定的数组。
- preg_quote()：在每一个正则表达式的特殊字符前插入一个反斜杠"\"。
- preg_replace()：替代所有符合正则表达式的字符，并返回按照要求修改的结果。
- preg_replace_callback()：以键值替代所有符合正则表达式格式字符的键名。
- preg_split()：按照正则模型切分字符串。

第 6 章

数　组

数组在 PHP 中是极为重要的数据类型。本章将介绍什么是数组、数组包含的类型、数组的构造，以及遍历数组、数组排序、在数组中添加和删除元素、查询数组中的指定元素、统计数组元素的个数、删除数组中重复的元素、数组的序列化等操作。通过本章的学习，读者可以掌握数组的常用操作和使用技巧。

6.1 什么是数组

什么是数组？数组就是被命名的用来储存一系列数值的地方。数组 array 是非常重要的数据类型。相对于其他的数据类型，它更像是一种结构，而这种结构可以储存一系列数值。

数组中的数值被称为数组元素。而每一个元素都有一个对应的标识，也称作键值。通过这个标识，可以访问数组元素。数组的标识可以是数字，也可以是字符串。

例如一个班级通常有十几个人，如果需要找出某个学生，可以利用学号来区分每一个学生，这时，班级就是一个数组，而学号就是下标，如果指明学号，就可以找到对应的学生。

6.2 数 组 类 型

数组分为数字索引数组和关联数组。本节将详细讲述这两种数组的使用方法。

6.2.1 数字索引数组

数字索引数组是最常见的数组类型，默认从 0 开始。数组变量可以随时创建和使用。

声明数组的方法有两种。

(1) 使用 array()函数声明数组。声明数组的具体方式如下：

```
array 数组名称([mixed])
```

其中参数 mixed 的语法为 key=>value。如果有多个 mixed，可以用逗号分开，分别定义了索引和值：

```
$arr = array("1"=>"空调", "2"=>"冰箱", "3"=>"洗衣机", "4"=>"电视机");
```

利用 array()函数来定义比较方便和灵活，可以只给出数组的元素值，而不必给出键值，例如：

```
$arr = array("空调", "冰箱", "洗衣机", "电视机");
```

(2) 通过直接为数组元素赋值的方式声明数组。

如果在创建数组时不知道数组的大小，或者数组的大小可能会根据实际情况发生变化，此时可以使用直接赋值的方式声明数组。

例如：

```
$arr[1] = "空调";
$arr[2] = "冰箱"
$arr[3] = "洗衣机";
$arr[4] = "电视机";
```

下面以酒店网站系统中的酒店房价为例进行讲解。

【**例 6.1**】(示例文件 ch06\6.1.php)

```
<!DOCTYPE html PUBLIC "-//W3C//DTD XHTML 1.0 Transitional//EN"
  "http://www.w3.org/TR/xhtml1/DTD/xhtml1-transitional.dtd">
<HTML xmlns="http://www.w3.org/1999/xhtml">
<HEAD>
<meta http-equiv="Content-Type" content="text/html; charset=gb2312" />
<h2>GoodHome 房间类型。</h2>
</HEAD>
<BODY>
<?php
$roomtypes = array('单床房','标准间','三床房','VIP 套房');
echo $roomtypes[0]."\t".$roomtypes[1]."\t"
     .$roomtypes[2]."\t".$roomtypes[3]."<br />";
echo "$roomtypes[0] $roomtypes[1] $roomtypes[2] $roomtypes[3] <br />";
$roomtypes[0] = '单人大床房';
echo "$roomtypes[0] $roomtypes[1] $roomtypes[2] $roomtypes[3]<br />";
?>
</BODY>
</HTML>
```

运行结果如图 6-1 所示。

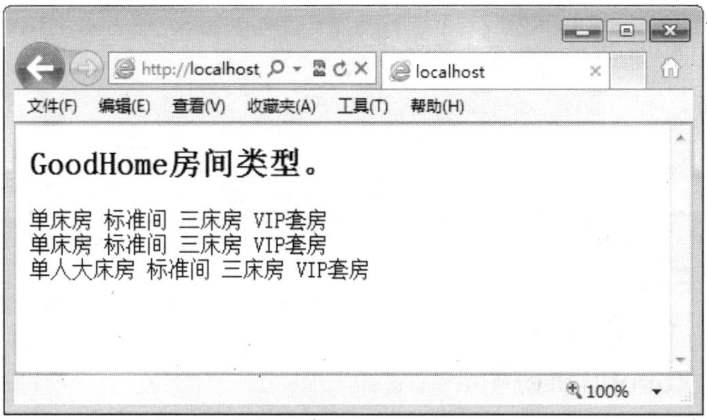

图 6-1　创建和使用数组

案例分析：

(1) 这里，$roomtypes 为一维数组，用关键字 array 声明。并且用“=”赋值给数组变量$roomtypes。

(2) (‘单床房’,‘标准间’,‘三床房’,‘VIP 套房’)为数组元素，且这些元素为字符串型，用单引号‘’方式表示。每个数组元素用“,”分开。echo 命令直接打印数组元素，元素索引默认从 0 开始，所以第一个数组元素为$roomtypes[0]。

(3) 数组元素可以直接通过“=”号赋值，如$roomtypes[0] = ‘单人大床房’; echo 打印后为“单人大床房”。

6.2.2 关联索引数组

关联数组的键名可以是数值和字符串混合的形式，而不像数字索引数组的键名只能为数字。所以判断一个数组是否为关联数组的依据是：数组中的键名是否存在一个不是数字的，如果存在，则为关联数组。

下面以使用关联索引数组编写酒店房间类型为例进行讲解。

【例 6.2】(示例文件 ch06\6.2.php)

```
<!DOCTYPE html PUBLIC "-//W3C//DTD XHTML 1.0 Transitional//EN"
 "http://www.w3.org/TR/xhtml1/DTD/xhtml1-transitional.dtd">
<HTML xmlns="http://www.w3.org/1999/xhtml">
<HEAD>
<meta http-equiv="Content-Type" content="text/html; charset=gb2312" />
<h2>GoodHome 房间类型。</h2>
</HEAD>
<BODY>
<?php
$prices_per_day =
 array('单床房'=> 298,'标准间'=> 268,'三床房'=> 198,'VIP 套房'=> 368);
echo $prices_per_day['标准间']."<br />";
?>
</BODY>
</HTML>
```

运行结果如图 6-2 所示。

图 6-2 使用关联索引数组

案例分析：

这里，echo 命令直接指定数组$prices_per_day 中的关键字索引'标准间'(是个字符串)便可打印出数组元素 268(是一个整型数)。

6.3 数组的结构

按照数组的结构来分，可以把数组分为一维数组和多维数组。

6.3.1 一维数组

数组中每个数组元素都是单个变量，不管是数字索引还是联合索引，这样的数组为一维数组。

【例 6.3】(示例文件 ch06\6.3.php)

```
<HTML>
<HEAD>
<meta http-equiv="Content-Type" content="text/html; charset=gb2312" />
</HEAD>
<BODY>
<?php
$roomtypes = array('单床房','标准间','三床房','VIP 套房');
$prices_per_day =
  array('单床房'=> 298,'标准间'=> 268,'三床房'=> 198,'VIP 套房'=> 368);
?>
</BODY>
</HTML>
```

其中的$roomtypes 和$prices_per_day 都是一维数组。

6.3.2 多维数组

数组也是可以“嵌套”的，即每个数组元素也可以是一个数组，这种含有数组的数组就是多维数组。例如：

```
<?php
$roomtypes = array(array('type'=>'单床房',
                         'info'=>'此房间为单人单间。',
                         'price_per_day'=>298
                       ),
                   array('type'=>'标准间',
                         'info'=>'此房间为两床标准配置。',
                         'price_per_day'=>268
                       ),
                   array('type'=>'三床房',
                         'info'=>'此房间备有三张床',
                         'price_per_day'=>198
                       ),
                   array('type'=>'VIP 套房',
                         'info'=>'此房间为 VIP 两间内外套房',
                         'price_per_day'=>368
```

```
            )
        );
?>
```

其中的$roomtypes 就是多维数组。这个多维数组其实包含了两个维数。有点像数据库的表格，在第一个 array 里面的每个数组元素都是一个数组，而这些数组就像是数据二维表中的一行记录。这些包含在第一个 array 里面的 array 又都包含三个数组元素，分别是三个类型的信息，这就像是数据二维表中的字段。

上面的数组如果绘制成图，效果如图 6-3 所示。

	A	B	C	D
1	type	info	price_per_day	
2	单床房	此房间为单人单间。	298	array
3	标准间	此房间为两床标准配置。	268	array
4	三床房	此房间备有三张床	198	array
5	VIP套房	此房间为VIP两间内外套房	368	array
6	ARRAY			

图 6-3　二维数组的直观图示

其实，$roomtypes 就代表了这样一个数据表。

也可能出现两维以上的数组，比如三维数组。例如：

```
<?php
$building = array(array(array('type'=>'单床房',
                            'info'=>'此房间为单人单间。',
                            'price_per_day'=>298
                        ),
                        array('type'=>'标准间',
                            'info'=>'此房间为两床标准配置。',
                            'price_per_day'=>268
                        ),
                        array('type'=>'三床房',
                            'info'=>'此房间备有三张床',
                            'price_per_day'=>198
                        ),
                        array('type'=>'VIP 套房',
                            'info'=>'此房间为 VIP 两间内外套房',
                            'price_per_day'=>368
                        )
                    ),
                  array(array('type'=>'普通餐厅包房',
                            'info'=>'此房间为普通餐厅包房。',
                            'roomid'=>201
                        ),
                        array('type'=>'多人餐厅包房',
                            'info'=>'此房间为多人餐厅包房。',
                            'roomid'=>206
                        ),
                        array('type'=>'豪华餐厅包房',
                            'info'=>'此房间为豪华餐厅包房。',
```

```
                'roomid'=>208
            ),
            array('type'=>'VIP 餐厅包房',
                'info'=>'此房间为 VIP 餐厅包房',
                'roomid'=>310
            )
        )
    );
?>
```

这个三维数组在原来的二维数组后面又增加了一个二维数组，给出了餐厅包房的数据二维表信息。把这两个二维数组作为更外围 array 的两个数组元素，就产生了第三维。这个表述等于用两个二维信息表表示了一个名为$building 的数组对象，如图 6-4 所示。

	A	B	C	D	E
1	type	info	price_per_day		
2	单床房	此房间为单人单间。	298	array	
3	标准间	此房间为两床标准配置。	268	array	
4	三床房	此房间备有三张床	198	array	
5	VIP套房	此房间为VIP两间内外套房	368	array	
6		ARRAY（二维）			
7	type	info	roomid		
8	普通餐厅包房	此房间为普通餐厅包房	201	array	
9	多人餐厅包房	此房间为多人餐厅包房。	206	array	
10	豪华餐厅包房	此房间为豪华餐厅包房。	208	array	
11	VIP餐厅包房	此房间为VIP餐厅包房	301	array	ARRAY（三维）
12		ARRAY（二维）			

图 6-4　三维数组的直观图示

6.4　遍 历 数 组

所谓数组的遍历，是要把数组中的变量值读取出来。下面讲述常见的遍历数组的方法。

6.4.1　遍历一维数字索引数组

下面讲解如何通过循环语句遍历一维数字索引数组。此案例中使用到了 for 循环，以及 foreach 循环。

【例 6.4】(示例文件 ch06\6.4.php)

```
<!DOCTYPE html PUBLIC "-//W3C//DTD XHTML 1.0 Transitional//EN"
  "http://www.w3.org/TR/xhtml1/DTD/xhtml1-transitional.dtd">
<HTML xmlns="http://www.w3.org/1999/xhtml">
<HEAD>
<meta http-equiv="Content-Type" content="text/html; charset=gb2312" />
<h2>GoodHome 房间类型。</h2>
</HEAD>
<BODY>
<?php
$roomtypes = array('单床房','标准间','三床房','VIP 套房');
for ($i=0; $i<3; $i++){
   echo $roomtypes[$i]." (for 循环)<br />";
}
```

```
foreach ($roomtypes as $room){
    echo $room."(foreach 循环)<br />";
}
?>
</BODY>
</HTML>
```

运行结果如图 6-5 所示。

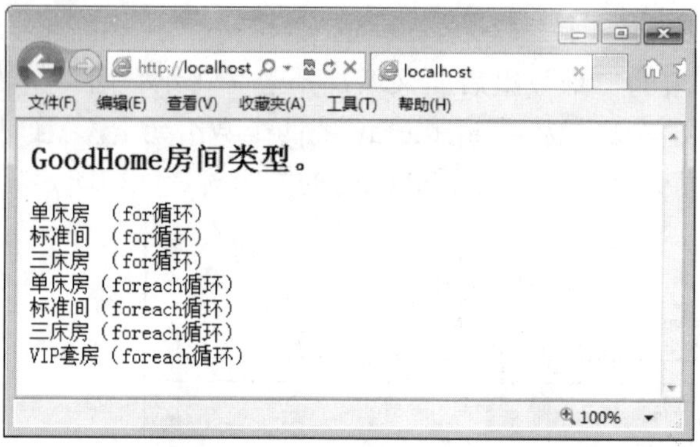

图 6-5　遍历一维数字索引数组

案例分析：

(1) for 循环只进行了 0、1、2，共三次。

(2) foreach 循环则列出了数组中所有的数组元素。

6.4.2　遍历一维联合索引数组

下面以遍历酒店房间类型为例，对联合索引数组进行遍历。

【例 6.5】(示例文件 ch06\6.5.php)

```
<!DOCTYPE html PUBLIC "-//W3C//DTD XHTML 1.0 Transitional//EN"
 "http://www.w3.org/TR/xhtml1/DTD/xhtml1-transitional.dtd">
<HTML xmlns="http://www.w3.org/1999/xhtml">
<HEAD>
<meta http-equiv="Content-Type" content="text/html; charset=gb2312" />
<h2>GoodHome 房间类型。</h2>
</HEAD>
<BODY>
<?php
 $prices_per_day =
  array('单床房'=> 298,'标准间'=> 268,'三床房'=> 198,'VIP 套房'=> 368);
 foreach ($prices_per_day as $price){
  echo $price."<br />";
 }
 foreach ($prices_per_day as $key => $value){
  echo $key.":".$value." 每天。<br />";
 }
 reset($prices_per_day);
```

```
  while ($element = each($prices_per_day)){
    echo $element['key']."\t";
    echo $element['value'];
    echo "<br />";
  }
  reset($prices_per_day);
  while (list($type, $price) = each($prices_per_day)){
    echo "$type - $price<br />";
  }
?>
</BODY>
</HTML>
```

运行结果如图 6-6 所示。

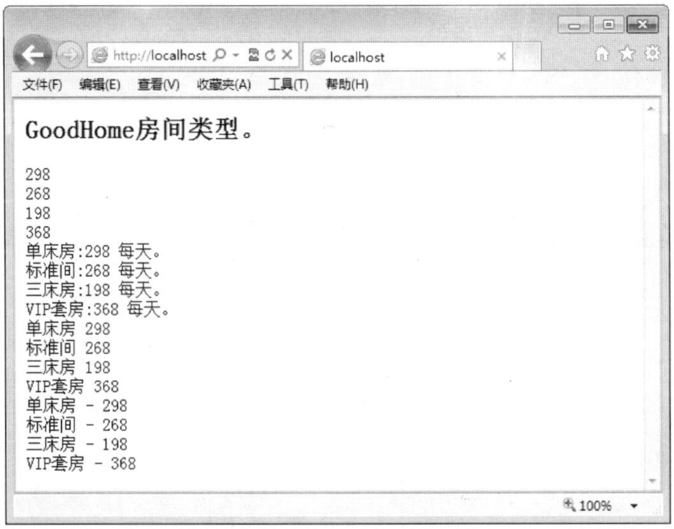

图 6-6　遍历一维联合索引数组

案例分析：

(1) foreach ($prices_per_day as $price){} 遍历了数组元素，所以输出 4 个整型数值。而 foreach ($prices_per_day as $key => $value){}则除了遍历数组元素，还遍历了其所对应的关键字，如‘单床房’是数组元素 298 的关键字。

(2) 这段程序中使用了 while 循环。还用到了几个新的函数 reset()、each()和 list()。由于在前面的代码中，$prices_per_day 已经被 foreach 循环遍历过，而内存中的实时元素为数组的最后一个元素，因此，如果想用 while 循环来遍历数组，就必须用 reset()函数，把实时元素重新定义为数组的开头元素。each()则是用来遍历数组元素及其关键字的函数。list()是把 each()中的值分开赋值和输出的函数。

6.4.3　遍历多维数组

下面以使用多维数组编写房间类型为例进行遍历，具体操作步骤如下。

【**例 6.6**】(示例文件 ch06\6.6.php)

```
<!DOCTYPE html PUBLIC "-//W3C//DTD XHTML 1.0 Transitional//EN"
  "http://www.w3.org/TR/xhtml1/DTD/xhtml1-transitional.dtd">
<HTML xmlns="http://www.w3.org/1999/xhtml">
<HEAD>
<meta http-equiv="Content-Type" content="text/html; charset=gb2312" />
<h2>GoodHome 房间类型(多维数组)。</h2>
</HEAD><BODY>
<?php
  $roomtypes = array(array('type'=>'单床房',
                           'info'=>'此房间为单人单间。',
                           'price_per_day'=>298
                          ),
                    array('type'=>'标准间',
                           'info'=>'此房间为两床标准配置。',
                           'price_per_day'=>268
                          ),
                    array('type'=>'三床房',
                           'info'=>'此房间备有三张床',
                           'price_per_day'=>198
                          ),
                    array('type'=>'VIP 套房',
                           'info'=>'此房间为 VIP 两间内外套房',
                           'price_per_day'=>368
                          )
                    );
  for ($row=0; $row<4; $row++){
    while (list($key, $value) = each($roomtypes[$row])){
       echo "$key:$value"."\t |";
    }
    echo '<br />';
  }
?>
</BODY></HTML>
```

运行结果如图 6-7 所示。

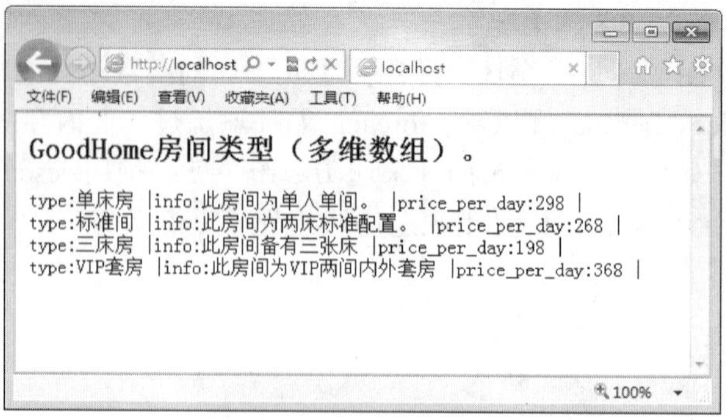

图 6-7　遍历多维数组

案例分析：

(1) $roomtypes 中的每个数组元素都是一个数组，而作为数组元素的数组又都有三个拥有键名的数组元素。

(2) 使用 for 循环配合 each()、list()函数来遍历数组元素，便得到输出。

6.5 数 组 排 序

本节主要讲述如何对一维和多维数组进行排序操作。

6.5.1 一维数组排序

以下示例展示如何对数组进行排序。

【例 6.7】(示例文件：ch06\6.7.php)

```
<!DOCTYPE html PUBLIC "-//W3C//DTD XHTML 1.0 Transitional//EN"
 "http://www.w3.org/TR/xhtml1/DTD/xhtml1-transitional.dtd">
<HTML xmlns="http://www.w3.org/1999/xhtml">
<HEAD>
<meta http-equiv="Content-Type" content="text/html; charset=gb2312" />
<h2>GoodHome 房间类型。</h2>
</HEAD>
<BODY>
<?php
  $roomtypes = array('单床房','标准间','三床房','VIP 套房');
  $prices_per_day =
    array('单床房'=> 298,'标准间'=> 268,'三床房'=> 198,'VIP 套房'=> 368);
  sort($roomtypes);
  foreach ($roomtypes as $key => $value){
    echo $key.":".$value."<br />";
  }
  asort($prices_per_day);
  foreach ($prices_per_day as $key => $value){
    echo $key.":".$value." 每日。<br />";
  }
  ksort($prices_per_day);
  foreach ($prices_per_day as $key => $value){
    echo $key.":".$value." 每天。<br />";
  }
  rsort($roomtypes);
  foreach ($roomtypes as $key => $value){
    echo $key.":".$value."<br />";
  }
  arsort($prices_per_day);
  foreach ($prices_per_day as $key => $value){
    echo $key.":".$value." 每日。<br />";
  }
```

```
  krsort($prices_per_day);
  foreach ($prices_per_day as $key => $value){
    echo $key.":".$value." 每天。<br />";
  }
?>
</BODY>
</HTML>
```

运行结果如图 6-8 所示。

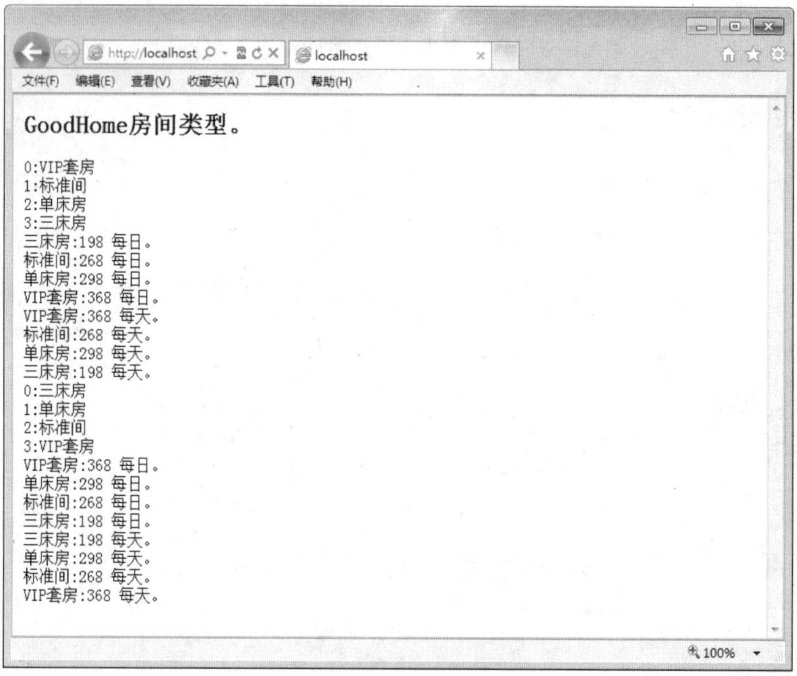

图 6-8　对一维数组进行排序

案例分析：

(1) 这段代码是关于数组排序的内容，涉及到 sort()、asort()、ksort()、rsort()、arsort()、krsort()。其中，sort()是默认排序。asort()根据数组元素的值的升序排序。ksort()是根据数组元素的键值，也就是关键字的升序排序。

(2) rsort()、arsort()、krsort()则正好与所对应的升序排序相反，都为降序排序。

6.5.2　多维数组排序

对于一维数组，通过 sort()等一系列的排序函数，就可以对它进行排序。而对于多维数组，排序就没有那么简单了。首先需要设定一个排序方法，也就是建立一个排序函数，再通过 usort()函数对特定数组采用特定排序方法进行排序。下面的案例介绍多维数组排序。

【例 6.8】(示例文件 ch06\6.8.php)

```
<!DOCTYPE html PUBLIC "-//W3C//DTD XHTML 1.0 Transitional//EN"
  "http://www.w3.org/TR/xhtml1/DTD/xhtml1-transitional.dtd">
```

```
<HTML xmlns="http://www.w3.org/1999/xhtml">
<HEAD>
<meta http-equiv="Content-Type" content="text/html; charset=gb2312" />
<h2>GoodHome 房间类型(多维数组)。</h2>
</HEAD>
<BODY>

<?php
$roomtypes = array(array('type'=>'单床房',
                         'info'=>'此房间为单人单间。',
                         'price_per_day'=>298
                        ),
                   array('type'=>'标准间',
                         'info'=>'此房间为两床标准配置。',
                         'price_per_day'=>268
                        ),
                   array('type'=>'三床房',
                         'info'=>'此房间备有三张床',
                         'price_per_day'=>198
                        ),
                   array('type'=>'VIP 套房',
                         'info'=>'此房间为 VIP 两间内外套房',
                         'price_per_day'=>368
                        )
                  );
function compare($x, $y){
   if ($x['price_per_day'] == $y['price_per_day']){
      return 0;
   }else if ($x['price_per_day'] < $y['price_per_day']){
      return -1;
   }else{
      return 1;
   }
}

usort($roomtypes, 'compare');

for ($row=0; $row<4; $row++){
   reset($roomtypes[$row]);
   while (list($key, $value) = each($roomtypes[$row])){
      echo "$key:$value"."\t |";
   }
   echo '<br />';
}
?>
</BODY>
</HTML>
```

运行结果如图 6-9 所示。

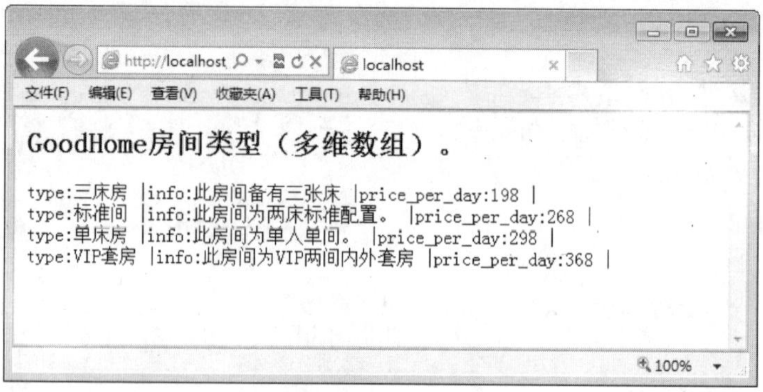

图 6-9　对多维数组进行排序

案例分析：

(1)　函数 compare()定义了排序方法，通过对 price_per_day 这一数组元素的对比，进行排序。然后 usort()采用 compare 方法对$roomtypes 这一多维数组进行排序。

(2)　如果这个排序的结果是正向排序，怎么进行反向排序呢？这就需要对排序方法进行调整。其中，recompare()就是上一段程序中 compare()的相反判断，同样采用 usort()函数输出后，得到的排序正好与前一段程序输出顺序相反。

6.6　字符串与数组的转换

使用 explode 和 implode 函数来实现字符串和数组之间的转换。explode 用于把字符串按照一定的规则拆分为数组中的元素，并且形成数组。implode 函数用于把数组中的元素按照一定的连接方式转换为字符串。

下面的例子介绍如何使用 explode 和 implode 函数来实现字符串和数组之间的转换。

【例 6.9】(示例文件 ch06\6.9.php)

```
<!DOCTYPE html PUBLIC "-//W3C//DTD XHTML 1.0 Transitional//EN"
"http://www.w3.org/TR/xhtml1/DTD/xhtml1-transitional.dtd">
<HTML xmlns="http://www.w3.org/1999/xhtml">
<HEAD>
<meta http-equiv="Content-Type" content="text/html; charset=gb2312" />
<h2>字符串与数组之间的转换。</h2>
</HEAD>
<BODY>
<?php
  $prices_per_day =
    array('单床房'=> 298,'标准间'=> 268,'三床房'=> 198,'VIP 套房'=> 368);
  echo implode('元每天/ ',$prices_per_day).'<br />';
  $roomtypes ='单床房,标准间,三床房,VIP 套房';
  print_r(explode(',',$roomtypes));
?>
</BODY>
</HTML>
```

运行结果如图 6-10 所示。

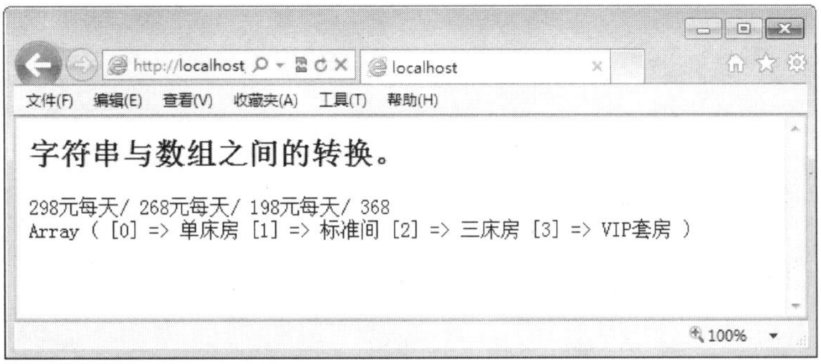

图 6-10　使用 explode 和 implode 函数来实现字符串和数组之间的转换

案例分析：

(1) $prices_per_day 为数组。implode('元每天/', $prices_per_day)对$prices_per_day 中的数组元素中间添加连接内容，也叫元素胶水(glue)，把它们连接成一个字符串输出。这个元素胶水(glue)只在元素之间。

(2) $roomtypes 为一个由“,”号分开的字符串。explode(',', $roomtypes)确认分隔符为“,”号后，以“,”号为标记把字符串中的字符分为 4 个数组元素，并且生成数组返回。

6.7　向数组中添加和删除元素

数组创建完成后，用户还可以继续添加和删除元素，从而满足实际工作的需要。

6.7.1　向数组中添加元素

数组是数组元素的集合。如果向数组中添加元素，就像是往一个盒子里面放东西。这就牵扯到了“先进先出”或是“后进先出”的问题：

- 先进先出有点像排队买火车票。先进到购买窗口区域的，购买完成之后从旁边的出口出去。
- 后进先出有点像是给枪的弹夹上子弹。最后押上的那一颗子弹是要最先打出去的。

PHP 对数组添加元素的处理使用 push、pop、shift 和 unshift 函数来实现，可以实现先进先出，也可以实现后进先出。

下面的例子介绍在数组前面添加元素，以实现后进先出。

【例 6.10】(示例文件 ch06\6.10.php)

```
<!DOCTYPE html PUBLIC "-//W3C//DTD XHTML 1.0 Transitional//EN"
 "http://www.w3.org/TR/xhtml1/DTD/xhtml1-transitional.dtd">
<HTML xmlns="http://www.w3.org/1999/xhtml">
<HEAD>
<meta http-equiv="Content-Type" content="text/html; charset=gb2312" />
<h2>数组元素添加之后进先出。</h2>
</HEAD>
```

```
<BODY>
<?php
   $clients = array('李丽丽','赵大勇','方芳芳');
   array_unshift($clients, '王小明','刘小帅');
   print_r($clients);
?>
</BODY>
</HTML>
```

运行结果如图 6-11 所示。

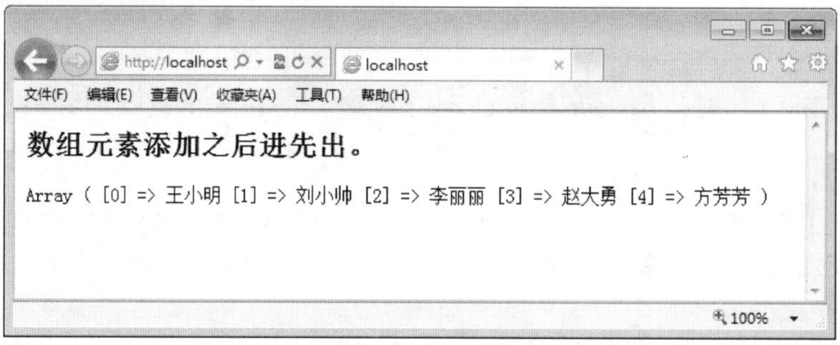

图 6-11　实现后进先出

案例分析：

(1) 数组$clients 原本拥有三个元素。array_unshift()向数组$clients 的头部添加了数组元素‘王小明’、‘刘小帅’。最后通过 print_r()输出，通过其数字索引可以知道添加元素的位置。

(2) array_unshift()函数的格式为：

```
array_unshift(目标数组, [欲添加数组元素 1, 欲添加数组元素 2, ...])
```

用同样的例子介绍在数组后面添加元素，以实现先进先出。

【例 6.11】(示例文件 ch06\6.11.php)

```
<!DOCTYPE html PUBLIC "-//W3C//DTD XHTML 1.0 Transitional//EN"
  "http://www.w3.org/TR/xhtml1/DTD/xhtml1-transitional.dtd">
<HTML xmlns="http://www.w3.org/1999/xhtml">
<HEAD>
<meta http-equiv="Content-Type" content="text/html; charset=gb2312" />
<h2>数组元素添加之先进先出。</h2>
</HEAD>
<BODY>
<?php
   $clients = array('李丽丽','赵大勇','方芳芳');
   array_push($clients, '王小明','刘小帅');
   print_r($clients);
?>
</BODY>
</HTML>
```

运行结果如图 6-12 所示。

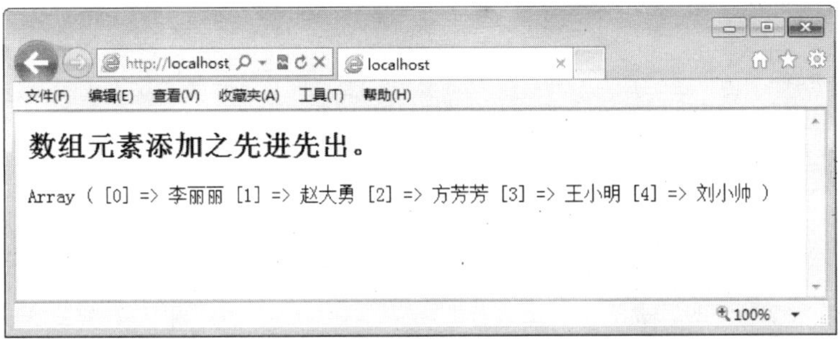

图 6-12 实现先进先出

案例分析：

(1) 数组$clients 原本拥有三个元素。array_push()向数组$clients 的尾部添加了数组元素‘王小明’、‘刘小帅’。最后通过 print_r()输出，通过其数字索引可以知道添加元素的位置。

(2) array_push()函数的格式为：

```
array_push(目标数组, [欲添加数组元素 1, 欲添加数组元素 2, ...])
```

push 的意思就是“推”的意思，这个过程就像是排队的时候把人从队伍后面向前推。

6.7.2 从数组中删除元素

从数组中删除元素是添加元素的逆过程。PHP 使用 array_shift()和 array_pop()函数分别从数组的头部和尾部删除元素。

下面的例子介绍如何在数组前面删除第一个元素并返回元素值。

【例 6.12】(示例文件 ch06\6.12.php)

```
<!DOCTYPE html PUBLIC "-//W3C//DTD XHTML 1.0 Transitional//EN"
 "http://www.w3.org/TR/xhtml1/DTD/xhtml1-transitional.dtd">

<HTML xmlns="http://www.w3.org/1999/xhtml">
<HEAD>
<meta http-equiv="Content-Type" content="text/html; charset=gb2312" />
<h2>删除数组开头的第一个元素。</h2>
</HEAD>
<BODY>
<?php
  $services = array('洗衣','订餐','导游','翻译');
  $deletedservices = array_shift($services);
  echo $deletedservices."<br />";
  print_r($services);
?>
</BODY>
</HTML>
```

运行结果如图 6-13 所示。

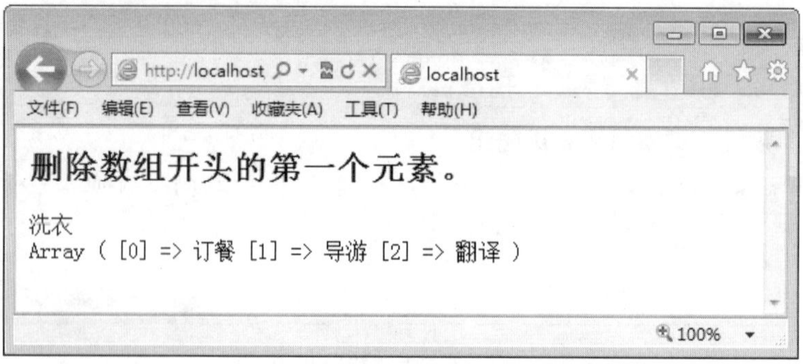

图 6-13 在数组前面删除第一个元素

案例分析：

(1) 数组$services 原本拥有 4 个元素。array_shift()从数组$services 的头部删除了第一个数组元素，并且直接把所删除的元素值返回，且赋值给了变量$deletedservices。最后通过 echo 输出$deletedservices，并用 print_r()输出$services。

(2) array_ shift()函数仅仅删除目标数组的头一个数组元素。它的格式如下：

```
array_shift(目标数组)
```

以上例子为数字索引数组，如果是带键值的联合索引数组，它的效果相同，返回所删除元素的元素值。

下面用同样的例子介绍如何在数组后面删除最后一个元素并返回元素值。

【例 6.13】(示例文件 ch06\6.13.php)

```
<!DOCTYPE html PUBLIC "-//W3C//DTD XHTML 1.0 Transitional//EN"
  "http://www.w3.org/TR/xhtml1/DTD/xhtml1-transitional.dtd">

<HTML xmlns="http://www.w3.org/1999/xhtml">
<HEAD>
<meta http-equiv="Content-Type" content="text/html; charset=gb2312" />
<h2>删除数组结尾的最后一个元素。</h2>
</HEAD>

<BODY>
<?php
   $services = array('s1'=>'洗衣','s2'=>'订餐','s3'=>'导游','s4'=>'翻译');
   $deletedservices = array_pop($services);
   echo $deletedservices."<br />";
   print_r($services);
?>
</BODY>
</HTML>
```

运行结果如图 6-14 所示。

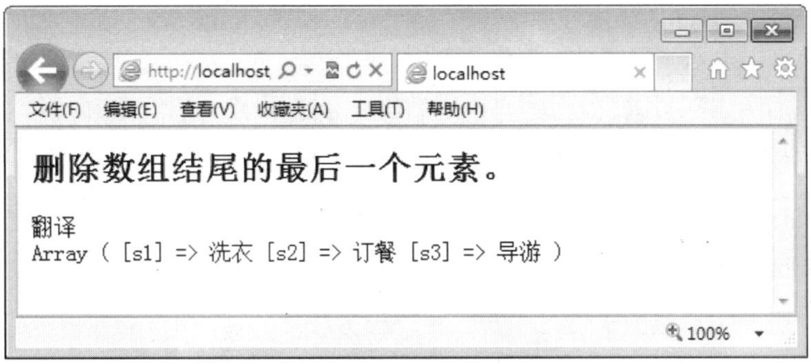

图 6-14　在数组后面删除最后一个元素

案例分析：

(1) 数组$services 原本拥有 4 个元素。array_pop()从数组$services 的尾部删除了最后一个数组元素，并且直接把所删除的元素值返回，且赋值给了变量$deletedservices。最后通过 echo 输出$deletedservices，并用 print_r()输出$services。

(2) array_ pop()函数仅仅删除目标数组的最后一个数组元素。它的格式如下：

```
array_pop(目标数组)
```

这个例子中的数组是一个联合数组。

6.8　查询数组中的指定元素

数组是一个数据集合。能够在不同类型的数组和不同结构的数组内确定某个特定元素是否存在，是必要的。PHP 提供 in_array()、array_key_exists()、array_search()、array_keys()和 array_values()函数，可以按照不同的方式来查询数组元素。

下面的例子介绍如何查询数字索引数组和联合索引数组，并且都是一维数组。

【例 6.14】(示例文件 ch06\6.14.php)

```
<!DOCTYPE html PUBLIC "-//W3C//DTD XHTML 1.0 Transitional//EN"
  "http://www.w3.org/TR/xhtml1/DTD/xhtml1-transitional.dtd">
<HTML xmlns="http://www.w3.org/1999/xhtml">
<HEAD>
<meta http-equiv="Content-Type" content="text/html; charset=gb2312" />
<h2>查询一维数组。</h2>
</HEAD>
<BODY>
<?php
$roomtypes = array('单床房','标准间','三床房','VIP 套房');
$prices_per_day =
  array('单床房'=> 298,'标准间'=> 268,'三床房'=> 198,'VIP 套房'=> 368);
if(in_array('单床房',$roomtypes)){
    echo '单床房元素在数组$roomtypes 中。<br />';
}
if(array_key_exists('单床房',$prices_per_day)){
```

```
    echo '键名为单床房的元素在数组$prices_per_day 中。<br />';
}
if(array_search(268,$prices_per_day)){
    echo '值为 268 的元素在数组$prices_per_day 中。<br />';
}
$prices_per_day_keys = array_keys($prices_per_day);
print_r($prices_per_day_keys);
$prices_per_day_values = array_values($prices_per_day);
print_r($prices_per_day_values);
?>
</BODY>
</HTML>
```

运行结果如图 6-15 所示。

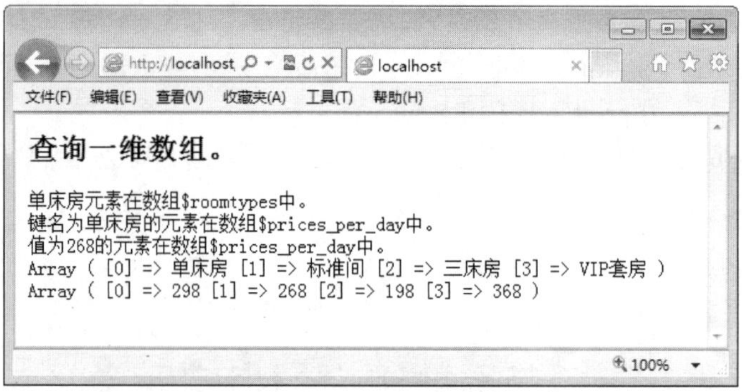

图 6-15　查询数字索引数组和联合索引数组

案例分析：

(1) 数组$roomtypes 为一个数字索引数组。in_array('单床房',$roomtypes)判定元素'单床房'是否在数组$roomtypes 中，如果在，则返回 true。if 语句返回值为真，便打印结果。

(2) 数组$prices_per_day 为一个联合索引数组。array_key_exists('单床房',$prices_per_day)判定一个键值为'单床房'的元素是否在数组$prices_per_day 中，如果在，则返回 true。if 语句得到返回值为真，便打印结果。array_key_exists()是专门针对联合数组的“键名”进行查询的函数。

(3) array_search()是专门针对联合数组的“元素值”进行查询的函数。同样针对数组$prices_per_day 这个联合数组。array_search(268,$prices_per_day)判定一个元素值为 268 的元素是否在数组$prices_per_day 中，如果在，则返回 true。if 语句返回值为真，便打印结果。

(4) 函数 array_keys()取得数组的“键值”，并把键值作为数组元素输出为一个数字索引数组，主要用于联合索引数组。array_keys($prices_per_day)获得数组$prices_per_day 的键值，并把它赋值给变量$prices_per_day_keys。用 print_r()打印结果。函数 array_keys()虽然也可以取得数字索引数组的数字索引，但是这样意义不大。

(5) 函数 array_values()取得数组元素的“元素值”，并把元素值作为数组元素输出为一个数字索引数组。array_values($prices_per_day)获得数组$prices_per_day 的元素值，并把它赋值给变量$prices_per_day_values。用 print_r()打印结果。

这几个函数只是针对一维数组，无法用于多维数组；它们在查询多维数组的时候，会只处理最外围的数组，其他内嵌的数组都作为数组元素处理，不会得到内嵌数组内的键值和元素值。

6.9 统计数组元素的个数

使用 count()函数统计数组元素的个数。

下面的例子介绍如何用 count()函数来统计数组元素的个数。

【例 6.15】(示例文件 ch06\6.15.php)

```
<!DOCTYPE html PUBLIC "-//W3C//DTD XHTML 1.0 Transitional//EN"
  "http://www.w3.org/TR/xhtml1/DTD/xhtml1-transitional.dtd">
<HTML xmlns="http://www.w3.org/1999/xhtml">
<HEAD>
<meta http-equiv="Content-Type" content="text/html; charset=gb2312" />
<h2>用 count 函数统计数组元素个数。</h2>
</HEAD>
<BODY>
<?php
  $prices_per_day =
    array('单床房'=> 298,'标准间'=> 268,'三床房'=> 198,'VIP 套房'=> 368);
  $roomtypesinfo = array(array('type'=>'单床房',
                               'info'=>'此房间为单人单间。',
                               'price_per_day'=>298
                              ),
                         array('type'=>'标准间',
                              'info'=>'此房间为两床标准配置。',
                              'price_per_day'=>268
                              ),
                         array('type'=>'三床房',
                              'info'=>'此房间备有三张床',
                              'price_per_day'=>198
                              ),
                         array('type'=>'VIP 套房',
                              'info'=>'此房间为 VIP 两间内外套房',
                              'price_per_day'=>368
                              )
                        );
  echo count($prices_per_day).'个元素在数组$prices_per_day 中。<br />';
  echo count($roomtypesinfo).'个内嵌数组在二维数组$roomtypesinfo 中。<br />';
  echo count($roomtypesinfo,1).'个元素$roomtypesinfo 中。<br />';
?>
</BODY>
</HTML>
```

运行结果如图 6-16 所示。

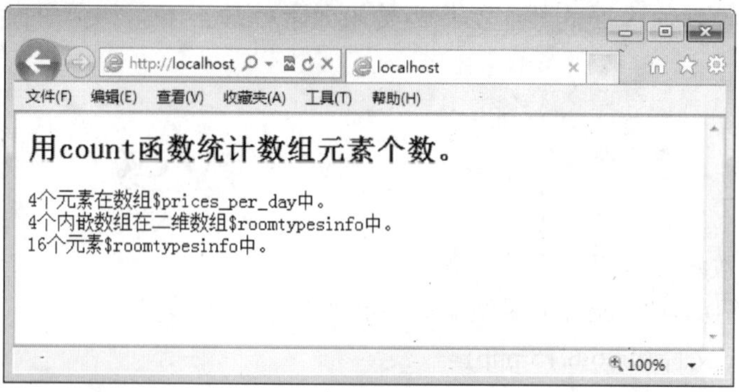

图 6-16　用 count()函数来统计数组元素的个数

案例分析：

(1) 数组$prices_per_day 通过 count()函数返回整数 4。因为数组$prices_per_day 有 4 个数组元素。

(2) 数组$roomtypesinfo 是二维数组。count($roomtypesinfo)只统计了数组$roomtypesinfo 内的 4 个内嵌数组的数量。

(3) echo count($roomtypesinfo,1)语句中，count()函数设置了一个模式(mod)为整数“1”。这个模式(mod)设置为整数“1”的意义是，count 统计的时候要对数组内部所有的内嵌数组进行循环查询。所以最终的结果是所有内嵌数组的个数加上内嵌数组内元素的个数，是 4 个内嵌数组加上 12 个数组元素，为 16。

使用 array_count_values()函数对数组内的元素值进行统计，并且返回一个以函数值为“键值”、以函数值个数为“元素值”的数组。

下面的例子介绍如何使用 array_count_values()函数来统计数组的元素值个数。

【例 6.16】(示例文件 ch06\6.16.php)

```
<!DOCTYPE html PUBLIC "-//W3C//DTD XHTML 1.0 Transitional//EN"
  "http://www.w3.org/TR/xhtml1/DTD/xhtml1-transitional.dtd">
<HTML xmlns="http://www.w3.org/1999/xhtml">
<HEAD>
<meta http-equiv="Content-Type" content="text/html; charset=gb2312" />
<h2>用 array_count_values 函数统计数组内元素值。</h2>
</HEAD>
<BODY>
<?php
  $prices_per_day = array('单床房'=> 298,'标准间'=> 268,'三床房'=> 198,
                          '四床房'=> 198,'VIP 套房'=> 368);
  print_r(array_count_values($prices_per_day));
?>
</BODY>
</HTML>
```

运行结果如图 6-17 所示。

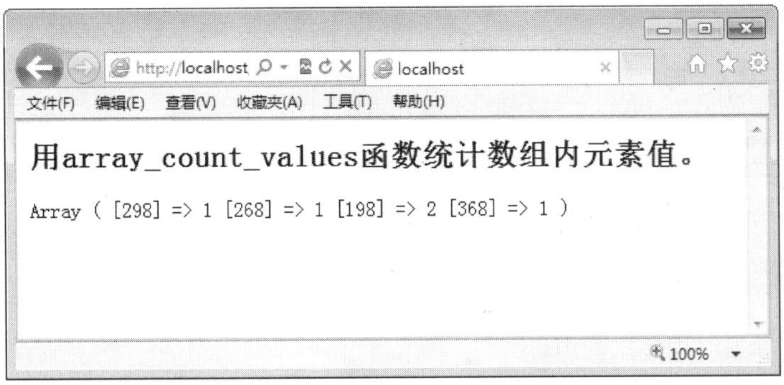

图 6-17　使用 array_count_values()函数来统计数组的元素值个数

案例分析：

(1) 数组$prices_per_day 为一个联合数组，通过 array_count_values($prices_per_day)统计数组内元素值的个数和分布，然后以(键值和值)的形式返回出一个数组。元素值为 198 的元素有两个，虽然它们的键值完全不同。

(2) array_count_values()只能用于一维数组，因为它不能把内嵌的数组当作元素来统计。

6.10　删除数组中重复的元素

使用 array_unique()函数可实现数组中元素的唯一性，也就是去掉数组中重复的元素。不管是数字索引数组还是联合索引数组，都是以元素值为准。array_unique()函数返回具有唯一性元素值的数组。

下面的例子介绍如何用 array_unique()函数去掉数组中重复的元素。

【例 6.17】(示例文件 ch06\6.17.php)

```
<!DOCTYPE html PUBLIC "-//W3C//DTD XHTML 1.0 Transitional//EN"
 "http://www.w3.org/TR/xhtml1/DTD/xhtml1-transitional.dtd">

<HTML xmlns="http://www.w3.org/1999/xhtml">
<HEAD>
<meta http-equiv="Content-Type" content="text/html; charset=gb2312" />
<h2>用 array_unique 函数清除数组内的重复元素值。</h2>
</HEAD>
<BODY>
<?php
 $prices_per_day = array('单床房'=> 298,'标准间'=> 268,'三床房'=> 198,
                         '四床房'=> 198,'VIP 套房'=> 368);
 $prices_per_day2 = array('单床房'=> 298,'标准间'=> 268,'四床房'=> 198,
                          '三床房'=> 198,'VIP 套房'=> 368);
 print_r(array_unique($prices_per_day));
 print_r(array_unique($prices_per_day2));
?>
</BODY>
</HTML>
```

运行结果如图 6-18 所示。

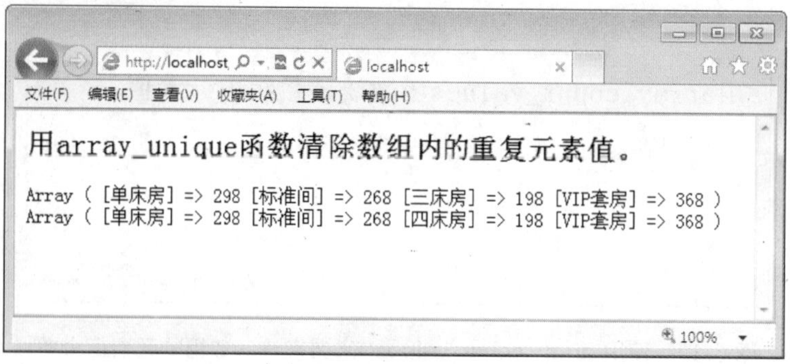

图 6-18　用 array_unique()函数去掉数组中重复的元素

案例分析：

数组$prices_per_day 为一个联合索引数组，通过 array_unique($prices_per_day)去除重复的元素值。array_unique()函数去除重复的值是去除第二个出现的相同值。由于$prices_per_day 与$prices_per_day2 数组中，键值为“三床房”和键值为“四床房”的 198 元素的位置正好相反，所以对两次输出的所保留的值也正好相反。

6.11　调换数组中的键值和元素值

使用 array_flip()函数可以调换数组中的键值和元素值。

下面的例子介绍如何用 array_flip()函数调换数组中的键值和元素值。

【例 6.18】(示例文件 ch06\6.18.php)

```
<!DOCTYPE html PUBLIC "-//W3C//DTD XHTML 1.0 Transitional//EN"
  "http://www.w3.org/TR/xhtml1/DTD/xhtml1-transitional.dtd">

<HTML xmlns="http://www.w3.org/1999/xhtml">
<HEAD>
<meta http-equiv="Content-Type" content="text/html; charset=gb2312" />
<h2>用 array_flip 函数调换数组内键值和元素值。</h2>
</HEAD>
<BODY>
<?php
  $prices_per_day = array('单床房'=> 298,'标准间'=> 268,'三床房'=> 198,
                          '四床房'=> 198,'VIP 套房'=> 368);
  print_r(array_flip($prices_per_day));
?>
</BODY>
</HTML>
```

运行结果如图 6-19 所示。

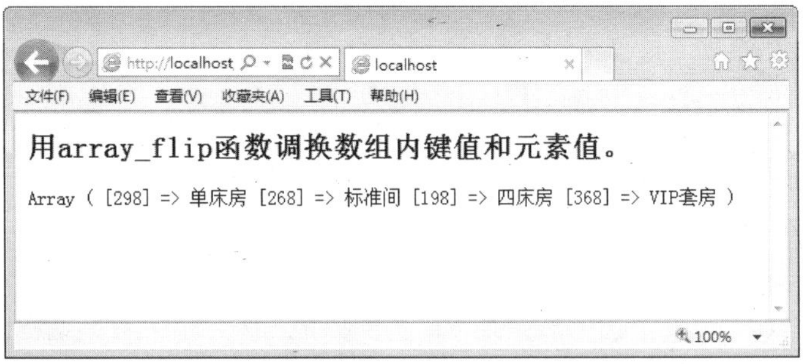

图 6-19　用 array_flip()函数调换数组中的键值和元素值

案例分析：

数组$prices_per_day 为一个联合索引数组，通过 array_flip($prices_per_day)调换联合索引数组的键值和元素值，并且进行返回。但有意思的是，$prices_per_day 是一个拥有重复元素值的数组，且这两个重复元素值的“键名”是不同的。array_flip()逐个调换每个数组元素的键值和元素值。而如果原来的元素值变为键名以后，就有两个原先为键名的、现在调换为元素值的数值与之对应。调换后，array_flip()等于对原来的元素值(现在的键名)赋值。当 array_flip()再次调换到原来相同的、现在为键名的值时，相当于对同一个键名再次赋值，则头一个调换时的赋值将会被覆盖，显示的是第二次的赋值。

6.12　数组的序列化

数组的序列化(Serialize)是用来将数组的数据转换为字符串，以便于传递和进行数据库存储。而与之相对应的操作就是反序列化(Unserialize)，把字符串数据转换为数组加以使用。

下面的例子介绍 serialize()函数和 unserialize()函数。

【例 6.19】(示例文件 ch06\6.19.php)

```
<!DOCTYPE html PUBLIC "-//W3C//DTD XHTML 1.0 Transitional//EN"
  "http://www.w3.org/TR/xhtml1/DTD/xhtml1-transitional.dtd">
<html xmlns="http://www.w3.org/1999/xhtml">
<HEAD></HEAD>
<BODY>
<?php
$arr = array('王小明','李丽丽','方芳芳','刘小帅','张大勇','张明明');
$str = serialize($arr);
echo $str."<br /><br />";
$new_arr = unserialize($str);
print_r($new_arr);
?>
</BODY>
</HTML>
```

运行结果如图 6-20 所示。

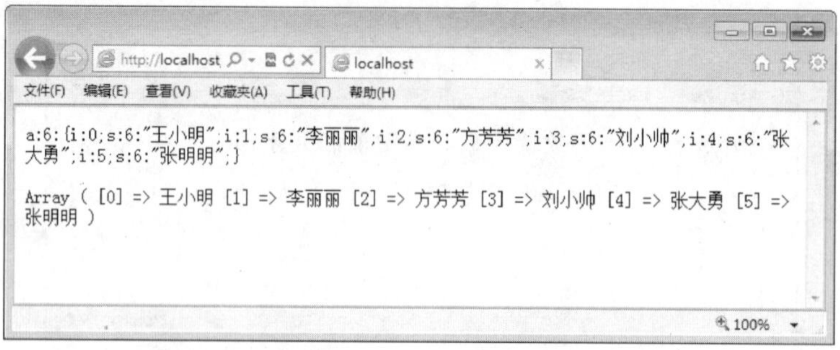

图 6-20　使用 serialize()函数和 unserialize()函数

案例分析：

serialize()和 unserialize()这两个函数的使用是比较简单的，通过这样的方法对数组数据进行储存和传递将会有十分方便的效果。例如，可以直接把序列化之后的数组数据存放在数据库的某个字段中，在使用时再通过反序列化进行处理。

6.13　疑难解惑

疑问 1：数组的合并与联合有何区别？

对数组的合并使用 array_merge()函数。两个数组的元素会合并为一个数组的元素。而数组的联合，是指两个一维数组，一个作为关键字，一个作为数组元素值，联合成为一个新的联合索引数组。

疑问 2：如何快速清空数组？

在 PHP 中，快速清空数组的方法如下：

```
arr = array()          //理解为重新给变量付一个空的数组
unset($arr)      //这才是真正意义上的释放，将资源完全释放
```

第 7 章

错误处理和异常处理

当 PHP 代码运行时，会发生各种错误：可能是语法错误(通常是程序员造成的编码错误)；可能是缺少功能(由于浏览器差异)；可能是由于来自服务器或用户的错误输出而导致的错误；当然，也可能是由于许多其他不可预知的因素。本章主要讲述错误处理和异常处理。

7.1 常见的错误和异常

错误和异常是编程中经常出现的问题。本节将主要介绍常见的错误和异常。

1. 拼写错误

拼写代码时要求程序员非常仔细，并且对编写完成的代码还需要认真地去检查，否则会出现不少编写上的错误。

另外，PHP 中常量和变量都是区分大小写的，例如把变量名 abc 写成 ABC，就会出现语法错误。PHP 中的函数名、方法名、类名不区分大小写，但建议使用与定义时相同的名字。魔术常量不区分大小写，但是建议全部大写，包括__LINE__、__FILE__、__DIR__、__FUNCTION__、__CLASS__、__METHOD__、__NAMESPACE__。知道了这些规则，程序员就可以避免大小写的错误。

另外，编写代码有时需要输入中文字符，编程人员容易在输完中文字符后忘记切换输入法，从而导致输入的小括号、分号或者引号等出现错误，当然，这种错误输入在大多数编程软件中显示的颜色会跟正确的输入显示的颜色不一样，较容易发现，但还是应该细心谨慎，来减少错误的出现。

2. 单引号和双引号的混乱

单引号、双引号在 PHP 中没有特殊的区别，都可以用来创建字符串。但是必须使用同一种单或双引号来定义字符串，例如，'Hello"和"Hello'为非法的字符串定义。单引号串和双引号串在 PHP 中的处理是不同的。双引号串中的内容可以被解释而且替换，而单引号串中的内容总被认为是普通字符。

另外，缺少单引号或者双引号也是经常出现的问题。例如：

```
echo "错误处理的方法;
```

其中缺少了一个双引号，运行时会提示错误。

3. 括号使用混乱

首先需要说明的是，在 PHP 中，括号包含两种语义，可以是分隔符，也可以是表达式。例如：

(1) 作为分隔符比较常用，比如(1+4)*4 等于 20。

(2) 在(function(){})();中，最后面的括号表示立即执行这个方法。

由于括号的使用层次比较多，所以可能会导致括号不匹配的错误。

例如以下代码：

```
if((($a==$b)and($b==$c))and($c==$d){         //此处缺少一个括号
    echo "正确的括号使用方法！"
}
```

4. 等号与赋值混淆

等号与赋值符号混淆的这种错误一般较常出现在 if 语句中，而且这种错误在 PHP 中不会产生错误信息，所以在查找错误时往往不容易被发现。例如：

```
if(s=1)
    echo("没有找到相关信息");
```

上面的代码在逻辑上是没有问题的，它的运行结果是将 1 赋值给了 s，成功后则弹出对话框，而不是对 s 和 1 进行比较，这不符合开发者的本意。正确写法是 s==1，而不是 s=1。

5. 缺少美元符号

在 PHP 中，设置变量时需要使用美元符号“$”，如果不添加美元符号，就会引起解析错误。

例如以下代码：

```
for($s=1; $s<=10; s++){                    //缺少一个变量的美元符号
  echo ("缺少美元符号！");
}
```

需要修改 s++为$s++。如果$s<=10;缺少美元符号，则会进入无限循环状态。

6. 调用不存在的常量和变量

如果调用没有声明的常量或者变量，将会触发 NOTICE 错误。例如下面的代码中，输出时错误书写了变量的名称：

```
<?php
  $abab = "错误处理的方法"
  echo $abba;                              //调用了不存在的变量
?>
```

如果运行程序，会提示如图 7-1 所示的错误。

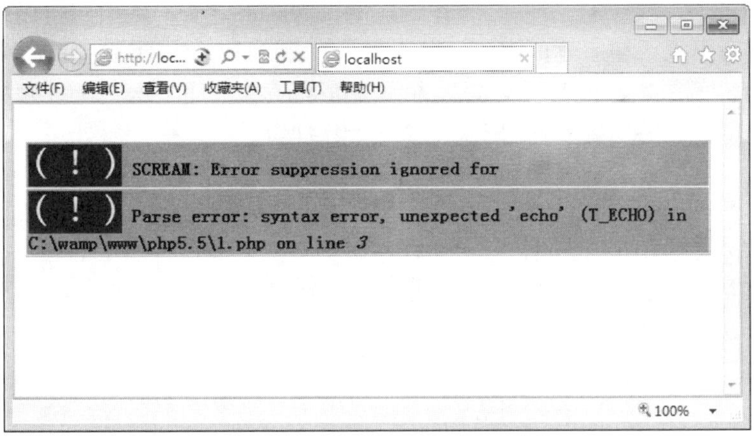

图 7-1　调用了不存在的变量

7. 调用不存在的文件

如果调用不存在的文件，程序将会停止运行。例如下面的代码：

```
<?php
  include("mybook.txt");                    //调用了一个不存在的文件
?>
```

运行后，将会弹出如图 7-2 所示的错误提示信息。

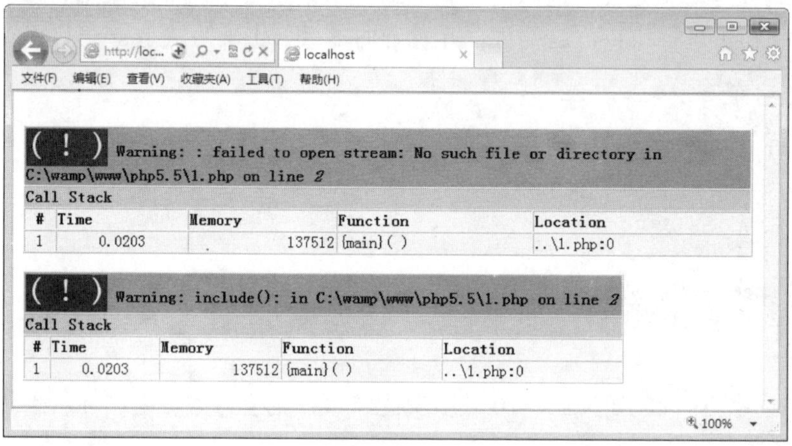

图 7-2　调用了不存在的文件

8. 环境配置的错误

如果环境配置不当，也会给运行带来错误，例如操作系统、PHP 配置文件和 PHP 的版本等，这些如果配置不正确，将会提示文件无法打开、操作权限不具备和服务器无法连接等错误信息。

首先，不同的操作系统采用不同的路径格式，这些都会导致程序运行错误。此外，PHP 在不同的操作系统上的功能也会有差异，数据库的运行也会在不同的操作系统中有问题出现等。另外，PHP 的配置也很重要，由于各个计算机的配置方法不尽相同，当程序的运行环境发生变化时，也会出现这样或者那样的问题。最后，是 PHP 的版本问题，PHP 的高版本在一定程度上可以兼容低版本，但是针对高版本编写的程序拿到低版本中运行时，会出现意想不到的问题，这些都是有关环境配置的不同而引起的错误。

9. 数据库服务器连接错误

由于 PHP 应用于动态网站的开发，所以经常会对数据库进行基本的操作，在操作数据库之前，需要连接数据库服务，如果用户名或者密码设置不正确，或者数据库不存在，或者数据库的属性不允许访问等，都会在程序运行中出现错误。

例如以下的代码，在连接数据库的过程中，密码编写是错误的：

```
<?php
  $conn = mysql_connect("localhost","root","root");        //连接 MySQL 服务器
?>
```

运行后，将会弹出如图 7-3 所示的错误提示信息。

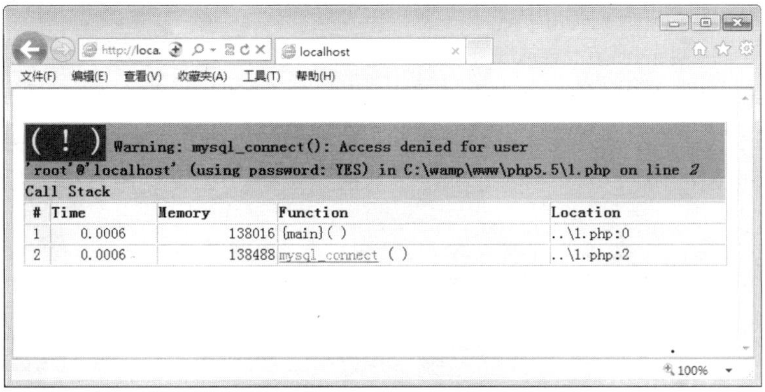

图 7-3　无法连接数据库

7.2 错误处理

常见的错误处理方法包括使用错误处理机制，使用 DIE 语句调试、自定义错误和错误触发器等。本节将会讲述如何处理程序中的错误。

7.2.1 php.ini 中的错误处理机制

在前面的例子中，错误提示会显示错误的信息、错误文件的行号信息等，这是 PHP 最基本的错误报告机制。此外，php.ini 文件规定了错误的显示方式，包括配置选项的名称、默认值和表述的含义等。常见的错误配置选项的内容如表 7-1 所示。

表 7-1　常见的 php.ini 文件中控制错误显示的配置选项含义

名　称	默 认 值	含　义
display_errors	On	设置错误作为 PHP 的一部分输出。开发的过程中可以采用默认的设置，但是为了安全考虑，在生产环境中还是设置为 Off 比较好
error_reporting	E_all	这个设置会显示所有的出错信息。这种设置会让一些无害的提示也会显示，所以可以设置 error_reporting 的默认值：error_reporting = E_ALL & ~E_NOTICE，这样只会显示错误和不良编码
error_log	null	设置记录错误日志的文件。默认情况下将错误发送到 Web 服务器日志，用户也可以指定写入的文件
html_errors	On	控制是否在错误信息中采用 HTML 格式
log_errors	Off	控制是否应该将错误发送到主机服务器的日志文件
display_startup_errors	Off	控制是否显示 PHP 启动时的错误
track_errors	Off	设置是否保存最近一个警告或错误信息

7.2.2 应用 DIE 语句来调试

使用 DIE 语句进行调试的优势是，不仅可以显示错误的位置，还可以输出错误信息。一旦出现错误，程序将会终止运行，并在浏览器上显示出错之前的信息和错误信息。

前面曾经讲述过，调用不存在的文件会提示错误信息，如果运用 DIE 来调试，将会输出自定义的错误信息。

【例 7.1】(示例文件 ch07\7.1.php)

```
<html>
<head>
<title> DIE 语句调试</title>
</head>
<body>
<?php
if(!file_exists("welcome.txt")){
    die("文件不存在");
}else{
    $file = fopen("welcome.txt","r");
}
?>
</body>
</html>
```

运行后，结果如图 7-4 所示。

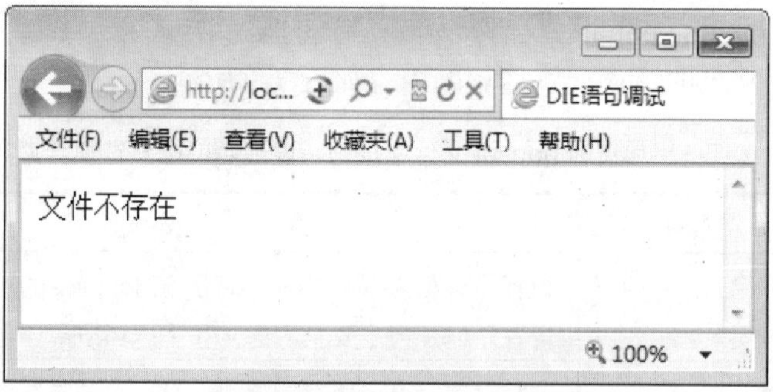

图 7-4 应用 DIE 语句调试

与基本的错误报告机制相比，使用 DIE 语句调试显得更有效，这是由于它采用了一个简单的错误处理机制，在错误之后终止了脚本。

7.2.3 自定义错误和错误触发器

简单地终止脚本并不总是恰当的方式。本小节将讲述如何自定义错误和错误触发器。创建一个自定义的错误处理器非常简单，用户可以创建一个专用函数，然后在 PHP 程序发生错误时调用该函数。

自定义的错误函数的语法格式如下：

```
error_function(error_level,error_message,error_file,error_line,error_context)
```

该函数必须至少包含 level 和 message 参数，另外 3 个参数 file、line-number 和 context 是可选的。各个参数的具体含义如表 7-2 所示。

表 7-2　各个参数的含义

参　数	含　义
error_level	必须参数。为用户定义的错误规定错误报告级别。必须是一个值
error_message	必须参数。为用户定义的错误规定错误消息
error_file	可选参数。规定错误在其中发生的文件名
error_line	可选参数。规定错误发生的行号
error_context	可选参数。规定一个数组，包含了当错误发生时在使用的每个变量以及它们的值

参数 error_level 为定义错误规定的报告级别，这些错误报告级别是错误处理程序将要处理的错误的类型。具体的级别值和含义如表 7-3 所示。

表 7-3　错误的级别值和含义

数　值	常　量	含　义
2	E_WARNING	非致命的 run-time 错误。不暂停脚本执行
8	E_NOTICE	Run-time 通知。脚本发现可能有错误发生，但也可能在脚本正常运行时发生
256	E_USER_ERROR	致命的用户生成的错误。类似于程序员用 PHP 函数 trigger_error()设置的 E_ERROR
512	E_USER_WARNING	非致命的用户生成的警告。这类似于程序员使用 PHP 函数 trigger_error()设置的 E_WARNING
1024	E_USER_NOTICE	用户生成的通知。这类似于程序员使用 PHP 函数 trigger_error()设置的 E_NOTICE
4096	E_RECOVERABLE_ERROR	可捕获的致命错误。类似 E_ERROR，但可被用户定义的处理程序捕获
8191	E_ALL	所有错误和警告

下面通过例子来讲解如何自定义错误和错误触发器。

首先创建一个处理错误的函数：

```
function customError($errno, $errstr)
{
    echo "<b>错误:</b> [$errno] $errstr<br />";
    echo "终止程序";
    die();
}
```

上面的代码是一个简单的错误处理函数。当它被触发时，它会取得错误级别和错误消息。然后它会输出错误级别和消息，并终止程序。

创建了一个错误处理函数后，下面需要确定在何时触发该函数。在 PHP 中，使用 set_error_handler()函数来设置用户自定义的错误处理函数。该函数用于创建运行期间的用户自己的错误处理方法。该函数会返回旧的错误处理程序，若失败，则返回 null。具体的语法格式如下：

```
set_error_handler(error_function, error_types)
```

其中，error_function 为必需参数，规定发生错误时运行的函数；error_types 是可选参数，如果不选择此参数，则表示默认值为“E_ALL”。

在本例中，针对所有错误来使用自定义错误处理程序，具体的代码如下：

```
set_error_handler("customError");
```

下面通过尝试输出不存在的变量，来测试这个错误处理程序。

【例 7.2】(示例文件 ch07\7.2.php)

```
<html>
<head>
<title> 自定义错误</title>
</head>
<body>
<?php
  //定义错误函数
  function customError($errno, $errstr){
      echo "<b>错误:</b> [$errno] $errstr";
  }
  //设置错误函数的处理
  set_error_handler("customError");
  //触发自定义错误函数
  echo($test);
?>
</body>
</html>
```

运行后，结果如图 7-5 所示。

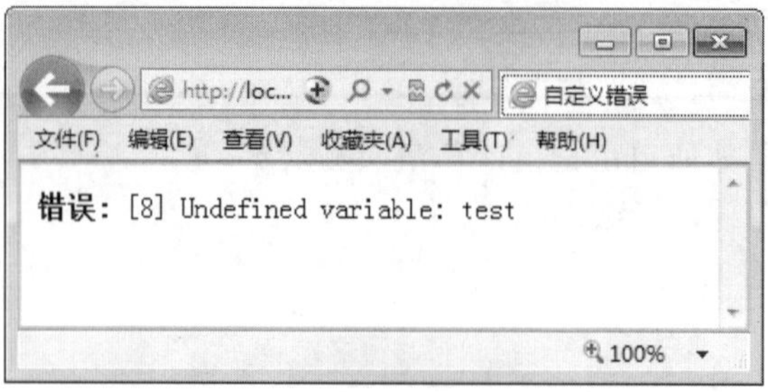

图 7-5　自定义错误

在脚本中用户输入数据的位置设置当用户的输入无效时触发错误的很有用的。在 PHP

中，这个任务由 trigger_error()来完成。trigger_error()函数创建用户定义的错误消息。

trigger_error()用于在用户指定的条件下触发一个错误消息。它与内建的错误处理器一同使用，也可以与由 set_error_handler()函数创建的用户自定义函数一起使用。如果指定了一个不合法的错误类型，该函数返回 false，否则返回 true。

trigger_error()函数的具体语法格式如下：

```
trigger_error(error_message, error_types)
```

其中 error_message 为必需参数，规定错误消息，长度限制为 1024 个字符；error_types 为可选参数，规定错误消息的错误类型，可能的值为 E_USER_ERROR、E_USER_WARNING 或者 E_USER_NOTICE。

【例 7.3】(示例文件 ch07\7.3.php)

```
<html>
<head>
<title> trigger_error() 函数</title>
</head>
<body>
<?php
  $test = 5;
  if ($test > 4){
    trigger_error("Value must be 4 or below");
  }
?>
</body>
</html>
```

运行后，结果如图 7-6 所示。由于 test 数值为 5，发生了 E_USER_WARNING 错误。

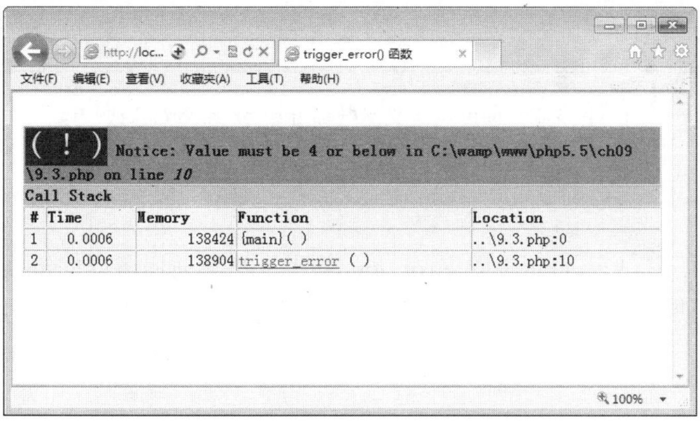

图 7-6　使用 trigger_error()函数

下面通过示例来讲述 trigger_error()函数和自定义函数一起使用的处理方法。

【例 7.4】(示例文件 ch07\7.4.php)

```
<html>
<head>
<title>自定义函数和 trigger_error()函数</title>
```

```
</head>
<body>
<?php
  //定义错误函数
  function customError($errno, $errstr){
      echo "<b>错误:</b> [$errno] $errstr";
  }
  //设置错误函数的处理
  set_error_handler("customError", E_USER_WARNING);
  // trigger_error函数
  $test = 5;
  if ($test>4){
      trigger_error("Value must be 4 or below", E_USER_WARNING);
  }
?>
</body>
</html>
```

运行后，结果如图 7-7 所示。

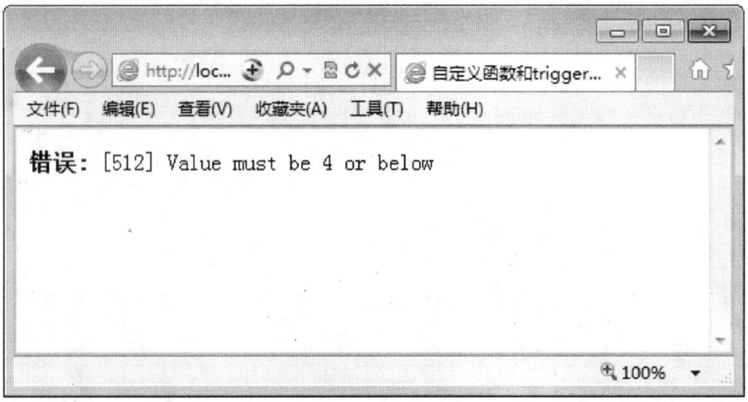

图 7-7　使用自定义函数和 trigger_error()函数

7.2.4　错误记录

默认情况下，根据在 php.ini 中的 error_log 配置，PHP 向服务器的错误记录系统或文件发送错误记录。通过使用 error_log()函数，用户可以向指定的文件或远程目的地发送错误记录。

通过电子邮件向用户自己发送错误消息，是一种获得指定错误的通知的好办法。下面通过示例来讲解。

【例 7.5】(示例文件 ch07\7.5.php)

```
<html>
<head>
<title>error_log()函数</title>
</head>
<body>
<?php
```

```
//定义错误函数
function customError($errno, $errstr){
    echo "<b>错误:</b> [$errno] $errstr <br/>";
    echo "错误记录已经发送完毕";
    error_log("错误: [$errno] $errstr",1, "someone@example.com",
            "From: webmastere@example.com");
}
//设置错误函数的处理
set_error_handler("customError", E_USER_WARNING);
//trigger_error 函数
$test = 5;
if ($test > 4){
    trigger_error("Value must be 4 or below", E_USER_WARNING);
}
?>
</body>
</html>
```

运行后，结果如图 7-8 所示。在指定的 someone@example.com 邮箱中将收到错误信息。

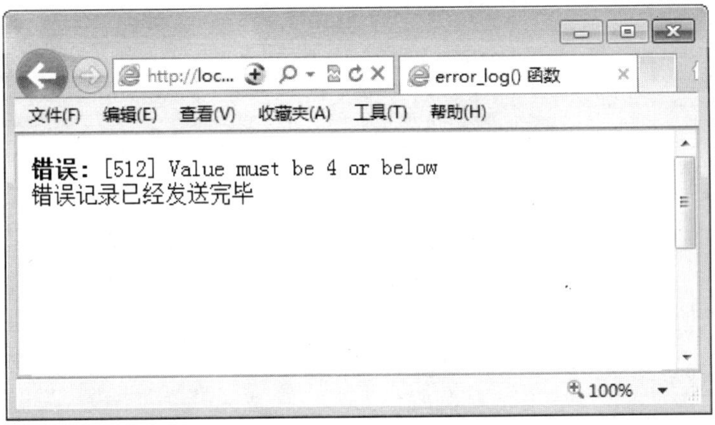

图 7-8 通过 E-mail 发送错误信息

7.3 异 常 处 理

异常(Exception)用于在指定的错误发生时改变脚本的正常执行流程。PHP 5.5 提供了一种新的面向对象的错误处理方法。本节主要讲述异常处理的方法和技巧。

7.3.1 异常的基本处理方法

异常处理用于在指定的错误(异常)情况发生时改变脚本的正常执行流程。当异常被触发时，通常会发生以下动作。

(1) 当前代码状态被保存。

(2) 代码执行被切换到预定义的异常处理器函数。

(3) 根据情况，处理器也许会从保存的代码状态重新开始执行代码，终止脚本执行，或从代码中另外的位置继续执行脚本。

当异常被抛出时，其后的代码不会继续执行，PHP 会尝试查找匹配的 catch 代码块。如果异常没有被捕获，而且又没有使用 set_exception_handler()做相应处理的话，那么将发生一个严重的错误，并且输出“Uncaught Exception”(未捕获异常)的错误消息。

下面的示例中抛出一个异常，同时不去捕获它。

【例 7.6】(示例文件 ch07\7.6.php)

```
<html>
<head>
<title>异常</title>
</head>
<body>
<?php
//创建带有异常的函数
function checkNum($number){
    if($number>1){
        throw new Exception("Value must be 1 or below");
    }
    return true;
}
//抛出异常
checkNum(2);
?>
</body>
</html>
```

运行后，结果如图 7-9 所示。由于没有捕获异常，出现了错误提示消息。

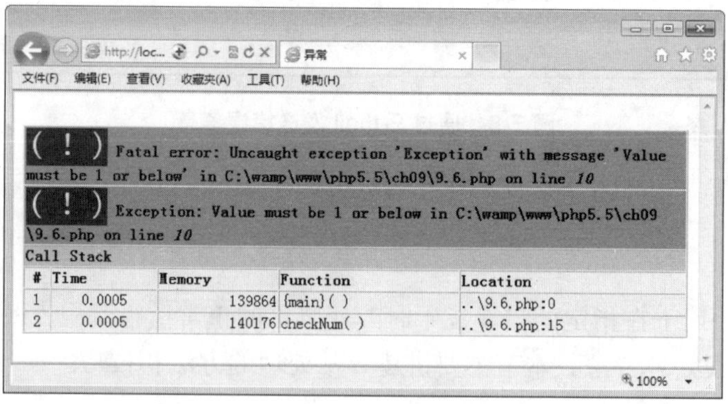

图 7-9　没有捕获异常

如果想避免出现上面例子出现的错误，需要创建适当的代码来处理异常。处理异常的程序应当包括下列代码块。

- try 代码块：使用异常的函数应该位于 try 代码块内。如果没有触发异常，则代码将照常继续执行。但是如果异常被触发，会抛出一个异常。
- throw 代码块：这里规定如何触发异常。每一个 throw 必须对应至少一个 catch。

- catch 代码块：catch 代码块会捕获异常，并创建一个包含异常信息的对象。

【例 7.7】(示例文件 ch07\7.7.php)

```
<html>
<head>
<title>处理异常</title>
</head>
<body>
<?php
//创建可抛出一个异常的函数
function checkNum($number){
    if($number>1){
        throw new Exception("数值必须小于或等于 1");
    }
    return true;
}
//在 try 代码块中触发异常
try{
    checkNum(2);
    //如果没有异常，则会显示以下信息
    echo '没有任何异常';
}
//捕获异常
catch(Exception $e){
    echo '异常信息：' .$e->getMessage();
}
?>
</body>
</html>
```

运行后，结果如图 7-10 所示。由于抛出异常后捕获了异常，所以出现了提示消息。

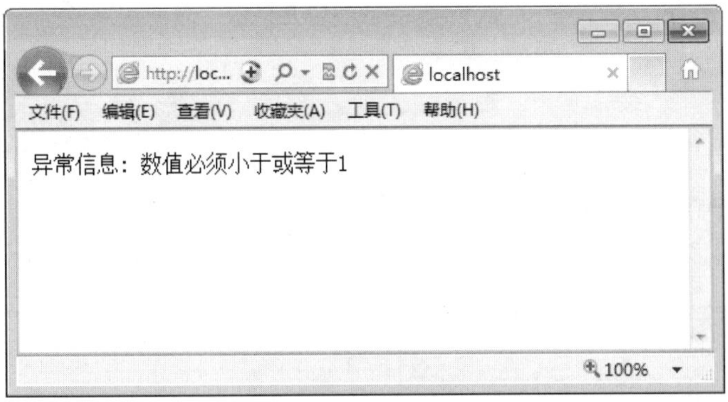

图 7-10　捕获了异常

案例分析：

(1) 创建 checkNum()函数，它检测数字是否大于 1。如果是，则抛出一个异常。

(2) 在 try 代码块中调用 checkNum()函数。

(3) checkNum()函数中的异常被抛出。

(4) catch 代码块接收到该异常，并创建一个包含异常信息的对象($e)。

(5) 通过从这个 exception 对象调用$e->getMessage()，输出来自该异常的错误消息。

7.3.2 自定义的异常处理器

创建自定义的异常处理程序非常简单，只需要创建一个专门的类，当 PHP 程序中发生异常时，调用该类的函数即可。当然，该类必须是 exception 类的一个扩展。

这个自定义的 exception 类继承了 PHP 的 exception 类的所有属性，然后用户可向其添加自定义的函数。

下面通过例子来讲解如何创建自定义的异常处理器。

【例 7.8】(示例文件 ch07\7.8.php)

```
<html>
<head>
<title>自定义异常处理器</title>
</head>

<body>
<?php
class customException extends Exception{

    public function errorMessage(){

        //错误消息
        $errorMsg = '异常发生的行： '.$this->getLine().' in '.$this->getFile()
                    .': <b>'.$this->getMessage().'</b>不是一个有效的邮箱地址';

        return $errorMsg;
    }
}
$email = "someone@example.321com";
try
{
    //检查是否符合条件
    if(filter_var($email, FILTER_VALIDATE_EMAIL) === FALSE)  {
        //如何邮件地址无效，则抛出异常
        throw new customException($email);
    }
} catch (customException $e){
    //显示自定义的消息
    echo $e->errorMessage();
}
?>
</body>
</html>
```

运行后结果如图 7-11 所示。

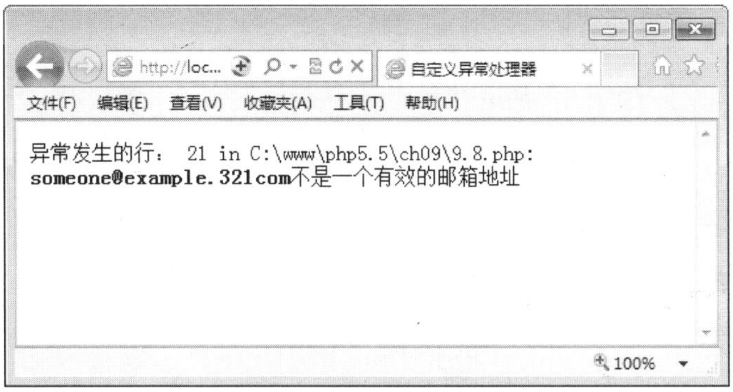

图 7-11 自定义异常处理器

案例分析：

(1) customException()类是作为旧的 exception 类的一个扩展来创建的，这样它就继承了旧类的所有属性和方法。

(2) 创建 errorMessage()函数，如果 E-mail 地址不合法，则该函数返回一条错误消息

(3) 把$email 变量设置为不合法的 E-mail 地址字符串。

(4) 执行 try 代码块，由于 E-mail 地址不合法，因此抛出一个异常。

(5) catch 代码块捕获异常，并显示错误消息。

7.3.3 处理多个异常

在上面的案例中，只是检查了邮箱地址是否有效。如果用户想检查邮箱是否为雅虎邮箱，或想检查邮箱是否有效等，这就出现了多个可能发生异常的情况。用户可以使用多个 if...else 代码块，或一个 switch 代码块，或者嵌套多个异常。这些异常能够使用不同的 exception 类，并返回不同的错误消息。

【例 7.9】(示例文件 ch07\7.9.php)

```
<html>
<head>
<title>自定义异常处理器</title>
</head>
<body>
<?php
class customException extends Exception{
   public function errorMessage(){
       //定义错误信息
       $errorMsg = '错误消息的行：'.$this->getLine().' in '.$this->getFile()
                   .': <b>'.$this->getMessage().'</b> 不是一个有效的邮箱地址';
       return $errorMsg;
   }
}
$email = "someone@yahoo.com";
try{
   //检查是否符合条件
```

```
    if(filter_var($email, FILTER_VALIDATE_EMAIL) === FALSE)
    {
       //如果邮箱地址无效，则抛出异常
       throw new customException($email);
    }
    //检查邮箱是否是雅虎邮箱
    if(strpos($email, "yahoo") !== FALSE){
       throw new Exception("$email 是一个雅虎邮箱");
    }
} catch (customException $e) {
    echo $e->errorMessage();
} catch(Exception $e) {
    echo $e->getMessage();
}
?>
</body>
</html>
```

运行后，结果如图 7-12 所示。上面的代码测试了两种条件，如果任何条件都不成立，则抛出一个异常。

图 7-12 处理多个异常

案例分析：

(1) customException()类是作为旧的 exception 类的一个扩展来创建的，这样它就继承了旧类的所有属性和方法。

(2) 创建 errorMessage()函数。如果 E-mail 地址不合法，则该函数返回一个错误消息。

(3) 执行 try 代码块，在第一个条件下，不会抛出异常。

(4) 由于 E-mail 含有字符串"yahoo"，第二个条件会触发异常。

(5) catch 代码块会捕获异常，并显示恰当的错误消息。

7.3.4 设置顶层异常处理器

所有未捕获的异常，都可以通过顶层异常处理器来处理。顶层异常处理器可以使用 set_exception_handler()函数来实现。

set_exception_handler()函数设置用户自定义的异常处理函数。该函数用于创建运行时期间的用户自己的异常处理方法。该函数会返回旧的异常处理程序，若失败，则返回 null。具体的语法格式如下：

```
set_exception_handler(exception_function)
```

其中 exception_function 参数为必需的参数，规定未捕获的异常发生时调用的函数，该函数必须在调用 set_exception_handler()函数之前定义。这个异常处理函数需要一个参数，即抛出的 exception 对象。

【例 7.10】(示例文件 ch07\7.10.php)

```
<html>
<head>
<title>顶层异常处理器</title>
</head>
<body>
<?php
function myException($exception){
   echo "<b>异常是:</b> " , $exception->getMessage();
}
set_exception_handler('myException');
throw new Exception('正在处理未被捕获的异常');
?>
</body>
</html>
```

运行后，结果如图 7-13 所示。上面的代码不存在 catch 代码块，而是触发顶层的异常处理程序。用户应该使用此函数来捕获所有未被捕获的异常。

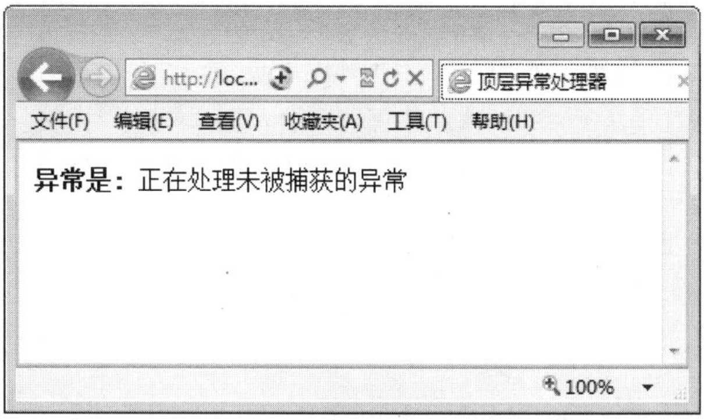

图 7-13　使用顶层异常处理器

7.4　实战演练——处理异常或错误

错误处理也叫异常处理。通过使用 try…throw…catch 结构和一个内置函数 Exception()来“抛出”和“处理”错误或异常。

下面通过打开文件的例子来介绍异常的处理方法和技巧。

【例 7.11】(示例文件 ch07\7.11.php)

```
<html>
<head>
<title>处理异常或错误</title>
</head>
<body>
<?php
$DOCUMENT_ROOT = $_SERVER['DOCUMENT_ROOT'];
@$fp = fopen("$DOCUMENT_ROOT/book.txt",'rb');
try{
    if (!$fp){
        throw new Exception("文件路径有误或找不到文件。");
    }
}catch(Exception $exception){
    echo $exception->getMessage();
    echo "在文件". $exception->getFile()
          ."的".$exception->getLine()."行。<br />";
}
@fclose($fp);
?>
</body>
</html>
```

运行结果如图 7-14 所示。

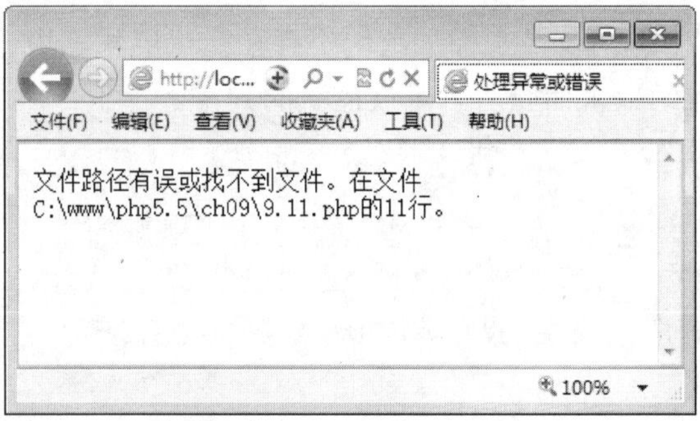

图 7-14 处理异常或错误

案例分析：

(1) fopen()函数打开“$DOCUMENT_ROOT/book.txt”文件进行读取，但是由于 book.txt 文件不存在，所以$fp 为 false。

(2) try 区块判断$fp 为 false 时，抛出一个异常，此异常直接通过 new 关键字生成 Exception()类的实例。异常信息是传入参数定义的“文件路径有误或找不到文件。”。

(3) catch 区块通过处理传入的 Exception()类实例，显示出错误信息、错误文件、错误发生的行号。这些是通过直接调用 Exception()类实例$exception 的内置类方法获得的。错误信息由 getMessage()生成，错误文件由 getFile()生成，错误发生行号由 getLine()生成。

(4) @fclose()和@$fp= fopen()中的“@”表示屏蔽此命令执行中产生的错误信息。

7.5 疑难解惑

疑问 1：处理异常有什么规则？

在处理异常时，有下列规则需要用户牢牢掌握：

- 需要进行异常处理的代码应该放入 try 代码块内，以便捕获潜在的异常。
- 每个 try 或 throw 代码块必须至少拥有一个对应的 catch 代码块。
- 使用多个 catch 代码块可以捕获不同种类的异常。
- 可以在 try 代码块内的 catch 代码块中再次抛出(re-thrown)异常。

疑问 2：如何隐藏错误信息？

PHP 提供了一种隐藏错误的方法。就是在被调用的函数名前加@符号，这样会隐藏可能由于这个函数导致的错误信息。

例如以下代码：

```
<?php
  $ab = fopen("123.txt", "r");           //打开指定的文件
  fclose();                              //关闭指定的文件
?>
```

由于指定的文件不存在，所以运行后会弹出如图 7-15 所示的错误信息。

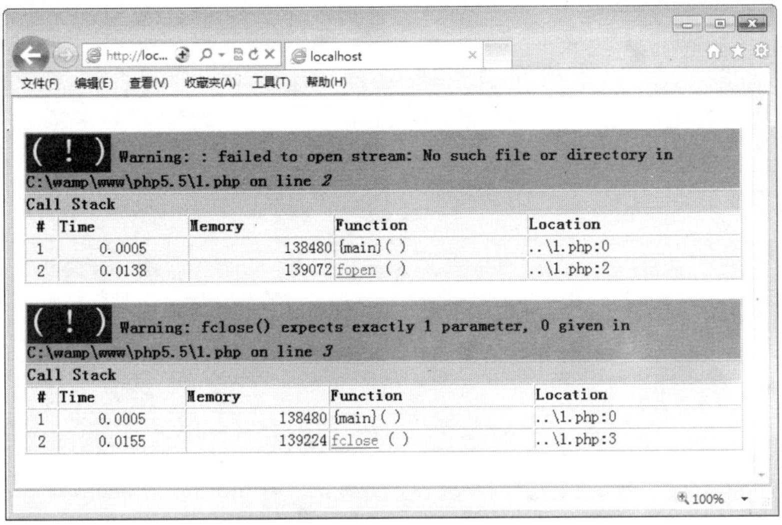

图 7-15 出现错误信息

如果在 fopen()函数和 fclose()函数前加上@符号，再次运行程序时，就不会出现错误信息了。这种隐藏信息的方法对于查找错误的位置是很有帮助的。

第 8 章

管理日期和时间

日期和时间对于很多应用来说是十分敏感的，程序中，很多情况下都是依靠日期和时间才能做出判断、完成操作的。例如酒店商务网站中查看最新的房价情况，这与时间是密不可分的。本章将介绍日期和时间的获得及格式化方面的内容。

8.1 系统时区的设置

这里的系统时区是指运行 PHP 的系统环境。常见的有 Windows 系统和 Unix-like(类 Unix)系统。对于它们的时区的设置，关系到运行应用的时间准确性。

8.1.1 时区划分

时区的划分是一个地理概念。从本初子午线开始向东和向西各有 12 个时区。比如我们的北京时间是东八区。美国太平洋时间是西八区。在 Windows 系统里，这个操作比较简单。在控制面板里设置就行了。在 Linux 这样的 Unix-like 系统中，需要使用命令对时区进行设置。

8.1.2 时区设置

PHP 中，日期时间的默认设置是 GMT 格林尼治时间。在使用时间日期功能之前，需要对时区进行设置。在中国，就需要使用 Asia/Hong_Kong 香港时间。

时区的设置方法主要为以下两种：

- 修改 php.ini 文件的设置。找到“;date.timezone=”选项，将其值修改为 date.timezone =Asia/Hong_Kong，这样系统默认时间为东八区的时间。
- 在应用程序中直接用函数来设置，如 date_default_timezone_set(“Asia/Hong_Kong”)，这种方法设置时比较灵活。

设置完成后，date()函数便可以正常使用了，不会出现时差的问题。

8.2 PHP 的日期和时间函数

本节开始学习 PHP 的常用日期和时间函数的使用方法和技巧。

8.2.1 关于 Unix 时间戳

在很多情况下，程序需要对日期进行比较、运算等操作。如果按照人们日常的计算方法，很容易知道 6 月 5 号和 6 月 8 号相差几天。

然而，如果日期的书写方式是 2012-3-8 或 2012 年 3 月 8 日星期五，这让程序如何运算呢？对于整型数据的数学运算来说，好像这样的描述并不容易处理。如果想知道 3 月 8 号和 4 月 23 号相差几天，则需要把月先转换为 30 天或 31 天，再对剩余天数加减。这是一个很麻烦的过程。

如果时间或者日期是一个连贯的整数，这样处理起来就很方便了。

幸运的是，系统的时间正是以这种方式储存的，这种方式就是时间戳，也称为 Unix 时间戳。Unix 系统和 Unix-like 系统把当下的时间储存为 32 位的整数，这个整数的单位是秒，而这个整数的开始时间为格林尼治时间(GMT)的 1970 年 1 月 1 日的零点整。换句话说，就是现在的时间是 GMT 1970 年 1 月 1 日的零点整到现在的秒数。

由于每一秒的时间都是确定的，这个整数就像一个章戳一样不可改变，所以就称为 Unix 时间戳。

这个时间戳在 Windows 系统下也是成立的，但是与 Unix 系统下不同的是，Windows 系统下的时间戳只能为正整数，不能为负值。所以想用时间戳表示 1970 年 1 月 1 日以前的时间是不行的。

PHP 则是完全采用了 Unix 时间戳的。所以不管 PHP 在哪个系统下运行，都可以使用 Unix 时间戳。

8.2.2 获取当前的时间戳

要获得当前时间的 Unix 时间戳，以用于得到当前时间，直接使用 time()函数即可。time()函数不需要任何参数，直接返回当前日期和时间。

【例 8.1】(示例文件 ch08\8.1.php)

```
<HTML>
<HEAD>
   <TITLE>获取当前时间戳</TITLE>
</HEAD>
<BODY>
<?php
   $t1 = time();
   echo "当前时间戳为：".$t1;
?>
</BODY>
</HTML>
```

运行结果如图 8-1 所示。

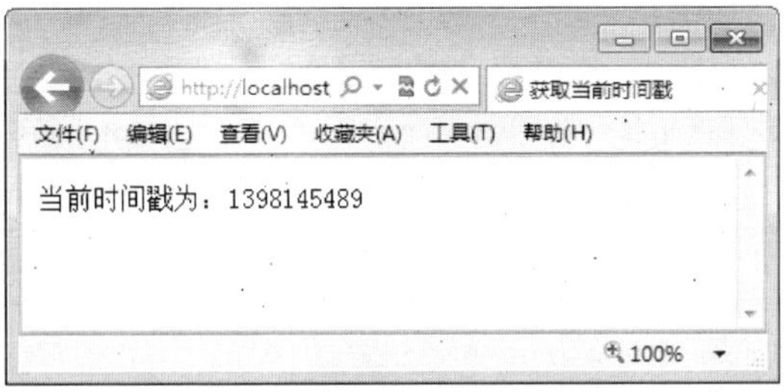

图 8-1 获取当前的时间戳

案例分析：

(1) 图 8-1 中，数值 1344247868 表示从 1970 年 1 月 1 日 0 点 0 分 0 秒到本程序执行时间隔的秒数。

(2) 如果每隔一段时间刷新一次页面，获取的时间戳的值将会增加。这个数会一直不断地变大，即每过 1 秒，此值就会加 1。

8.2.3 获取当前的日期和时间

可使用 date()函数返回当前日期，如果在 date()函数中使用参数“U”，则可返回当前时间的 Unix 时间戳。如果使用参数“d”，则可直接返回当前月份的 01 到 31 号的两位数日期，等等。

date()函数有很多参数，具体含义如表 8-1 所示。

表 8-1 date()函数的参数

参 数	含 义	参 数	含 义
a	小写 am 或 pm	A	大写 AM 或 PM
d	01 到 31 的日期	D	Mon 到 Sun 的简写星期
e	显示时区		
		F	月份的全拼单词
g	12 小时格式的小时数(1 到 12)	G	24 小时格式的小时数(0 到 23)
h	12 小时格式的小时数(01 到 12)	H	24 小时格式的小时数(00 到 23)
i	分钟数(01 到 60)	I	Daylight
j	一月中的天数(从 1 到 31)		
l	一周中天数的全拼	L	Leap year
m	月份(从 01 到 12)	M	三个字母的月份简写(从 Jan 到 Dec)
n	月份(从 1 到 12)		
		O	与格林尼治时间相差的时间
s	秒数(从 00 到 59)	S	天数的序数表达(st、nd、rd、th)
t	一个月中天数的总数(从 28 到 31)	T	时区简写
		U	当前的 Unix 时间戳
w	数字表示的周天(从 0-Sunday 到 6-Saturday)	W	ISO8601 标准的一年中的周数
		Y	四位数的公元纪年(从 1901 到 2038)
z	一年中的天数(从 0 到 364)	Z	以秒表现的时区(从-43200 到 50400)

8.2.4 使用时间戳获取日期信息

如果相应的时间戳已经储存在数据库中，程序需要把时间戳转化为可读的日期和时间，才能满足应用的需要。

PHP 中提供了 date()和 getdate()等函数来实现从时间戳到通用时间的转换。

1. date()函数

date()函数主要是将一个 Unix 时间戳转化为指定的时间/日期格式。该函数的格式如下：

```
string date(string format, [时间戳整数])
```

此函数将会返回一个字符串。该字符串就是一个指定格式的日期时间，其中 format 是一个字符串，用来指定输出的时间格式。时间戳整数可以为空，如果为空，则表示为当前时间的 Unix 时间戳。

format 参数是由指定的字符构成的，具体字符的含义如表 8-2 所示。

表 8-2　format 字符的含义

format 字符	含义说明
a	am 或 pm
A	AM 或 PM
d	几日，二位数字，若不足二位，则前面补零。例如 01 至 31
D	星期几，三个英文字母。例如 Fri
F	月份，英文全名。例如 January
h	12 小时制的小时。例如 01 至 12
H	24 小时制的小时。例如 00 至 23
g	12 小时制的小时，不足二位不补零。例如 1 至 12
G	24 小时制的小时，不足二位不补零。例如 0 至 23
i	分钟。例如 00 至 59
j	几日，二位数字，若不足二位不补零。例如 1 至 31
l	星期几，英文全名。例如 Friday
m	月份，二位数字，若不足二位则在前面补零。例如 01 至 12
n	月份，二位数字，若不足二位则不补零。例如 1 至 12
M	月份，三个英文字母。例如 Jan
s	秒。例如 00 至 59
S	字尾加英文序数，两个英文字母。例如 th、nd
t	指定月份的天数。例如 28 至 31
U	总秒数
w	数值型的星期几。例如 0(星期日)至 6(星期六)
Y	年，四位数字。例如 1999
y	年，二位数字。例如 99
z	一年中的第几天。例如 0 至 365

下面通过一个例子来理解 format 字符的使用方法。

【例 8.2】(示例文件 ch08\8.2.php)

```
<HTML>
<HEAD>
   <TITLE>获取当前时间戳</TITLE>
</HEAD>
<BODY>
  <?php date_default_timezone_set("PRC");
   //定义一个当前时间的变量
   $tt = time();
   echo "目前的时间为：<br>";
   //使用不同的格式化字符测试输出效果
   echo date("Y年m月d日[l]H点i分s秒",$tt)."<br>";
   echo date("y-m-d h:i:s a",$tt)."<br>";
   echo date("Y-M-D H:I:S A",$tt)."<br>";
   echo date("F,d,y l",$tt)." <br>";
   echo date("Y-M-D H:I:S",$tt)." <br>";
  ?>
</BODY>
</HTML>
```

运行结果如图 8-2 所示。

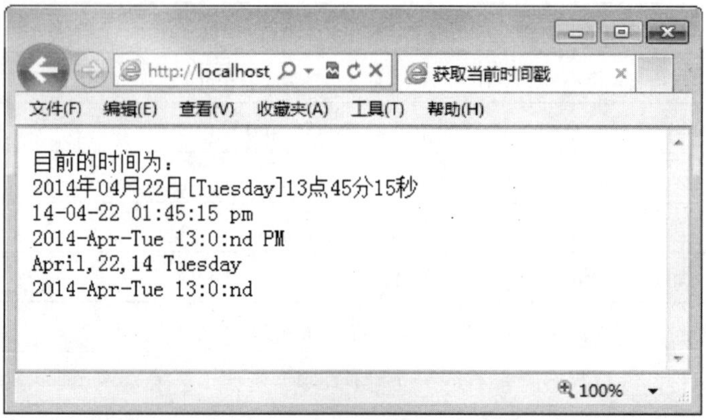

图 8-2　理解 format 字符的用法

案例分析：

(1) date_default_timezone_set("PRC")语句的作用是设置默认时区为北京时间。如果不设置，将会显示安全警告信息。

(2) 格式化字符的使用方法非常灵活，只要设置字符串中包含的字符，date()函数就能将字符串替换成指定的日期时间信息。利用上面的函数可以随意输出自己需要的日期。

2. getdate()函数

getdate()函数可以获取详细的时间信息，函数的格式如下：

```
array getdate(时间戳整数)
```

getdate()函数返回一个数组，包含日期和时间的各个部分。如果它的参数时间戳整数为空，则表示直接获取当前时间戳。下面举例说明此函数的使用方法和技巧。

【例 8.3】(示例文件 ch08\8.3.php)

```
<HTML>
<HEAD>
    <TITLE>获取当前时间戳</TITLE>
</HEAD>
<BODY>
<?php
date_default_timezone_set("PRC");
//定义一个时间的变量
$tm ="2012-08-08 08:08:08";
echo "时间为：". $tm. "<br>";
//将格式转化为 Unix 时间戳
$tp = strtotime($tm);
echo "此时间的 Unix 时间戳为：".$tp. "<br>";
$ar1 = getdate($tp);
echo "年为：". $ar1["year"]."<br>";
echo "月为：". $ar1["mon"]."<br>";
echo "日为：". $ar1["mday"]."<br>";
echo "点为：". $ar1["hours"]."<br>";
echo "分为：". $ar1["minutes"]."<br>";
echo "秒为：". $ar1["seconds"]."<br>";
?>
</BODY>
</HTML>
```

运行结果如图 8-3 所示。

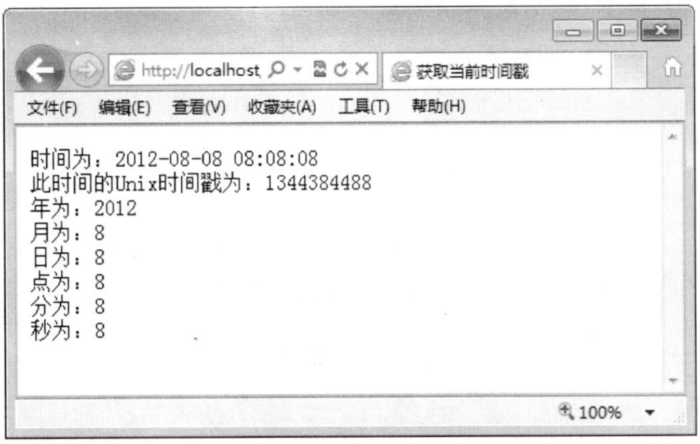

图 8-3　使用 getdate()函数

8.2.5　检验日期的有效性

使用用户输入的时间数据时，有时会由于用户输入的数据不规范，导致程序运行出错。

为了检查时间的合法有效性，需要使用 checkdate()函数对输入日期进行检测。它的格式如下：

```
checkdate(月份, 日期, 年份)
```

此函数检查的项目是，年份整数是否在 0~32767 之间，月份整数是否在 1~12 之间，日期整数是否在相应的月份的天数内。下面通过例子来讲述如何检查日期的有效性。

【例 8.4】(示例文件 ch08\8.4.php)

```
<HTML>

<HEAD>
    <TITLE>检查日期的有效性</TITLE>
</HEAD>

<BODY>
<?php
if(checkdate(2,31,2012)){
    echo "这不可能。";
}else{
    echo "2 月没有 31 号。";
}
?>
</BODY>
</HTML>
```

运行结果如图 8-4 所示。

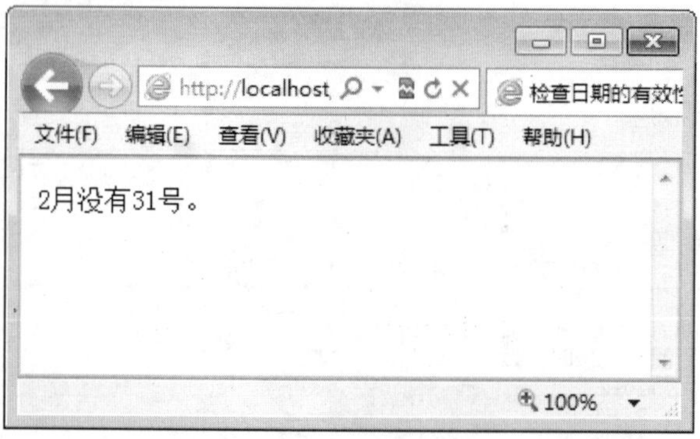

图 8-4　使用 checkdate()函数对输入日期进行检测

8.2.6　输出格式化时间戳的日期和时间

使用 strftime()可以把时间戳格式化为日期和时间。它的格式如下：

```
strftime(格式, 时间戳)
```

其中有两个参数，格式决定了如何把其后面时间戳格式化并且输出出来。如果时间戳为空，则系统当前时间戳将会被使用。

关于格式代码的含义，如表 8-3 所示。

表 8-3 格式代码的含义

代 码	含 义	代 码	含 义
%a	周日期(缩简)	%A	周日期
%b 或%h	月份(缩简)	%B	月份
%c	标准格式的日期和时间	%C	世纪
%d	月日期(从 01 到 31)	%D	日期的缩简格式(mm/dd/yy)
%e	包含两个字符的字符串月日期(从'01'到'31')		
%g	根据周数的年份(2 个数字)	%G	根据周数的年份(4 个数字)
		%H	小时数(从 00 到 23)
		%I	小时数(从 1 到 12)
%j	一年中的天数(从 001 到 366)		
%m	月份(从 01 到 12)	%M	分钟(从 00 到 59)
%n	新一行(同\n)		
%p		%P	am 或 pm
%r	时间使用 am 或 pm 表示	%R	时间使用 24 小时制表示
		%S	秒(从 00 到 59)
%t	Tab(同\t)	%T	时间使用 hh:ss:mm 格式表示
%u	周天数(从 1-Monday 到 7-Sunday)	%U	一年中的周数(从第一周的第一个星期天开始)
		%V	一年中的周数(以至少剩余四天的这一周开始为第一周)
%w	周天数(从 0-Sunday 到 6-Saturday)	%W	一年中的周数(从第一周的第一个星期一开始)
%x	标准格式日期(无时间)	%X	标准格式时间(无日期)
%y	年份(2 字符)	%Y	年份(4 字符)
%z 和%Z	时区		

下面举例介绍用法。

【例 8.5】(示例文件 ch08\8.5.php)

```
<HTML>
<HEAD><TITLE>输出格式化日期和时间</TITLE></HEAD>
<BODY>
<?php
date_default_timezone_set("PRC");
echo(strftime("%b %d %Y %X", mktime(20,0,0,12,31,98)));
```

```
echo(gmstrftime("%b %d %Y %X", mktime(20,0,0,12,31,98)));
//输出当前日期、时间和时区
echo(gmstrftime("It is %a on %b %d, %Y, %X time zone: %Z",time()));
?>
</BODY>
</HTML>
```

运行结果如图 8-5 所示。

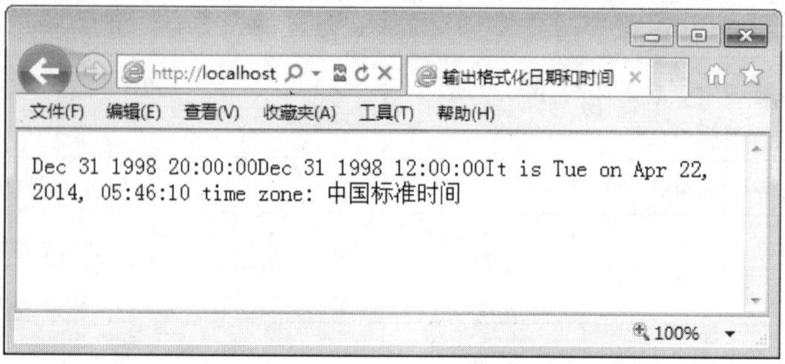

图 8-5 输出格式化日期和时间

8.2.7 显示本地化的日期和时间

由于世界上有不同的显示习惯和规范，所以日期和时间也会根据不同的地区显示为不同的形式。这就是日期时间的本地化显示。

实现此操作需要使用到 setlocale()和 strftime()两个函数。后者已经介绍过。

使用 setlocale()函数来改变 PHP 的本地化默认值，实现本地化的设置，它的格式为：

```
setlocale(目录, 本地化值)
```

(1) 本地化值是一个字符串，它有一个标准格式：language_COUNTRY.chareacterset。例如，想把本地化设为美国，按照此格式为 en_US.utf8，如果想把本地化设为英国，按照此格式为 en_GB.utf8，如果想把本地化设为中国，且为简体中文，按照此格式为 zh_CN.gb2312，或者 zh_CN.utf8。

(2) 目录是指 6 个不同的本地化目录。如表 8-4 所示。

表 8-4 本地化目录

目 录	说 明
LC_ALL	为后面其他的目录设定本地化规则的目录
LC_COLLATE	字符串对比目录
LC_CTYPE	字母划类和规则
LC_MONETARY	货币表示规则
LC_NUMERIC	数字表示规则
LC_TIME	日期和时间表示规则

由于这里要对日期时间进行本地化设置，需要使用到的目录是 LC_TIME。下面的例子对日期时间本地化进行讲解。

【例 8.6】(示例文件 ch08\8.6.php)

```
<HTML>
<HEAD>
    <TITLE>显示本地化日期和时间</TITLE>
</HEAD>
<BODY>
<?php
date_default_timezone_set("PRC");
date_default_timezone_set("Asia/Hong_Kong");
setlocale(LC_TIME, "zh_CN.gb2312");
echo strftime("%z");
?>
</BODY>
</HTML>
```

运行结果如图 8-6 所示。

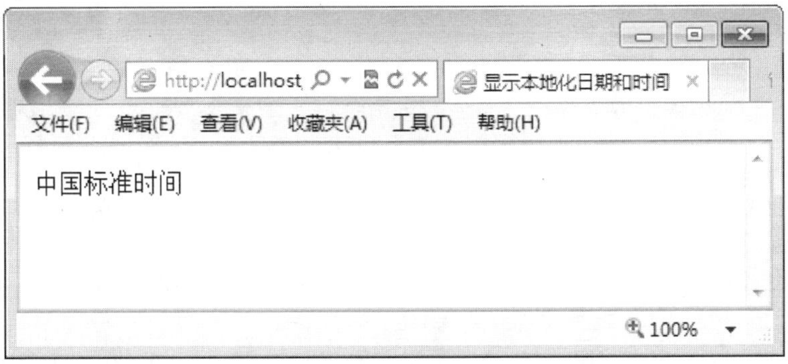

图 8-6　日期时间本地化

案例分析：

(1) date_default_timezone_set(“Asia/Hong_Kong”)设定时区为中国时区。

(2) setlocale()设置时间的本地化显示方式为简体中文方式。

(3) strftime(“%z”)返回所在时区，其在页面显示为简体中文方式。

8.2.8　将日期和时间解析为 Unix 时间戳

使用给定的日期和时间，操作 mktime()函数可以生成相应的 Unix 时间戳。它的格式为：

```
mktime(小时, 分钟, 秒, 月份, 日期, 年份)
```

把相应的时间和日期的部分输入相应位置的参数，即可得到相应的时间戳。下面的例子介绍此函数的应用方法和技巧。

【例 8.7】(示例文件 ch08\8.7.php)

```
<HTML>
```

```
<HEAD>
    <TITLE></TITLE>
</HEAD>
<BODY>
<?php
$timestamp = mktime(0,0,0,3,31,2012);
echo $timestamp;
?>
</BODY>
</HTML>
```

运行结果如图 8-7 所示。

图 8-7 使用 mktime()函数

其中 mktime(0,0,0,3,31,2012)使用的时间是 2012 年 3 月 31 号 0 点整。

8.2.9 日期时间在 PHP 和 MySQL 数据格式之间转换

日期和时间在 MySQL 中是按照 ISO8601 格式储存的。这种格式要求以年份打头，如 2012-03-08 这种格式。从 MySQL 读取的默认格式也是这种格式。对于这种格式我们中国人是比较熟悉的。这样在中文应用中，几乎可以不用转换，就直接使用这种格式。

但是，在西方的表达方法中，经常把年份放在月份和日期的后面，如 March 08, 2012。所以，在接触到国际的，特别是符合英语使用习惯的项目时，需要对 ISO8601 格式的日期时间做合适的转换。

有意思的是，为了解决这个英文使用习惯和 ISO8601 格式冲突的问题，MySQL 提供了把英文使用习惯的日期时间转换为符合 ISO8601 标准的两个函数，它们是 DATE_FOMAT()和 UNIX_TIMESTAMP()。这两个函数在 SQL 语言中使用。具体用法将在介绍 MySQL 时详述。

8.3 实现倒计时功能

对于未来的时间点实现倒计时，其实就是使用现在的当下时间戳和未来的时间点进行比较和运算。

下面通过案例来介绍如何实现倒计时功能。

【例 8.8】(示例文件 ch08\8.8.php)

```
<HTML>
<HEAD>
   <TITLE>倒计时</TITLE>
</HEAD>
<BODY>
<?php
$timestampfuture = mktime(0,0,0,05,01,2012);
$timestampnow = mktime();
$timecount = $timestampfuture - $timestampnow;
$days = round($timecount/86400);
echo "今天是".date('Y F d')." ,距离 2012 年 5 月 1 号的时间戳，还有".$days."天。";
?>
</BODY>
</HTML>
```

运行结果如图 8-8 所示。

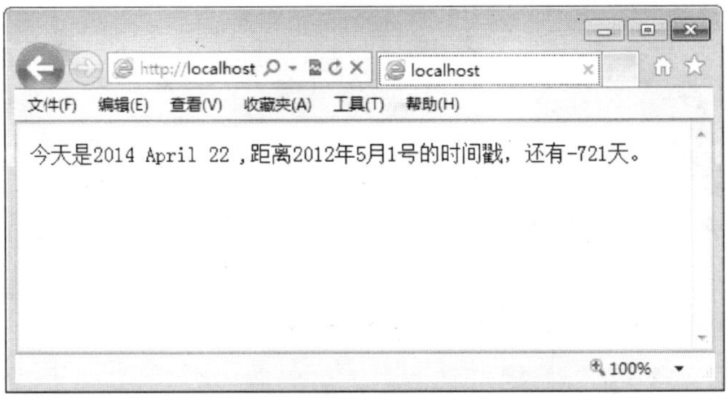

图 8-8　比较两个时间的大小

案例分析：

(1) mktime()不带任何参数，所生成的时间戳是当前时间的时间戳。

(2) $timecount 是现在的时间戳距离未来时间点的时间戳的秒数。

(3) round($timecount/86400)，其中 86400 为一天的秒数，$timecount/86400 得到天数，round()函数取约数，得到天数。

8.4　比较两个时间的大小

对于比较两个时间的大小来说，如果通过一定形式的日期时间进行比较，或者不同的格式的时间日期进行比较，都并不方便。最为方便的方法是把所有格式的时间都转换为时间戳，然后比较时间戳的大小。

下面通过例子来比较两个时间的大小。

【例 8.9】(示例文件 ch08\8.9.php)

```
<HTML>
```

```
<HEAD>
    <TITLE></TITLE>
</HEAD>
<BODY>
<?php
$timestampA = mktime(0,0,0,3,31,2012);
$timestampB = mktime(0,0,0,1,31,2012);
if($timestampA > $timestampB){
    echo "2012年三月的时间戳数值大于2012年一月的。";
}elseif($timestampA < $timestampB){
    echo "2012年三月的时间戳数值小于2012年一月的。";
}else{
    echo "两个时间相同。";
}
?>
</BODY>
</HTML>
```

运行结果如图 8-9 所示。

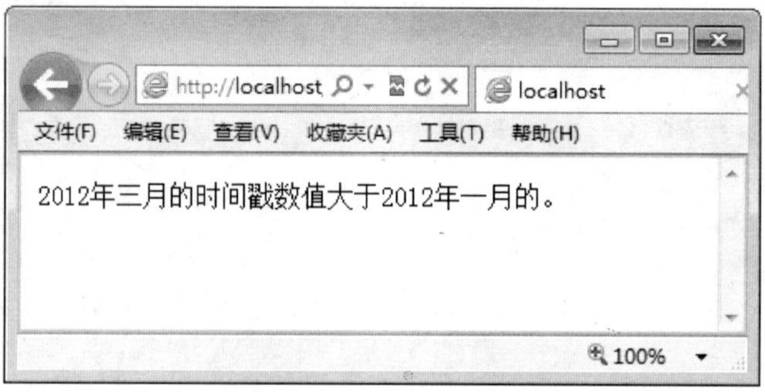

图 8-9 比较两个时间的大小

8.5 疑难解惑

疑问 1：如何使用微秒单位？

有些时候，某些应用要求使用比秒更小的时间单位来表示时间。比如在一段测试程序运行的程序中，可能要使用到微秒级的时间单位来表示时间。如果需要微秒，只需要使用函数 microtime(true)即可。

例如：

```
<?php
$timestamp = microtime(true);
echo $timestamp;
?>
```

返回的结果为“1315560215.7656”。时间戳精确到小数点后 4 位。

疑问 2：定义日期和时间时出现警告怎么办?

在运行 PHP 程序时，可能会出现这样的警告：PHP Warning: date(): It is not safe to rely on the system’s timezone settings 等。出现上述警告是因为 PHP 所取的时间是格林威治标准时间，所以与用户当地的时间会有出入，由于格林威治标准时间与北京时间大概差 8 个小时左右，所以会弹出警告。可以使用下面方法中的任意一个来解决。

(1) 在页头使用 date_default_timezone_set()设置默认时区为北京时间，即：

```
<?php date_default_timezone_set("PRC"); ?>
```

如本章例 8.2 中所示。

(2) 在 php.ini 中设置 date.timezone 的值为 PRC，设置语句为：date.timezone=PRC，同时取消这一行代码的注释，即去掉前面的分号即可。

第 9 章

面向对象编程

面向对象编程是现在编程的主流，PHP 也不例外。面向对象(object-oriented)，不同于面向过程(process-oriented)，它用类、对象、关系、属性等一系列东西来提高编程的效率，它主要的特性是可封装性、可继承性和多态性。本章主要讲述面向对象的相关知识。

9.1 类和对象的介绍

面向对象编程的主要好处就是把编程的重心从处理过程转移到了对现实世界实体的表达。这十分符合人们的普通思维方法。

类(Class)和对象(Object)并不难理解。试想一下，在日常生活中，自然人对事物的认识，一般是由看到的、感受到的实体对象(日常生活中的吃、穿、住、用)归纳出来的或者抽象出来的类特征，这就是人们认识世界的过程。

然而程序编写者需要在计算机的世界中再造一个虚拟的“真实世界”。那么，在这里，程序员就要像“造物主”一样思考。就要先定义“类”，然后再由“类”产生一个个“实体”，也就是一个个“对象”。

有这样的情况：过年的时候，有的地方要制作“点心”，点心一般会有鱼、兔、狗等生动的形状。而这些不同的形状是由不同的“模具”做出来的。那么，在这里，鱼、兔、狗的一个个不同的点心就是实体，则最先刻好的“模具”就是类。要明白一点，这个“模具”指的是被刻好的“形状”，而不是制作“模具”的材料。如果你能像造物主一样用意念制作出一个个点心。那么，你的意念的“形状”就是“模具”。

OOP 是面向对象编程(Object-oriented Programming)的缩写。对象(Object)在 OOP 中是由属性和操作组成的。属性(Attribute)是对象的特性或是与对象关联的变量。操作(Operation)是对象中的方法(Method)或函数(Function)。

由于 OOP 中最为重要的特性之一就是可封装性，所以对 Object 内部数据的访问，只能通过对象的“操作”来完成，这也被称为对象的“接口”(Interfaces)。

因为类是对象的模板，所以类描述了它的对象的属性和方法。

另外，面向对象编程具有 3 大特点。

(1) 封装性

将类的使用和实现分开管理，只保留类的接口，这样开发人员就不用去知道类的实现过程，只需要知道如何使用类即可，从而提高了开发效率。

(2) 继承性

继承是面向对象软件技术中的一个概念。如果一个类 A 继承自另一个类 B，就把这个 A 称为“B 的子类”，而把 B 称为“A 的父类”。继承可以使得子类具有父类的各种属性和方法，而不需要再次编写相同的代码。在子类继承父类的同时，可以重新定义某些属性，并重写某些方法，即覆盖父类的原有属性和方法，从而获得与父类不同的功能。另外，还可以为子类追加新的属性和方法。继承可以实现代码的可重用性，简化了对象和类的创建过程。另外，PHP 支持单继承，也就是一个子类只能有一个父类。

(3) 多态性

多态是面向对象程序设计的重要特征之一，是扩展性在“继承”之后的又一重大表现。同一操作作用于不同类的实例，将产生不同的执行结果，即不同类的对象收到相同的消息时，将得到不同的结果。

9.2 类的基本操作

类是面向对象中最为重要的概念之一，是面向对象设计中最基本的组成模块。类可以简单地视为一种数据结构，在类中的数据和函数称为类的成员。

9.2.1 类的声明

在 PHP 中，声明类的关键字是 class，声明格式如下：

```
<?php
权限修饰符 class 类名{
    类的内容;
}
?>
```

其中，权限修饰符是可选项，常见的修饰符包括 public、private 和 protected。创建类时，可以省略权限修饰符，此时默认的修饰符为 public。三种权限修饰符的区别如下。

(1) 一般情况下，属性和方法默认是 public 的，这意味着一般的属性和方法从类的内部和外部都可以访问。

(1) 用关键字 private 声明的属性和方法，则只能从类的内部访问，也就是说，只有类内部的方法可以访问用此关键字声明的类的属性和方法。

(2) 用关键字 protected 声明的属性和方法，也是只能从类的内部访问，但是，通过“继承”而产生的“子类”，也可以访问这些属性和方法。

例如，定义一个学生为公共类，代码如下：

```
public class Student {
    //类的内容
}
```

9.2.2 成员属性

成员属性是指在类中声明的变量。在类中可以声明多个变量，所以对象中可以存在多个成员属性，每个变量将存储不同的对象属性信息。

例如以下定义：

```
public class Student {
    public $name; //类的成员属性
}
```

成员属性必须使用关键词进行修饰，常见的关键词包括 public、protected 和 private 等。

如果没有特定的意义，仍然需要 var 关键词修饰。另外，在声明成员属性时，可以不进行赋值操作。

9.2.3 成员方法

成员方法是指在类中声明的函数。在类中可以声明多个函数，所以对象中可以存在多个成员方法。类的成员方法可以通过关键字进行修饰，从而控制成员方法的使用权限。

例如以下定义成员方法的例子：

```
class Student {
    public $name;              //类的成员属性
    function GetIp(){
        //方法的内容
    }
}
```

9.2.4 类的实例化

面向对象编程的思想是一切皆为对象。类是对一个事物抽象出来的结果，因此，类是抽象的。对象是某类事物中具体的那个，因此，对象就是具体的。例如，学生就是一个抽象概念，即学生类，但是姓名叫张三的就是学生类中具体的一个学生，即对象。

类和对象可以描述为如下关系。类用来描述具有相同数据结构和特征的“一组对象”，“类”是“对象”的抽象，而“对象”是“类”的具体实例，即一个类中的对象具有相同的“型”，但其中每个对象却具有各不相同的“值”。

注意 类是具有相同或相仿结构、操作和约束规则的对象组成的集合，而对象是某一类的具体化实例，每一个类都是具有某些共同性的对象的抽象。

类的实例化格式如下：

```
$变量名 = new 类名称([参数]);      //类的实例化
```

其中，new 为创建对象的关键字，“$变量名”返回对象的名称，用于引用类中的方法。参数是可选的，如果存在参数，则用于指定类的构造方法初始化对象使用的值，如果没有定义构造函数参数，PHP 会自动创建一个不带参数的默认构造函数。

例如下面的例子：

```
class Student {
    public $name;              //类的成员属性
    function GetIp(){
        //方法的内容;
    }
}
$lili = new Student();     //类的实例化
$liufei = new Student();      //类的实例化
$zhangming = new Student();      //类的实例化
$wangyi = new Student();     //类的实例化
```

上面的例子实例化了 4 个对象，并且这 4 个对象之间没有任何联系，只能说明是源于同一个类。可见，一个类可以实例化多个对象，每个对象都是独立存在的。

9.2.5 访问类中的成员属性和方法

通过对象的引用，可以访问类中的成员属性和方法，这需要使用特殊的运算符“->”。具体的语法格式如下：

```
$变量名 = new 类名称();                    //类的实例化
$变量名->成员属性 = 值;                   //为成员属性赋值
$变量名->成员属性                        //直接获取成员的属性值
$变量名->成员方法                        //访问对象中指定的方法
```

另外，程序员还可以使用一些特殊的访问方法。

1. $this

$this 存在于类的每一个成员方法中，它是一个特殊的对象引用方法。成员方法属于哪个对象，$this 引用就代表哪个对象，主要作用是专门完成对象内部成员之间的访问。

2. 操作符“::”

操作符“::”可以在没有任何声明实例的情况下访问类中的成员。使用的语法格式如下：

```
关键字::变量名/常量名/方法名
```

其中关键字主要包括 parent、self 和类名 3 种。parent 关键字表示可以调用父类中的成员变量、常量和成员方法。self 关键字表示可以调用当前类中的常量和静态成员。类名关键字表示可以调用本类中的常量、变量和方法。

以下例子介绍类的声明和实例生成，其中将描述在酒店订房的客人。

【例 9.1】(示例文件 ch09\9.1.php)

```
<html>
<head>
<title> 类的声明和实例的生成</title>
</head>
<body>
<?php
class guests{
   private $name;
   private $gender;
   function setname($name){
      $this->name = $name;
   }
   function getname(){
      return $this->name;
   }
   function setgender($gender){
      $this->gender = $gender;
```

```
    }
    function getgender(){
        return $this->gender;
    }
};
$xiaoming = new guests;
$xiaoming->setname("王小明");
$xiaoming->setgender("男");
$lili =  new guests;
$lili->setname("李莉莉");
$lili->setgender("女");
echo $xiaoming->getname()."\t".$xiaoming->getgender()."<br />";
echo $lili->getname()."\t".$lili->getgender();
?>
</body>
</html>
```

运行结果如图 9-1 所示。

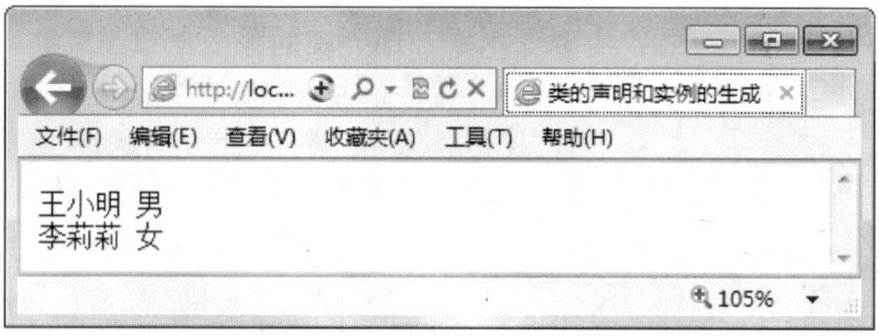

图 9-1　介绍类的声明和实例生成

案例分析：

(1) 用 class 关键字声明了一个类，这个类的名称是 guests。在大括号内写入类的属性和方法。其中 private $name、private $gender 为类 guests 的自有属性，用 private 关键字声明，也就是说，只有在类内部的方法可以访问它们，类外部是不能访问的。

(2) function setname($name)、function getname()、function setgender($gender)、function getgender()是类的方法，它们可以对 private $name、private $gender 这两个属性进行操作。$this 是对类本身的引用。用“->”连接类属性，格式如$this->name、$this->gender。

(3) 用 new 关键字生成一个对象，格式为$xiaoming = new Classname; 它的对象名是$xiaoming。当程序通过 new 生成一个类 guests 的实例，也就是对象$xiaoming 的时候，对象$xiaoming 就拥有了类 guests 的所有属性和方法。然后就可以通过“接口”，也就是这个对象的方法(即类的方法的副本)来对对象的属性进行操作。

(4) 通过接口 setname($name)给实例$xiaoming 的$name 属性赋值为“王小明”，通过 setgender($gender)给实例$xiaoming 的$gender 属性赋值为“男”。同样道理，通过接口操作了实例$lili 的属性。最后通过接口 getname()、getgender()返回不同的两个实例的$name 属性和$gender 属性，并且打印出结果。

9.3 构造方法和析构方法

构造方法存在于每个声明的类中，主要作用是执行一些初始化任务。如果类中没有直接声明构造方法，那么类会默认地生成一个没有参数且内存为空的构造方法。

在 PHP 中，声明构造方法的方式有两种，在 PHP 5 版本之前，构造方法的名称必须与类名相同；从 PHP 5 版本开始，构造方法的方法名称必须是两个下划线开头的，即“__xonstruct”。具体的语法格式如下：

```
function __construct([mixed args]){
    //方法的内容
}
```

一个类只能声明一个构造方法。构造方法中的参数是可选的，如果没有传入参数，那么将使用默认参数为成员变量进行初始化。

在例 9.1 中，对实例$xiaoming 的$name 属性赋值时还需要通过使用接口 setname($name)进行操作，如$xiaoming->setname(“XiaoMing”)。如果想在生成实例$xiaoming 的同时就对此实例的属性$name 进行赋值，该怎么办呢？

这时就需要构造方法__construct()了。这个函数的特性是，当通过关键字 new 生成实例的时候，它就会被调用执行，它的用途经常就是对一些属性进行初始化，也就是对一些属性进行初始化的赋值。

以下例子介绍构造方法的使用方法和技巧。

【例 9.2】(示例文件 ch09\9.2.php)

```
<html>
<head>
<title>构造方法</title>
</head>
<body>
<?php
class guests{
    private $name;
    private $gender;
    function __construct($name,$gender){
        $this->name = $name;
        $this->gender = $gender;
    }
    function getname(){
        return $this->name;
    }
    function getgender(){
        return $this->gender;
    }
};
$xiaoming = new guests("赵大勇","男");
```

```
$lili =  new guests("方芳芳","女");
echo $xiaoming->getname()."\t".$xiaoming->getgender()."<br />";
echo $lili->getname()."\t".$lili->getgender();
?>
</body>
</html>
```

运行结果如图 9-2 所示。

图 9-2 使用构造方法

要记住的是，构造方法是不能返回(return)值的。

有构造方法，就有它的反面“析构方法”(destructor)。它是在对象被销毁的时候被调用执行的。但是因为 PHP 在每个请求的最终都会把所有资源释放，所以析构方法的意义是有限的。具体使用的语法格式如下：

```
function __destruct(){
    //方法的内容，通常是完成一些在对象销毁前的清理任务
}
```

PHP 具有垃圾回收机制，可以自动清除不再使用的对象，从而释放更多的内存。析构方法是在垃圾回收程序执行前被调用的方法，是 PHP 编程中的可选内容。

不过，析构方法在某些特定行为中还是有用的，比如在对象被销毁时清空资源或者记录日志信息。

以下两种情况中，析构方法可能被调用执行：

- 代码运行时，当所有的对于某个对象的 reference(引用)被毁掉的情况下。
- 当代码执行到最终，并且 PHP 停止请求的时候。

9.4 访 问 器

另外一个很好用的函数是访问方法(accessor)，又称访问器。由于 OOP 思想并不鼓励直接从类的外部访问类的属性，以强调封装性，所以可以使用__get 和__set 方法来达到此目的。无论何时，类属性被访问和操作时，访问方法都会被激发。通过使用它们，可以避免直接对类属性的访问。

以下例子介绍访问器的使用方法和技巧。

【例 9.3】(示例文件 ch09\9.3.php)

```
<html>
```

```
<head>
<title>访问器</title>
</head>
<body>
<?php
class guests{
    public $property;
    function __set($propName,$propValue){
        $this->$propName = $propValue;
    }
    function __get($propName){
        return $this->$propName;
    }
};
$xiaoshuai = new guests;
$xiaoshuai->name = "刘小帅";
$xiaoshuai->gender = "男性";
$dingdang = new guests;
$dingdang->name = "丁叮当";
$dingdang->gender = "女性";
$dingdang->age = 28;
echo $xiaoshuai->name." 是 ".$xiaoshuai->gender."<br />";
echo $dingdang->name." 是一位 ".$dingdang->age
                    ." 岁 ".$dingdang->gender."<br />";
?>
</body>
</html>
```

运行结果如图 9-3 所示。

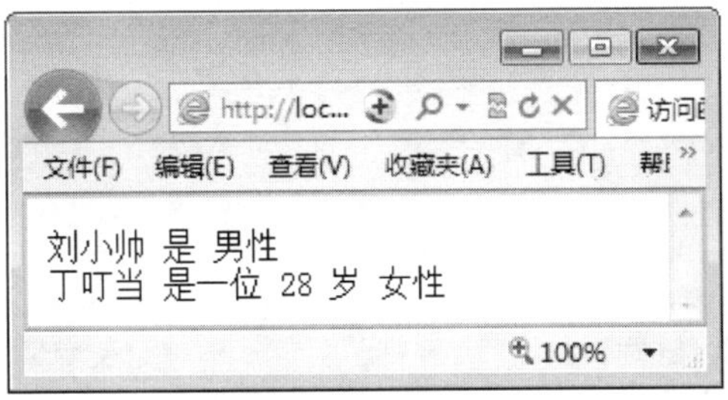

图 9-3 使用访问器

案例分析：

(1) $xiaoshuai 为类 guest 的实例。直接添加属性 name 和 gender，并且赋值。如$xiaoshuai->name = “刘小帅”; $xiaoshuai->gender = “男性”; 此时，类 guest 中的__set 函数被调用。$dingdang 实例为同样的过程。另外，$dingdang 实例添加了一个对象属性 age。

(2) echo 命令中使用到的对象属性，如$xiaoshuai->name 等，则是调用了类 guest 中的__get 函数。

(3) 此例中，__set 方法的格式为：

```
function __set($propName,$propValue){
```

```
    $this->$propName = $propValue;
}
```

__get 方法的格式为：

```
function __get($propName){
    return $this->$propName;
}
```

其中，$propName 为“属性名”，$propValue 为“属性值”。

9.5 类的继承

继承(Inheritance)是 OOP 中最为重要的特性与概念。父类拥有其子类的公共属性和方法。子类除了拥有父类具有的公共属性和方法外，还拥有自己独有的属性和方法。

PHP 使用关键字 extends 来确认子类和父类，实现子类对父类的继承。

具体的语法格式如下：

```
class 子类名称 extends 父类名称{
    //子类成员变量列表
    function 成员方法(){                //子类成员方法
        //方法内容
    }
}
```

下面的例子介绍类的继承方法。

【例 9.4】(示例文件 ch09\9.4.php)

```
<html>
<head>
<title> 类的继承</title>
</head>
<body>
<?php
class Vegetables{
    var $tomato = "西红柿";                          //定义变量
    var $cucumber = "黄瓜";
};
class VegetablesType extends Vegetables{     //类之间继承
    var $potato = "马铃薯";                          //定义子类的变量
    var $radish = "萝卜";
};
$vegetables = new VegetablesType();             //实例化对象
echo "蔬菜包括: ".$vegetables->tomato.", ".$vegetables->t cucumber
        .", ".$vegetables-> potato." , ".$vegetables-> radish;
?>
</body>
</html>
```

运行结果如图 9-4 所示。

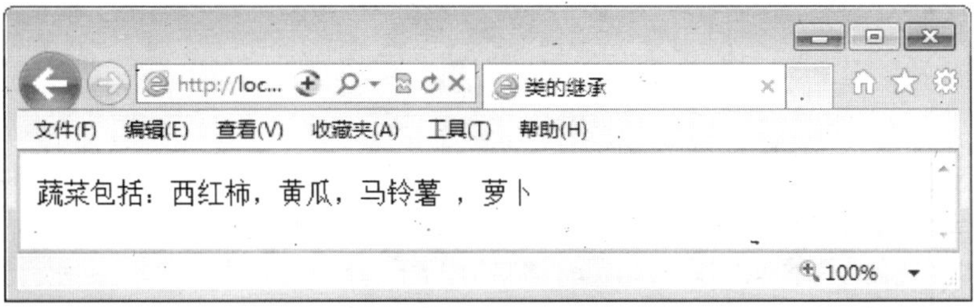

图 9-4 使用类继承

案例分析：

从结果可以看出，本例创建了一个蔬菜父类，子类通过关键字 extends 继承了蔬菜父类中的成员属性，最后对子类进行了实例化操作。

9.6 抽象类和接口

抽象类和接口都是特殊的类，因为它们都不能被实例化。本节主要讲述两者的使用方法和技巧。

9.6.1 抽象类

抽象类只能作为父类使用，因为抽象类不能被实例化。抽象类使用关键字 abstract 来声明，具体的使用语法格式如下：

```
abstract class 抽象类名称{
    //抽象类的成员变量列表
    abstract function 成员方法1(参数);                //抽象类的成员方法
    abstract function 成员方法2(参数);                //抽象类的成员方法
}
```

抽象类与普通类的主要区别在于，抽象类的方法没有方法内容，而且至少包含一个抽象方法。另外抽象方法也必须使用关键字 abstract 来修饰，抽象方法后必须有分号。

【例 9.5】(示例文件 ch09\9.5.php)

```
<html>
<head>
<meta http-equiv="Content-Type" content="text/html; charset=gb2312" />
<title>抽象类</title>
</head>
<body>
<?php
abstract class MyObject{
    abstract function service($getName,$price,$num);
}
class MyBook extends MyObject{
```

```
    function service($getName,$price,$num){
        echo '购买的商品是'.$getName.'，商品的价格是：'.$price.' 元。';
        echo '您购买的数量为：'.$num.' 本。';
    }
}
class MyComputer extends MyObject{
    function service($getName,$price,$num){
        echo '您购买的商品是'.$getName.'，该商品的价格是：'.$price.' 元。';
        echo '您购买的数量为：'.$num.' 本。';
    }
}
$book = new MyBook();
$computer = new MyComputer();
$book -> service('《PHP5.5 从零度开始学》',59,15);
echo '<p>';
$computer -> service('MySQL5.6 从零开始学',65,10);
?>
</body>
</html>
```

运行结果如图 9-5 所示。

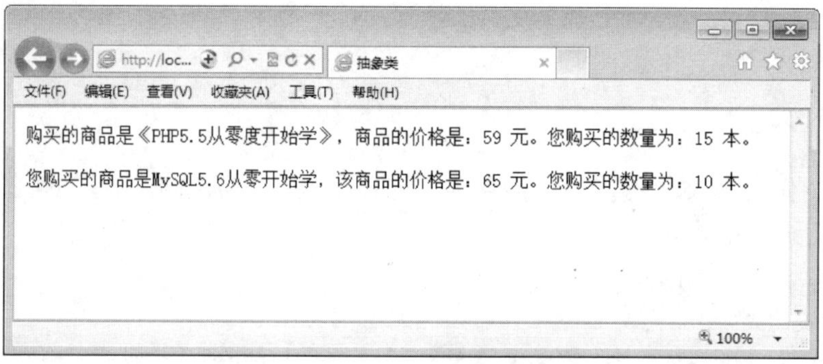

图 9-5　使用抽象类

9.6.2　接口

继承特性简化了对象、类的创建，增加了代码的可重用性。但是 PHP 只支持单继承，如果想实现多继承，就需要使用接口。PHP 可以实现多个接口。

接口类通过关键字 interface 来声明，接口中不能声明变量，只能使用关键字 const 声明为常量的成员属性，接口中声明的方法必须是抽象方法，并且接口中所有的成员都必须是 public 的访问权限。

具体的使用语法格式如下：

```
interface 接口名称{                          //使用 interface 关键字声明接口
    //常量成员                               //接口中的成员只能是常量
    //抽象方法                               //成员方法必须是抽象方法
}
```

以下示例通过酒店不同类型房间之间的关系来介绍类之间的继承关系，其中涉及到接口的使用和访问修饰符的使用。

【例 9.6】(示例文件 ch09\9.6.php)

```
<html>
<head>
<title>类的继承与接口</title>
</head>
<body>
<?php
class roomtypes{
   public $customertype;
   private $hotelname = "GoodHome";
   protected $roomface = "适合所有人";
   function __construct(){
      $this->customertype = "everyonefit";
   }
   function telltype(){
      echo "此房间类型为".$this->customertype."。<br />";
   }
   function hotelface(){
      echo "此房间".$this->roomface."。<br />";
   }
   final function welcomeshow(){
      echo "欢迎光临".$this->hotelname."。<br />";
   }
}
class nonviproom extends roomtypes{
   function __construct(){
      $this->customertype = "nonvip";
   }
   function telltype(){
      echo "此".__CLASS__."房间类型为".$this->customertype."。<br />";
   }
   function hotelface(){
      echo "此房间不是".$this->roomface."。<br />";
   }
}
class viproom extends roomtypes implements showprice{
   function __construct(){
      $this->customertype = "vip";
   }
   function showprice(){
      if (__CLASS__ == "superviprooms"){
         echo "价格高于 500 元。<br />";
      }else{
         echo "价格低于 500 元。<br />";
      }
   }
}
```

```
final class superviprooms implements showprice, showdetail{
    function showprice(){
        if (__CLASS__ == "superviprooms"){
            echo "价格高于 500 元。<br />";
        }else{
            echo "价格低于 500 元。<br />";
        }
    }
    function showdetail(){
        if (__CLASS__ == "superviprooms"){
            echo "超级 vip 客户可以使用会员卡取得优惠。<br />";
        }else{
            echo "普通客户与 vip 客户不能使用会员卡。<br />";
        }
    }
    interface showprice{
        function showprice();
    }
    interface showdetail{
        function showdetail();
    }
}
$room2046 = new roomtypes();
$room2046->telltype();
$room2046->hotelface();
$room2046->welcomeshow();
$room307 = new nonviproom();
$room307->telltype();
$room307->hotelface();
$roomv2 = new viproom();
$roomv2->telltype();
$roomv2->showprice();
$roomsuperv3 = new superviprooms();
$roomsuperv3->showprice();
$roomsuperv3->showdetail();
?>
</body>
</html>
```

运行结果如图 9-6 所示。

案例分析：

(1) 类 roomtypes 拥有类属性$customertype、$hotelname、$roomface。类 roomtypes 的构造函数给类属性$customertype 赋值为“everyonefit”。类方法有 telltype()、hotelface()、welcomeshow()。

(2) 类 nonviproom 使用 extends 关键字继承了类 roomtypes。此时 roomtypes 为 nonviproom 的父类，而 nonviproom 为 roomtypes 的子类，并拥有类 roomtypes 的所有几乎属性和方法。

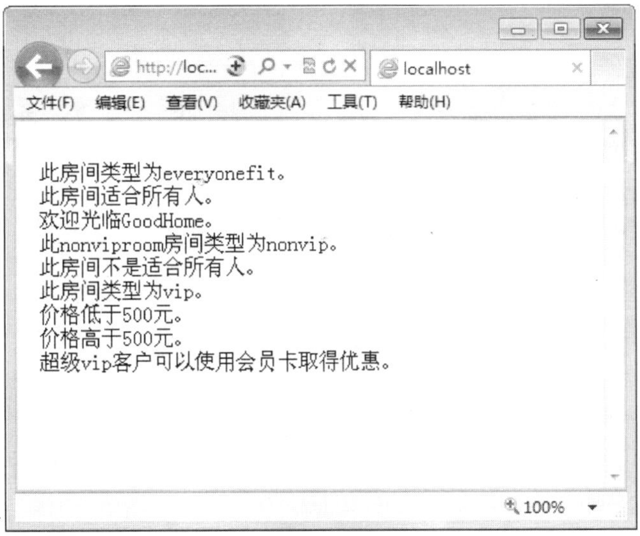

图 9-6 类之间的继承关系及接口应用

(3) 类 nonviproom 为了区别于 roomtypes，对其所继承的属性和方法进行了“覆写”(overriding)。继承的属性$customertype 被重新赋值为“nonvip”。类方法 telltype()和 hotelface()被重新定义。__CLASS__变量指代当前类的名称。

(4) 类 viproom 同样继承了类 roomtypes。它们之间也形成了子类与父类的关系。同时，类 viproom 还通过 implements 关键字使用了接口(interface)showprice。类 viproom 重新为继承的类属性$customertype 赋值为“vip”，并且定义了接口函数 showprice()。

(5) 类 superviprooms 直接声明且继承了 showprice 和 showdetail 这两个接口，并且定义了接口函数 showprice()和 showdetail()。

(6) 通过关键字 interface 声明接口 showprice 和 showdetail，并且定义了接口函数 showprice()和 showdetail()。

(7) 类 roomtypes 的类属性$hotelname 的值为“GoodHome”，访问可见性为 private。所以它的子类 nonviproom 和 viproom 都无法访问此属性。类 roomtypes 属性$roomface 的值为“适合所有人”，访问可见性为 protected。所以它的子类都可以访问。其子类 nonviproom 通过 hotelface()方法对此属性进行了访问。

(8) 最后通过 new 关键字生成类实例$room2046、$room307、$roomv2、$roomsuperv3。再通过“->”直接调用实例中的类方法，并得到如图 9-4 所示的输出结果。

通过上面的例子，可以总结出如下的要点：

- 在 PHP 中，类的继承只能是单独继承，也即是由一个父类(基类)继承下去，而且可以一直继承下去。PHP 不支持多重继承，即不能由一个以上的父类进行继承，也即是类 C 不能同时继承类 A 和类 B。
- 由于 PHP 不支持多重继承，为了对特定类的功能的拓展，就可以使用接口(interface)来实现类似于多重继承的好处。接口用 interface 关键字来声明，并且单独设立接口方法。
- 一个类可以继承于一个父类，同时使用一个或多个接口。类还可以直接继承于某个特定的接口。

- 类、类的属性和方法的访问，都可以通过放在属性和类的前面的访问修饰符进行控制。public 为公共属性或方法，private 为私有属性或方法，protected 为受保护的可继承属性或方法。
- 关键字 final 放在特定的类前面，表示此类不能再被继承。final 放在某个类方法的前面，表示此方法不能在继承后被“覆写”或重新定义。

9.7 面向对象的多态性

多态性是指同一操作作用于不同类的实例，将产生不同的执行结果，即不同类的对象收到相同的消息时，得到不同的结果。在 PHP 中，实现多态的方法有两种，包括通过继承实现多态和通过接口实现多态。

9.7.1 通过继承实现多态

通过继承可以实现多态的效果，下面通过一个例子来理解实现多态的方法。

【例 9.7】(示例文件 ch09\9.7.php)

```
<html>
<head>
<title>多态性</title>
</head>
<body>
<?php
abstract class Vegetables{                              //定义抽象类 Vegetables
   abstract function go_Vegetables();                   //定义抽象方法 go_Vegetables
}
class Vegetables_potato extends Vegetables{             //马铃薯类继承蔬菜类
   public function go_Vegetables(){                     //重写抽象方法
      echo "我们开始种植马铃薯" ;                       //输出信息
   }
}
class Vegetables_radish extends Vegetables{             //萝卜类继承蔬菜类
   public function go_Vegetables(){                     //重写抽象方法
      echo "我们开始种植萝卜" ;
   }
}
function change($obj){                          //自定义方法根据对象调用不同的方法
   if($obj instanceof Vegetables){
      $obj->go_Vegetables();
   }else{
      echo "传入的参数不是一个对象";                   //输出信息
   }
}
echo "实例化 Vegetables_potato: ";
```

```
change(new Vegetables_potato());                  //实例化 Vegetables_potato
echo "<br>";
echo "实例化 Vegetables_ radish: ";
change(new Vegetables_radish());                //实例化 Vegetables_radish
?>
</body>
</html>
```

运行结果如图 9-7 所示。

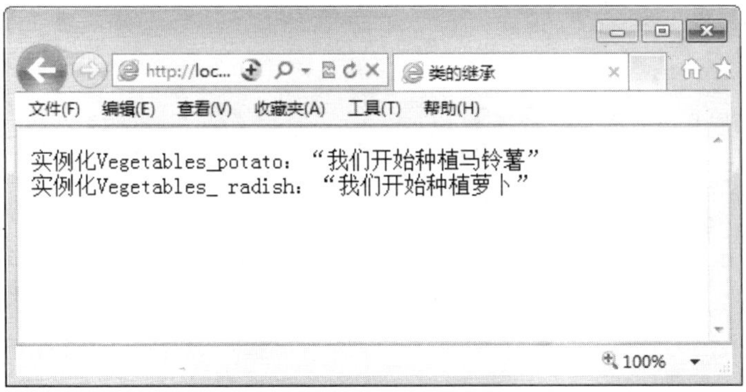

图 9-7 通过继承实现多态

案例分析：

从结果可以看出，本例创建了一个抽象类 Vegetables，用于表示各种蔬菜的种植方法，然后让子类继承这个 Vegetables。

9.7.2 通过接口实现多态

下面通过接口的方式，实现与上面的示例一样的效果。

【例 9.8】(示例文件 ch09\9.8.php)

```
<html>
<head>
<title>多态性</title>
</head>
<body>
<?php
interface Vegetables{                                  //定义接口 Vegetables
    public function go_Vegetables();                    //定义接口方法
}
//Vegetables_potato 实现 Vegetables 接口
class Vegetables_potato implements Vegetables{
    public function go_Vegetables(){                   //定义 go_Vegetables 方法
        echo "我们开始种植马铃薯" ;                      //输出信息
    }
}
//Vegetables_radish 实现 Vegetables 接口
class Vegetables_radish implements Vegetables{
```

```
    public function go_Vegetables(){                    //定义 go_Vegetables 方法
        echo "我们开始种植萝卜" ;                          //输出信息
    }
}
function change($obj){                              //自定义方法根据对象调用不同的方法
    if($obj instanceof Vegetables ){
        $obj->go_Vegetables();
    }else{
        echo "传入的参数不是一个对象";                  //输出信息
    }
}
echo "实例化 Vegetables_potato: ";
change(new Vegetables_potato());                    //实例化 Vegetables_potato
echo "<br>";
echo "实例化 Vegetables_ radish: ";
change(new Vegetables_radish());                    //实例化 Vegetables_radish
?>
</body>
</html>
```

运行结果如图 9-8 所示。

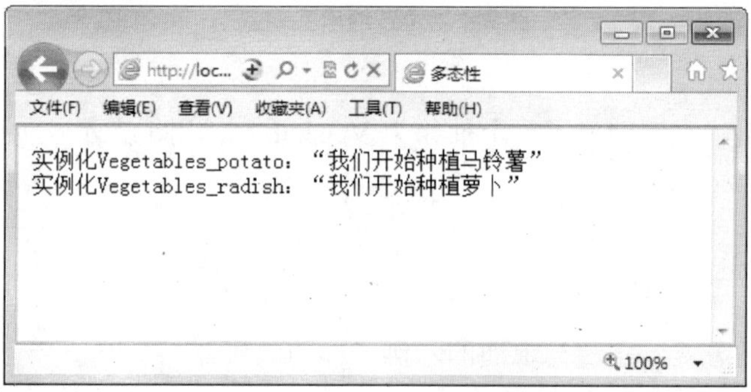

图 9-8　通过接口实现多态

案例分析：

从结果可以看出，本例创建 Vegetables 接口，然后定义一个空方法 go_Vegetables()，接着定义 Vegetables_potato 和 Vegetables_radish 子类继承 Vegetables 接口。最后通过 instanceof 关键字检查对象是否属于 Vegetables 接口。

9.8 疑难解惑

疑问 1：如何理解“(a < b)? a : b”的含义？

这是条件控制语句，是 if 语句的单行表示法。它的具体格式是：

```
(条件判断语句)? 判断为 true 的行为 : 判断为 false 的行为
```

if 语句的单行表示方式的好处是，可以直接对条件判断的结果的返回值进行处理。例如，可以直接把返回值赋值给变量：$variable = (a<b)? a : b; 如果 a<b 的结果为 true，则此语句返回 a，并且直接赋值给$variable，如果 a<b 的结果为 false，则此语句返回 b，并且直接赋值给$variable。

这种表示方法可以节约代码的输入量，更重要的是可以提高代码执行的效率。由于 PHP 代码执行是对代码由上至下的一个过程，所以代码的行数越少，越能节约代码读取的时间。像这样在一行语句中就能对情况做出判断，并且对代码返回值进行处理，无疑是一种效率相当高的代码组织方式。

疑问 2：如何区分抽象类和类的不同之处？

抽象类是类的一种，通过在类的前面增加关键字 abstract 来表示。抽象类是仅仅用来继承的类。通过 abstract 关键字声明，就是告诉 PHP，这个类不再用于生成类的实例，仅仅是用来被其子类继承的。可以说，抽象类只关注于类的继承。抽象方法就是在方法前面添加关键字 abstract 声明的方法。抽象类中可以包含抽象方法。一个类中只要有一个方法通过关键字 abstract 声明为抽象方法，则整个类都要声明为抽象类。然而，特定的某个类即便不含抽象方法，也可以通过 abstract 声明为抽象类。

第 10 章

操作文件与目录

在前面的表单章节中，已经实现了用 form 发送数据给 PHP，PHP 再处理数据并输出 HTML 给浏览器。在这样的一个流程里，数据会直接被 PHP 代码处理成 HTML。如果想把数据储存起来，并在需要的时候读取和处理，该怎么办呢？这就是本章需要解决的问题。在使用 PHP 开发网站的过程中，文件的操作大致分为对普通文本的操作和对数据库文件的操作。本章主要讲述如何对普通文件进行写入和读取，以及目录的操作、文件的上传等操作。

10.1 文 件 操 作

在不使用数据库系统的情况下，数据可以通过文件(File)来实现数据的储存和读取。这个数据存取的过程也是 PHP 处理文件的过程。这里涉及的文件是文本文件(Text File)。

10.1.1 文件数据写入

对于一个文件的“读”或“写”操作，基本步骤如下。

(1) 打开文件。

(2) 从文件里读取数据，或者向文件中写入数据。

(3) 关闭文件。

打开文件的前提是，文件首先是存在的。如果不存在，则需要建立一个文件。并且在所在的系统环境中，代码应该对文件具有“读”或“写”的权限。

以下示例介绍 PHP 如何处理文件数据。在这个例子中，需要把客人订房填写的信息保存到文件中，以便以后使用。

【例 10.1】(示例文件 ch10\10.1.php 和 10.1.1.php)

step 01 在与 PHP 文件相同的目录下建立一个文本文件，名称为 booked.txt；然后创建 PHP 文件 10.1.php，其代码如下：

```
<!DOCTYPE html PUBLIC "-//W3C//DTD XHTML 1.0 Transitional//EN"
 "http://www.w3.org/TR/xhtml1/DTD/xhtml1-transitional.dtd">
<HTML xmlns="http://www.w3.org/1999/xhtml">
<HEAD>
<meta http-equiv="Content-Type" content="text/html; charset=gb2312" />
<h2>GoodHome 在线订房表(文件储存)。</h2>
</HEAD>
<BODY>
<form action="10.2.php" method="post">
<table>
<tr bgcolor="#3399FF">
   <td>客户姓名:</td>
   <td><input type="text" name="customername" size="20" /></td>
</tr>
<tr bgcolor="#CCCCCC">
   <td>客户性别: </td>
   <td>
      <select name="gender">
         <option value="m">男</option>
         <option value="f">女</option>
      </select>
   </td>
</tr>
<tr bgcolor="#3399FF">
```

```
    <td>到达时间:</td>
    <td>
        <select name="arrivaltime">
            <option value="1">一天后</option>
            <option value="2">两天后</option>
            <option value="3">三天后</option>
            <option value="4">四天后</option>
            <option value="5">五天后</option>
        </select>
    </td>
</tr>
<tr bgcolor="#CCCCCC" >
    <td>电话:</td>
    <td><input type="text" name="phone" size="20" /></td>
</tr>
<tr bgcolor="#3399FF" >
    <td>email:</td>
    <td><input type="text" name="email" size="30" /></td>
</tr>
<tr bgcolor="#666666" >
    <td align="center"><input type="submit" value="确认订房信息" /></td>
</tr>
</table>
</form>
</BODY>
</HTML>
```

step 02 在 10.1.php 文件的相同目录下创建 10.2.php 文件，代码如下：

```
<html>
<head>
<title> </title>
</head>
<body>
<?php
$DOCUMENT_ROOT = $_SERVER['DOCUMENT_ROOT'];
$customername = trim($_POST['customername']);
$gender = $_POST['gender'];
$arrivaltime = $_POST['arrivaltime'];
$phone = trim($_POST['phone']);
$email = trim($_POST['email']);

if($gender == "m"){
    $customer = "先生";
}else{
    $customer = "女士";
}

$date = date("H:i:s Y m d");
$string_to_be_added = $date."\t".$customername."\t".$customer." 将在 "
    .$arrivaltime." 天后到达\t 联系电话: ".$phone."\t Email: ".$email ."\n";
```

```
$fp = fopen("$DOCUMENT_ROOT/booked.txt",'ab');
if(fwrite($fp, $string_to_be_added, strlen($string_to_be_added))){
    echo $customername."\t".$customer
      ."，您的订房信息已经保存。我们会通过 Email 和电话和您联系。";
}else{
    echo "信息储存出现错误。";
}
fclose($fp);
?>
</body>
</html>
```

step 03 运行 10.1.php 文件，最终效果如图 10-1 所示。

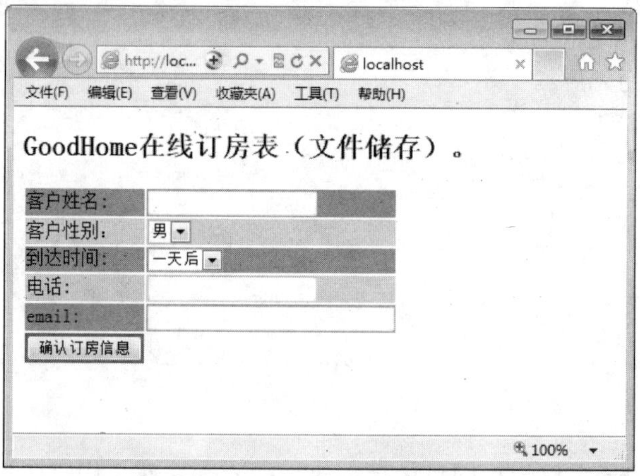

图 10-1　表单效果

step 04 在表单中输入数据，客户姓名为“李莉莉”、到达时间为“三天后”、电话为“159XXXXX266”。然后单击“确认订房信息”按钮，浏览器将会自动跳转到 formfilehandler.php 页面，并且同时会把数据写入 booked.txt 文件。如果先前没有创建 booked.txt 文件，PHP 会自动创建。运行结果如图 10-2 所示。

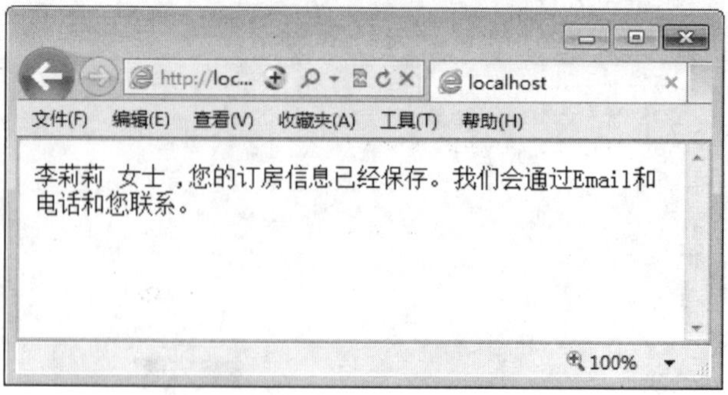

图 10-2　提交后的结果

连续写入几次不同的数据，都会被保存到 booked.txt 中。用写字板打开 booked.txt，运行结果如图 10-3 所示。

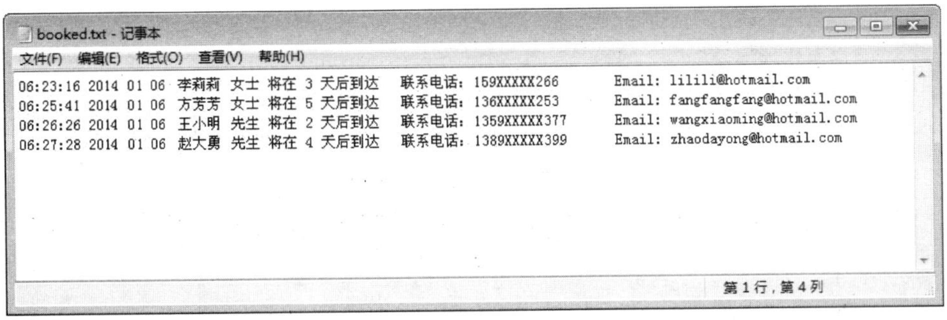

图 10-3　booked.txt 中写入的内容

案例分析：

(1) $DOCUMENT_ROOT = $_SERVER['DOCUMENT_ROOT'];是通过使用全局数组$_SERVER 来确定本系统的文件根目录。Windows 开发环境中的目录是 C:/wamp/www/。

(2) 其中的$customername、$arrivaltime、$phone 是 form4file.html 通过 POST 方法传递给 formfilehandler.php 的数据。

(3) $date 为用 date()函数处理的写入信息时的系统时间。

(4) $string_to_be_added 是要写入 booked.txt 文件的字符串数据。它的格式是通过“\t”和“\n”完成的。“\t”是 Tab；而“\n”是换新行。

(5) $fp = fopen(“$DOCUMENT_ROOT/booked.txt”,‘ab’);是 fopen()函数打开文件并赋值给变量$fp。fopen()函数的格式是 fopen(“Path”, “Parameter”)。其中，“$DOCUMENT_ROOT/booked.txt”就是路径(Path)，而‘ab’是参数(Parameter)。‘ab’中的 a 是指在原有文件上继续写入数据，b 则是规定了写入的数据是二进制(binary)的数据模式。

(6) fwrite($fp, $string_to_be_added, strlen($string_to_be_added));是对已经打开的文件进行写入操作。strlen($string_to_be_added)是通过 strlen()函数给出所要写入字符串数据的长度。

(7) 在写入操作完成后，用 fclose()函数关闭文件。

10.1.2　文件数据的读取

到目前为止，数据已经写入到了文件，而且文件也可以直接被打开，来查看数据，并对数据进行其他操作。但是，学习 PHP 的一个重要目的，是要完成通过浏览器对数据的读取和使用。那么，如何读取文件中的数据并且通过浏览器进行展示呢？

下面的例子就对文件数据读取进行了解。

【例 10.2】(示例文件 ch10\10.3.php)

```
<html>
<head>
<title></title>
</head>
<body>
<?php
$DOCUMENT_ROOT = $_SERVER['DOCUMENT_ROOT'];
@$fp = fopen("$DOCUMENT_ROOT/booked.txt",'rb');
```

```
if(!$fp){
    echo "没有订房信息。";
    exit;
}
while (!feof($fp)){
    $order = fgets($fp, 2048);
    echo $order. "<br />";
}
fclose($fp);
?>
</body>
</html>
```

运行结果如图 10-4 所示。

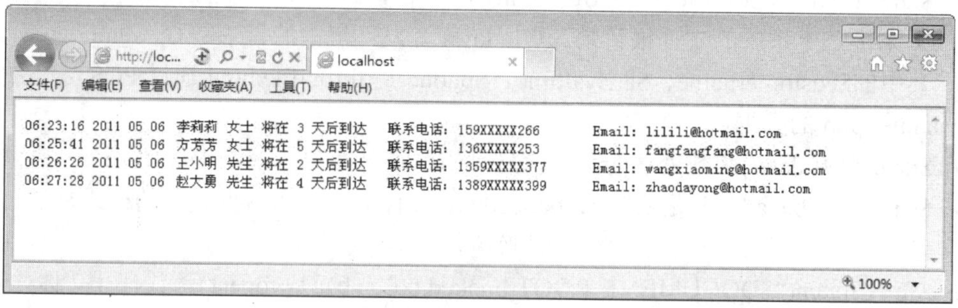

图 10-4 浏览器中的效果

案例分析：

(1) $DOCUMENT_ROOT = $_SERVER['DOCUMENT_ROOT'];确认文件位置。

(2) fopen()通过参数 rb 打开 booked.txt 文件，进行二进制读取。读取内容赋值给变量$fp。$fp 前的@符号用来排除错误提示。

(3) if 语句表示如果变量$fp 为空，则显示“没有订房信息。”且退出。

(4) 在 while 循环中，!feof($fp)表示只要不到文件尾，就继续 while 循环。循环中 fgets()读取变量$fp 中的内容，并赋值给$order。

(5) fgets()中的参数 2048 表示允许读取的最长字节数为 2048-1=2047 字节。

(6) 最后用 fclose()关闭文件。

不管是读文件还是写文件，其实在用 fopen 打开文件的时候就确定了文件模式，即打开某个特定文件是用来做什么的。fopen()中的参数表明了用途。详述如表 10-1 所示。

表 10-1 fopen()中参数的用途

参 数	意 义	说 明
r	读取	打开的文件用于读取，且从文件头开始读取
r+	读取	打开的文件用于读取和写入，且从文件头开始读取和写入
w	写入	打开的文件用于写入，且从文件头开始写入。如果文件已经存在，则清空原有内容，如果文件不存在，则创建此文件

续表

参　数	意　义	说　明
w+	写入	打开的文件用于写入和读取，且从文件头开始写入。如果文件已经存在，则清空原有的内容，如果文件不存在，则创建此文件
x	谨慎写入	打开的文件用于写入，且从文件头开始写入。如果文件已经存在，则不会被打开，同时 fopen 返回 false，且 PHP 生成警告
x+	谨慎写入	打开的文件用于写入和读取，且从文件头开始写入。如果文件已经存在，则不会被打开，同时 fopen 返回 false，且 PHP 生成警告
a	添加	打开的文件仅用于添加写入，且在已存在内容之后写入。如果文件不存在，则创建此文件
a+	添加	打开的文件用于添加写入和读取，且在已存在内容之后写入。如果文件不存在，则创建此文件
另外两个文件模式		
b	二进制(binary)	配合以上的不同参数使用。二进制文件模式不管是在 Linux 还是 Windows 下都是可使用的。一般情况下，都选择二进制模式
t	文本(text)	文本模式只能在 Windows 下被使用

10.2 目录操作

在 PHP 中，利用相关函数可以实现对目录的操作。常见的目录操作函数使用方法和技巧如下。

1. string getcwd(void)

该函数主要是获取当前的工作目录，返回的是字符串。下面举例说明此函数的用法。

【例 10.3】(示例文件 ch10\10.4.php)

```
<html>
<head>
<title>获取当前工作目录</title>
</head>
<body>
<?php
    $d1 = getcwd();      //获取当前路径
    echo getcwd();  //输出当前目录
?>
</body>
</html>
```

运行结果如图 10-5 所示。

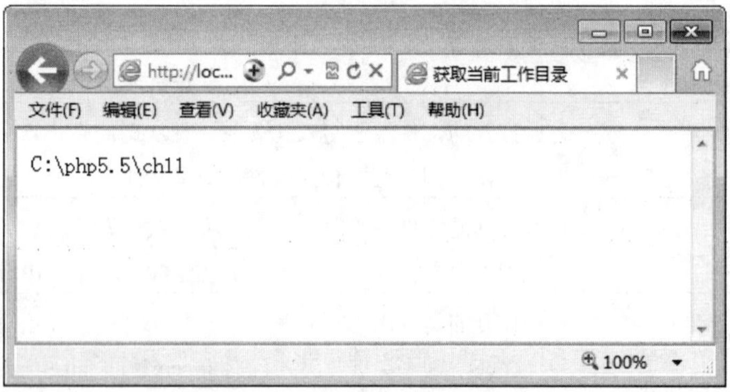

图 10-5　获取当前的工作目录

2. array scandir(string directory[, int sorting_order])

该函数返回一个 array，包含有 directory 中的文件和目录。如果 directory 不是一个目录，则返回布尔值 FALSE，并产生一条 E_WARNING 级别的错误。默认情况下，返回值是按照字母顺序升序排列的。如果使用了可选参数 sorting_order(设为 1)，则按字母顺序降序排列。

下面举例说明此函数的使用方法。

【例 10.4】(示例文件 ch10\10.5.php)

```
<html>
<head>
<title> 获取当前工作目录中的文件和目录</title>
</head>
<body>
<?php
$dir = 'd:/ch10';    //定义指定的目录
$files1 = scandir($dir);  //列出指定目录中文件和目录
$files2 = scandir($dir, 1);
print_r($files1);    //输出指定目录中的文件和目录
print_r($files2);
?>
</body>
</html>
```

运行结果如图 10-6 所示。

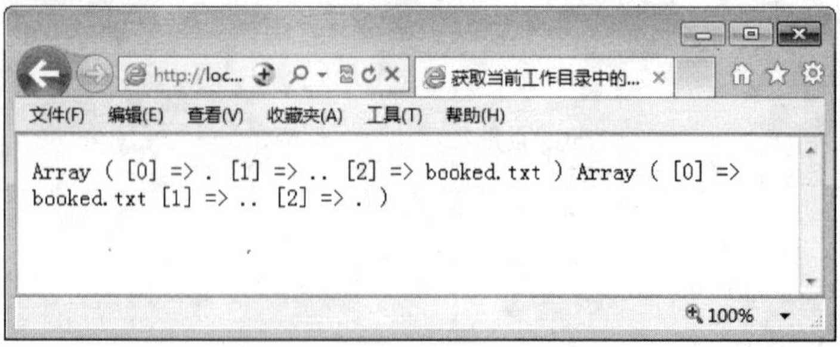

图 10-6　使用 array scandir 函数

3. dir(sting directory)

此函数模仿面向对象机制，将指定的目录名转换为一个对象并返回。使用说明如下：

```
class dir {
   dir(string directory)
   string path
   resource handle
   string read(void)
   void rewind(void)
   void close(void)
}
```

其中 handle 属性含义为目录句柄，path 属性的含义为打开目录的路径，函数 read(void)的含义为读取目录，函数 rewind(void)的含义为复位目录、函数 close(void)的含义为关闭目录。

下面举例说明此函数的使用方法。

【例 10.5】(示例文件 ch10\10.6.php)

```
<html>
<head>
<title>将目录转换为对象</title>
</head>
<body>
<?php
$d2 = dir("d:/ch10");
echo "Handle: ".$d2->handle."<br>\n";
echo "Path: ".$d2->path."<br>\n";
while (false !== ($entry = $d2->read())) {
   echo $entry."<br>\n";
}
$d2->close();
?>
</body>
</html>
```

运行结果如图 10-7 所示。

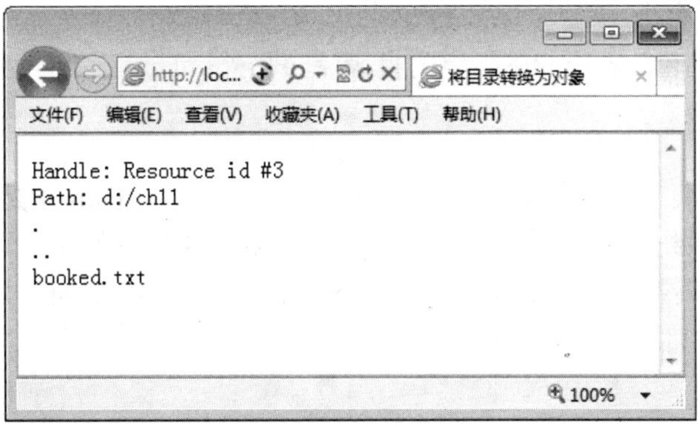

图 10-7 使用 dir 函数

4. chdir(string directory)

此函数将 PHP 的当前目录改为 directory。如果成功则返回 TRUE，失败则返回 FALSE。下面举例说明此函数的使用方法。

【例 10.6】(示例文件 ch10\10.7.php)

```
<html>
<head>
<title>将当前目录修改为 directory</title>
</head>
<body>
<?php
if(chdir("d:/ch11")){
   echo "当前目录更改为：d:/ch11<br>";
}else{
   echo "当前目录更改失败了";
}
?>
</body>
</html>
```

运行结果如图 10-8 所示。

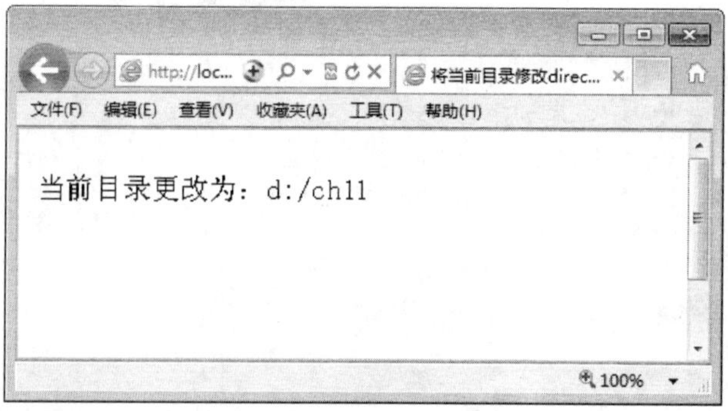

图 10-8　使用 chdir 函数

5. void closedir(resource dir_handle)

此函数主要是关闭由 dir_handle 指定的目录流，另外，目录流必须已经被 opendir()打开。

6. resource opendir(string path)

返回一个目录句柄。其中 path 为要打开的目录路径。如果 path 不是一个合法的目录或者因为权限限制或文件系统错误而不能打开目录，返回 FALSE 并产生一个 E_WARNING 级别的 PHP 错误信息。如果不想输出错误，可以在 opendir()前面加上@符号。

【例 10.7】(示例文件 ch10\10.8.php)

```
<html>
<head>
<title></title>
</head>
```

```
<body>
<?php
$dir = "d:/ch10/";
//打开一个目录，然后读取目录中的内容
if (is_dir($dir)) {
    if ($dh = opendir($dir)) {
        while (($file = readdir($dh)) !== false) {
            print "filename: $file : filetype: "
                . filetype($dir . $file) . "\n";
        }
        closedir($dh);
    }
}
?>
</body>
</html>
```

运行结果如图 10-9 所示。

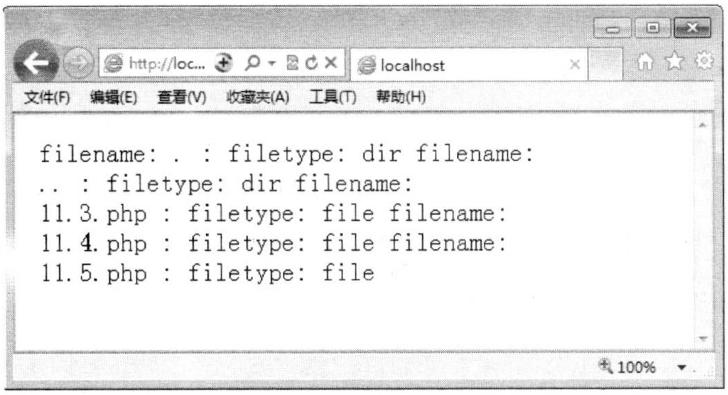

图 10-9 使用 opendir 函数

其中，is_dir()函数主要是判断给定文件名是否是一个目录，readdir()函数从目录句柄中读取条目，closedir()函数关闭目录句柄。

7. string readdir(resource dir_handle)

该函数主要是返回目录中下一个文件的文件名。文件名以在文件系统中的排序返回。

【例 10.8】(示例文件 ch10\10.9.php)

```
<html>
<head>
<title></title>
</head>
<body>
<?php
//注意在 4.0.0-RC2 之前不存在 !== 运算符
if ($handle = opendir('d:/ch10')) {
    echo "Directory handle: $handle\n";
    echo "Files:\n";
```

```
    /* 这是正确的遍历目录方法 */
    while (false !== ($file = readdir($handle))) {
        echo "$file\n";
    }
    closedir($handle);
}
?>
</body>
</html>
```

运行结果如图 10-10 所示。

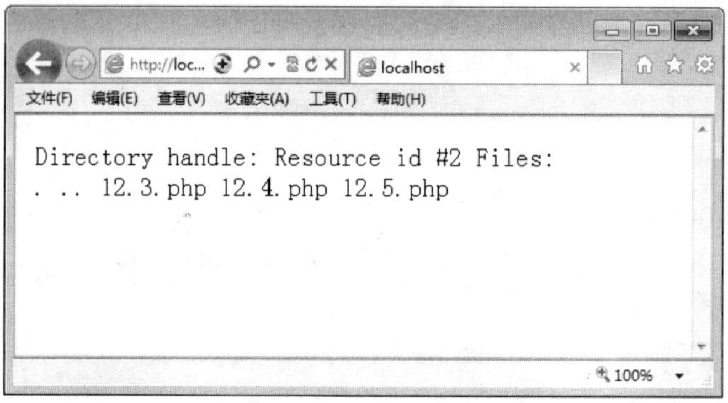

图 10-10 使用 readdir 函数

在遍历目录时，有的人经常会写出如下错误的遍历方法：

```
/* 这是错误的遍历目录的方法 */
while ($file = readdir($handle)) {
    echo "$file\n";
}
```

10.3 上 传 文 件

在网络上，用户可以上传自己的文件。实现这种功能的方法很多，用户把一个文件上传到服务器，需要在客户端和服务器端建立一个通道来传递文件的字节流，并在服务器进行上传操作。下面介绍一种使用代码最少，并且容易理解的方法。

【例 10.9】(示例文件 ch10\10.10.1php 和 10.10.php)

step 01 首先创建一个实现文件上传功能的文件。为了设置和保存上传文件的路径，用户需要在创建文件的目录下新建一个名称为“file”的文件夹。然后新建 10.10.1.php 文件，代码如下：

```
<html>
<head>
<title>实现上传文件</title>
</head>
<body>
```

```
<?php
if ($_POST[add]=="上传"){
    //根据现在的时间产生一个随机数
    $rand1 = rand(0,9);
    $rand2 = rand(0,9);
    $rand3 = rand(0,9);
    $filename = date("Ymdhms").$rand1.$rand2.$rand3;
    if(empty($_FILES['file_name']['name'])){
                //$_FILES['file_name']['name']获取客户端机器文件的原名称
        echo "文件名不能为空";
        exit;
    }
    $oldfilename = $_FILES['file_name']['name'];
    echo "<br>原文件名为: ".$oldfilename;
    $filetype = substr($oldfilename,strrpos($oldfilename,"."),
                strlen($oldfilename)-strrpos($oldfilename,"."));
    echo "<br>原文件的类型为: ".$filetype;
    if(($filetype!='.doc')&&($filetype!='.xls')&&($filetype!='.DOC')
      &&($filetype!='.XLS')){
        echo "<script>alert('文件类型或地址错误');</script>";
        echo "<script>location.href='10.3.php';</script>";
        exit;
    }
    echo "<br>上传文件的大小为(字节): ".$_FILES['file_name']['size'];
            //$_FILES['file_name']['size']获取客户端机器文件的大小，单位为B
    if ($_FILES['file_name']['size']>1000000) {
        echo "<script>alert('文件太大，不能上传');</script>";
        echo "<script>location.href='10.3.php';</script>";
        exit;
    }
    echo "<br>文件上传服务器后的临时文件名为: ".$_FILES['file_name']['tmp_name'];
                    //取得保存文件的临时文件名(含路径)
    $filename = $filename.$filetype;
    echo "<br>新文件名为: ".$filename;
    $savedir = "file/".$filename;
    if(move_uploaded_file($_FILES['file_name']['tmp_name'],$savedir)){
        $file_name = basename($savedir);      //取得保存文件的文件名(不含路径)
        echo "<br>文件上传成功! 保存为: ".$savedir;
    }else{
        echo "<script language=javascript>";
        echo "alert('错误，无法将附件写入服务器!\n 本次发布失败! ');";
        echo "location.href='10.3.php?';";
        echo "</script>";
        exit;
    }
}
?>
</body>
</html>
```

代码分析如下。

(1) 需要首先创建变量，设定文件的上传类型、保存路径和程序所在路径。

(2) 实现自定义函数，获取文件后缀名和生成随机文件名。在上传过程中，如果上传了大量的文件，可能会出现文件名称重复的现象，所以本例在文件上传的过程中，首先获取上传文件的后缀名称并结合随机产生的数值生成一个新的文件，避免了文件名重复的现象。

(3) 判断获取的文件类型是否符合指定类型，如果符合，则给该文件生成一个具有随机性质的名称，并使用 move_uploaded_file 函数完成文件的上传，否则显示提示信息。

step 02 下面创建一个获取上传文件的页面，文件名为 10.10.php，代码如下：

```
<html>
<head><title>上传文件</title></head>
<h3 align="center">上传文件</h3>
<form method="post" action="10.10.1.php" enctype="multipart/form-data">
   <table border=0 cellspacing=0 cellpadding=0 align=center width="100%">
      <tr>
         <td height="16">
            <input name="file" type="file"  value="浏览" />
            <input type="submit" value="上传" name="B1" />
         </td>
      </tr>
   </table>
</form>
</body>
</html>
```

其中<form method="post" action="10.10.1.php" enctype="multipart/form-data">语句中的 method 属性表示提交信息的方式是 post，即采用数据块，action 属性表示处理信息的页面为 10.10.1.php，ENCTYPE="multipart/form-data"表示以二进制的方式传递提交的数据。

运行结果如图 10-11 所示。单击“浏览”按钮，即可选择需要上传的文件，最后单击“上传”按钮，即可实现上传操作。

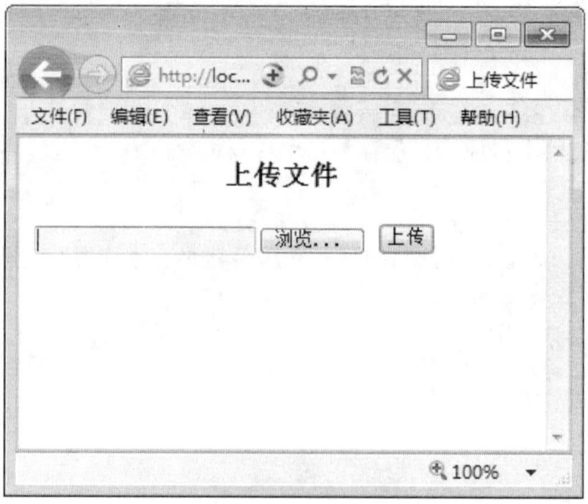

图 10-11　上传文件

10.4 编写访客计数器

下面通过对文本文件的操作，利用相关函数编写一个简单的文本类型的访客计数器。

【例 10.10】(示例文件 ch10\10.11.php)

```
<html>
<head>
   <title>访客计数器</title>
</head>
<body>
<?php
if (!@$fp=fopen("coun.txt","r")){ //以只读方式打开 coun.txt 文件
   echo "coun.txt 文件创建成功! <br>";
}
@$num = fgets($fp,12);    //读取 11 位数字
if ($num=="") $num=0;  //如果文件的内容为空，初始化为 0
$num++;                //浏览次数加 1
@fclose($fp);           //关闭文件
$fp = fopen("coun.txt", "w"); //以只写方式打开 coun.txt 文件
fwrite($fp,$num);     //写入加 1 后的结果
fclose($fp);           //关闭文件
echo "您是第".$num."位浏览者!"; //浏览器输出浏览次数
?>
</body>
</html>
```

程序第一次运行时，结果如图 10-12 所示。

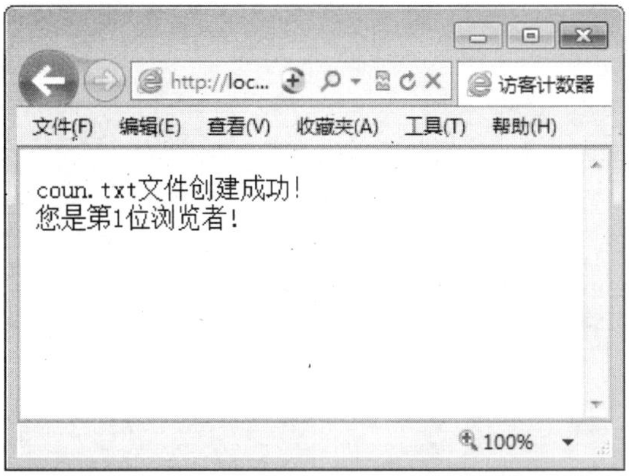

图 10-12 程序第一次运行的效果

由结果可以看出，该程序首先创建了一个 count.txt 文本文件，用于保存浏览次数，接着，打开这个文件，将数据初始化为 0，并实现加 1 操作。

10.5 疑难解惑

疑问 1：如何批量上传多个文件？

本章讲述了如何上传单个文件，那么如何上传多个文件呢？用户只需要在表单中使用复选框相同的数组式提交语法即可。

提交的表单语句如下：

```
<form method="post" action="10.3.1.php" enctype="multipart/form-data">
    <table border=0 cellspacing=0 cellpadding=0 align=center width="100%">
        <tr>
            <td>
                <input name="userfile[]" type="file"  value="浏览 1" />
                <input name="userfile[]" type="file"  value="浏览 2" />
                <input name="userfile[]" type="file"  value="浏览 3" />
                <input type="submit" value="上传" name="B1" />
            </td>
        </tr>
    </table>
</form>
```

疑问 2：如何从文件中读取一行？

在 PHP 网站开发中，支持从文件指针中读取一行。使用 string fgets(int handle[,int length]) 函数即可实现上述功能。其中 int handle 是要读入数据的文件流指针，由 fopen()函数返回数值；int length 设置读取的字符个数，读入的字符个数为 length-1。如果没有指定 length，则默认为 1024 个字节。

第 11 章

与 Web 页面交互

PHP 是一种专门设计用于 Web 开发的服务器端脚本语言。从这个描述可以知道，PHP 要打交道的对象主要有服务器(Server)和基于 Web 的 HTML(超文本标识语言)。使用 PHP 处理 Web 应用时，需要把 PHP 代码嵌入到 HTML 文件中。每次当这个 HTML 网页被访问的时候，其中嵌入的 PHP 代码就会被执行，并且返回给请求浏览器已生成好的 HTML。换句话说，在上述过程中，PHP 就是用来执行且生成 HTML 的。本章主要讲述 PHP 与 Web 页面的交互操作技术。

11.1 创建动态内容

为什么要使用动态内容呢？因为动态内容可以给网站使用者不同的和实时变化的内容。极大地提高了网站的可用性。如果 Web 应用都只是使用静态内容，则 Web 编程就完全不用引入 PHP、JSP 和 ASP 等服务器端脚本语言了。通俗地说，使用 PHP 语言的主要原因之一，就是要产生动态内容。

下面进行使用动态内容案例的讲解。此例中，在先不涉及变量和数据类型的情况下，仅使用 PHP 中的一个内置函数来获得动态内容。此动态内容就是使用 date()函数获得 Web 服务器的时间。

【例 11.1】(示例文件 ch11\11.1.php)

```
<HTML>
<HEAD><h2>PHP Tells time. - PHP 告诉我们时间。</h2></HEAD>
<BODY>
<?php
date_default_timezone_set("PRC");
echo "现在的时间为：";
echo date("H:i:s Y m d");
?>
</BODY>
</HTML>
```

运行结果如图 11-1 所示。

过一段时间，再次运行上述 PHP 页面，即可看到显示的内容发生了动态变化，如图 11-2 所示。

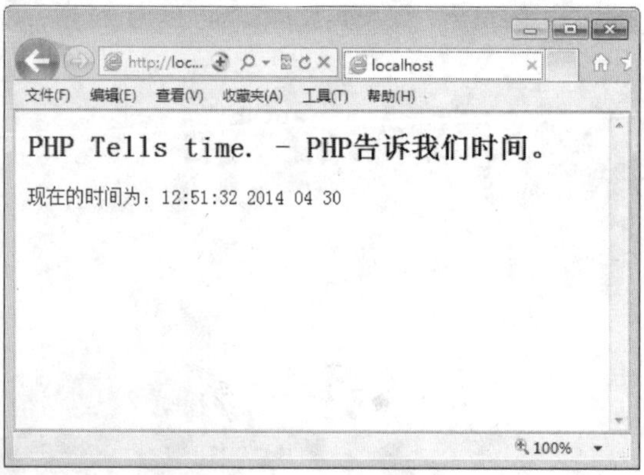

图 11-1 初始结果

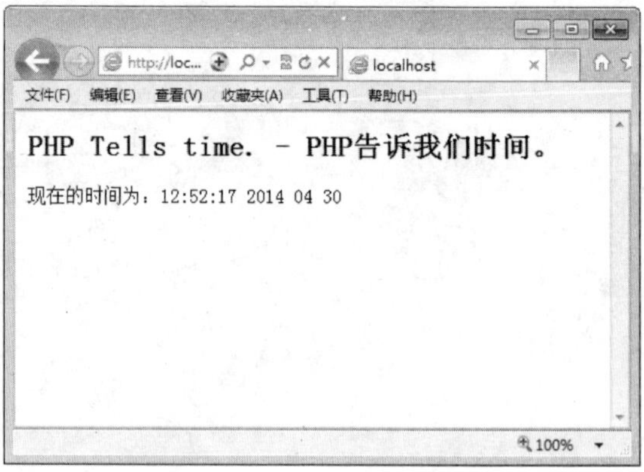

图 11-2 时间发生了变化

案例分析：

(1) 页面上的“PHP Tells time. - PHP 告诉我们时间。”是 HTML 中的<HEAD><h2>PHP Tells time. - PHP 告诉我们时间。</h2></HEAD>所生成的。后面的“现在的时间为：12:51:32 2014 04 30”是由<?php echo “现在的时间为：”; echo date(“H:i:s Y m d”); ?>生成的。

(2) 由于“现在的时间为：12:51:32 2014 04 30”是由 date()函数动态生成并且实时更新的，所以再次打开或刷新此文件的时候，PHP 代码再次执行，所输出的时间也发生改变。

(3) 此实验中，通过 date()函数处理系统时间，得到动态内容。时间处理是 PHP 中的一项重要的功能。

11.2 表单与 PHP

不管是一般的企业网站还是复杂的网络应用，都离不开数据的添加。通过 PHP 服务器端脚本语言，程序可以处理那些通过浏览器对 Web 应用进行数据调用或添加的请求。

回忆一下平常使用的网站数据输入功能，不管是 Web 邮箱，还是 QQ 留言，都经常要填写一些表格，再由这些表格把数据发送出去。而完成这个工作的部件就是“表单(form)”。

虽然表单(form)是 HTML 语言中的东西，但是 PHP 与 form 变量的衔接是无缝的。PHP 关心的是怎样获得和使用 form 中的数据。PHP 功能强大，可以轻松地对表单进行处理。

处理表单数据的基本过程是：数据从 Web 表单(form)发送到 PHP 代码，经过处理，再生成 HTML 输出。它的处理原理是：当 PHP 处理一个页面的时候，会检查 URL、表单数据、上传文件、可用 cookie、Web 服务器和环境变量。如果有可用信息，就可以通过 PHP 访问自动全局变量数组$_GET、$_POST、$_FILES、$_COOKIE、$_SERVER、$_ENV 得到。

11.3 设计表单元素

表单是一个比较特殊的组件。在 HTML 中有着比较特殊的功能和结构。下面了解一下表单的一些基本元素。

11.3.1 表单的基本结构

表单的基本结构是由<form></form>标识包裹的区域。例如：

```
<HTML>
<HEAD>
</HEAD>
<BODY>
<form action=" " method=" " enctype=" ">
   ...
</form>
</BODY>
</HTML>
```

其中，<form>标识内必须包含属性。action 指定数据所要发送到的对象文件。method 指定数据传输的方式。

如果在上传文件等操作时，还要定义 enctype 属性，来指定数据类型。

11.3.2 文本框

文本框是 form 输入框中最为常见的一个。下面通过例子来讲述文本框的使用方法。具体操作如下。

step 01 在网站根目录下创建 phpform 文件夹，然后再其下创建文件 formdemo.html，代码如下：

```
<HTML>
<HEAD></HEAD>
<BODY>
<form action="formdemohandler.php" method="post">
   <h3>输入一个信息(比如名称)：</h3>
   <input type="text" name="name" size="10" />
</form>
</BODY>
</HTML>
```

step 02 在 phpform 文件夹下创建文件 formdemohandler.php，代码如下：

```
<HTML>
<HEAD></HEAD>
<BODY>
<?php
$name = $_POST['name'];
echo $name;
?>
</BODY>
</HTML>
```

运行 formdemo.html，结果如图 11-3 所示。

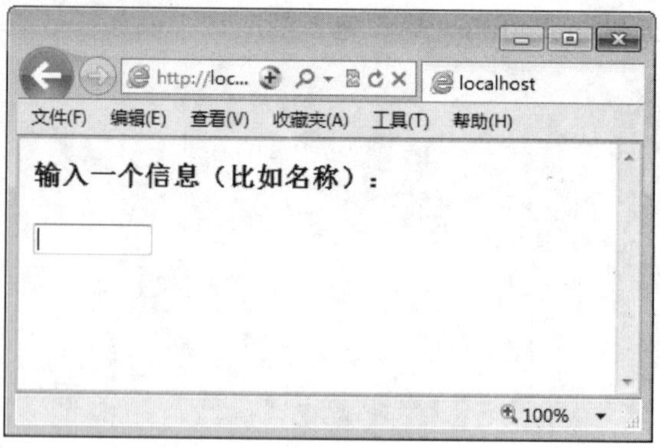

图 11-3 使用文本框

案例分析：

(1) <input type="text" name="name" size="10" />语句定义了 form 的文本框。定义一个输

入框为文本框的必要因素为：

```
<input type="text" ... />
```

这样就定义了一个文本框，其他的属性则如例中一样，可以定义文本框的 name 属性，以确认此文本框的唯一性，定义 size 属性以确认此文本框的长度。

(2) 在 formdemohandler.php 文件中，则使用了文本框的 name 值“name”。

11.3.3 复选框

复选框可用于选择一项或者多项。通过修改 formdemo 的例子加以说明。具体操作如下。

step 01 在 phpform 文件夹下修改文件 formdemo.html 为如下代码：

```
<HTML>
<HEAD></HEAD>
<BODY>
<form action="formdemohandler.php" method="post">
   <h3>输入一个信息(比如名称)：</h3>
   <input type="text" name="name" size="10" />
   <h3>确认此项(可复选)：</h3>
   <input type="checkbox" name="achecked" checked="checked" value="1" />
   选择此项传递的 A 项的 value 值。
   <input type="checkbox" name="bchecked" value="2" />
   选择此项传递的 B 项的 value 值。
   <input type="checkbox" name="cchecked" value="3" />
   选择此项传递的 C 项的 value 值。
</form>
</BODY>
</HTML>
```

step 02 在 phpform 文件夹下修改文件 formdemohandler.php，其代码如下：

```
<HTML>
<HEAD></HEAD>
<BODY>
<?php
$name = $_POST['name'];
if(isset($_POST['achecked'])){
   $achecked = $_POST['achecked'];
}
if(isset($_POST['bchecked'])){
   $bchecked = $_POST['bchecked'];
}
if(isset($_POST['cchecked'])){
   $cchecked = $_POST['cchecked'];
}
$aradio = $_POST['aradio'];
$aselect = $_POST['aselect'];

echo $name."<br />";
```

```
if(isset($achecked) and $achecked == 1){
    echo "选项A的value值已经被正确传递。<br />";
}else{
    echo "选项A没有被选择，其value值没有被传递。<br />";
}
if(isset($bchecked) and $bchecked == 2){
    echo "选项B的value值已经被正确传递。<br />";
}else{
    echo "选项B没有被选择，其value值没有被传递。<br />";
}
if(isset($cchecked) and $cchecked == 3){
    echo "选项C的value值已经被正确传递。<br />";
}else{
    echo "选项C没有被选择，其value值没有被传递。<br />";
}
?>
</BODY>
</HTML>
```

step 03 运行 formdemo.html，结果如图 11-4 所示。

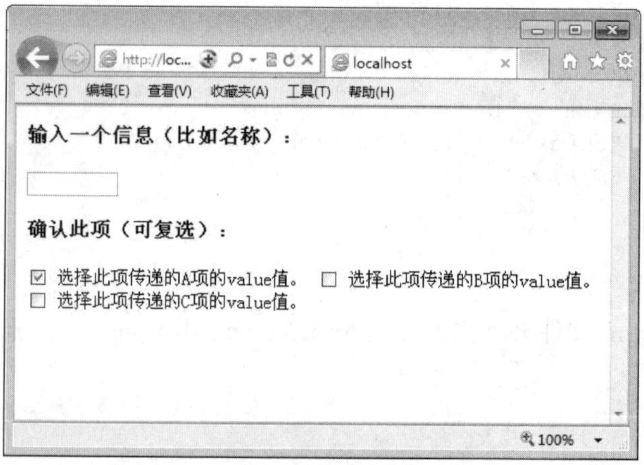

图 11-4 使用复选框

案例分析：

(1) <input type="checkbox" name="inputchecked" checked="checked" value="1" />语句定义了复选框。定义一个 input 标识为复选框时需指定类型为 checkbox：

```
<input type="checkbox" ... />
```

定义为复选框之后，还需要定义复选框的 name 属性，以确定在服务器端程序的唯一性；定义 value 属性，以确定此单选项所要传递的值；定义 checked 属性，以确定复选框的默认状态，若为 checked，则是默认为选中，如果不定义此项，默认情况下为不选中。

(2) formdemohandler.php 文件中，使用的选项 name 值为 achecked、bchecked、cchecked 并根据 value 值做出判断。

11.3.4 单选按钮

下面通过案例来介绍如何使用单选按钮，仍然通过修改 formdemo 的例子加以说明，具体步骤如下。

step 01 在 phpform 文件夹下修改 formdemo.html 文件，代码如下：

```
<HTML>
<HEAD>
</HEAD>
<BODY>
<form action="formdemohandler.php" method="post">
    ...
    <h3>单选一项：</h3>
    <input type="radio"  name="aradio" value="a1" />蓝天
    <input type="radio"  name="aradio" value="a2" checked="checked" />白云
    <input type="radio"  name="aradio" value="a3" />大海
</form>
</BODY>
</HTML>
```

step 02 在 phpform 文件夹下修改 formdemohandler.php 文件，代码如下：

```
<HTML>
<HEAD>
</HEAD>
<BODY>
<?php
...
$aradio = $_POST['aradio'];

echo $name;
...
if(isset($achecked) and $cchecked == 3){
    echo "选项 C 的 value 值已经被正确传递。<br />";
}else{
    echo "选项 C 没有被选择，其 value 值没有被传递。<br />";
}
if($aradio == 'a1'){
    echo "蓝天";
}else if($aradio == 'a2'){
    echo "白云";
}else{
    echo "大海";
}
?>
</BODY>
</HTML>
```

step 03 运行 formdemo.html，结果如图 11-5 所示。

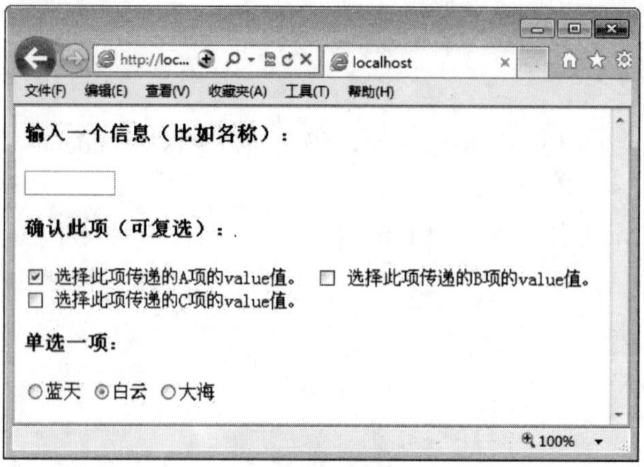

图 11-5　使用单选按钮

案例分析：

(1)　<input type="radio" name="aradio" value="a1" />语句定义了一个单选按钮。后面的<input type="radio" name="aradio" value="a2" checked="checked" />和<input type="radio" name="aradio" value="a3" />定义了另外的两个单选按钮。

定义一个 input 标识为单选按钮时需指定类型为 radio：

```
<input type="radio" ... />
```

定义为单选按钮后，还需要定义单选按钮的 name 属性，以确定在服务器端程序的唯一性；定义 value 属性，以确定此单选按钮所要传递的值；定义 checked 属性，以确定单选按钮的默认状态，若为 checked 则是默认的选择，如果不定义此项，默认情况下为不选择。

(2)　在 formdemohandler.php 文件中，使用了单选按钮的 name 值为"aradio"。然后 if 语句通过对 aradio 传递的不同值做出判断，打印不同的值。

11.3.5　下拉列表

下面通过案例来介绍下拉列表的使用方法和技巧。仍然通过修改 formdemo 的例子加以说明。具体操作如下。

step 01 在 phpform 文件夹下修改 formdemo.html 文件，添加代码如下：

```
<HTML>
<HEAD></HEAD>
<BODY>
<form action="formdemohandler.php" method="post">
   ...
   <h3>在下拉菜单中一项：</h3>
   <select name="aselect" size="1">
      <option value="hainan">海南</option>
      <option value="qingdao" selected>青岛</option>
      <option value="beijing">北京</option>
      <option value="xizang">西藏</option>
   </select>
```

```
</form>
</BODY>
</HTML>
```

step 02 在 phpform 文件夹下修改 formdemohandler.php 文件，代码如下：

```
<HTML>
<HEAD></HEAD>
<BODY>
<?php
...
$aselect = $_POST['aselect'];

echo $name."<br />";
...
  }else{
     echo "大海";
  }
  if($aselect == 'hainan'){
     echo "海南";
  }else if($aselect == 'qingdao'){
     echo "青岛";
  }else if($aselect == 'beijing'){
     echo "北京";
  }else{
     echo "西藏";
  }
?>
</BODY>
</HTML>
```

step 03 运行 formdemo.html，结果如图 11-6 所示。

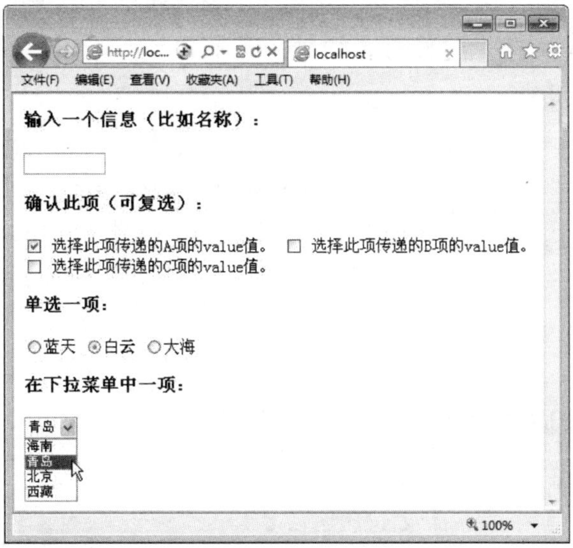

图 11-6　使用下拉列表

案例分析：

(1) 下拉列表是通过<select></select>标识表示的。而下拉列表当中的选项是通过包含在其中的<option></option>标识表示的。<select>标识中 name=“”定义下拉列表的 name 属性，以确认它的唯一性。<option>标识中 value=“”定义需要传递的值。

(2) 在 formdemohandler.php 文件中，则使用了选项的 name 值为“aselect”。然后 if 语句通过对 aradio 传递的不同的值做出判断，打印不同的值。

11.3.6 重置按钮

重置按钮用来重置所有的表单输入的数据。重置按钮的使用，仍然通过修改 formdemo 的例子加以说明，具体步骤如下。

step 01 在文件夹下修改 formdemo.html 文件，代码如下：

```
<HTML>
<HEAD></HEAD>
<BODY>
<form action="formdemohandler.php" method="post">
   ...
   <h3>点击此按钮重置所有信息：</h3>
   <input type="RESET" value="重置" />
</form>
</BODY>
</HTML>
```

step 02 运行 formdemo.html，结果如图 11-7 所示。

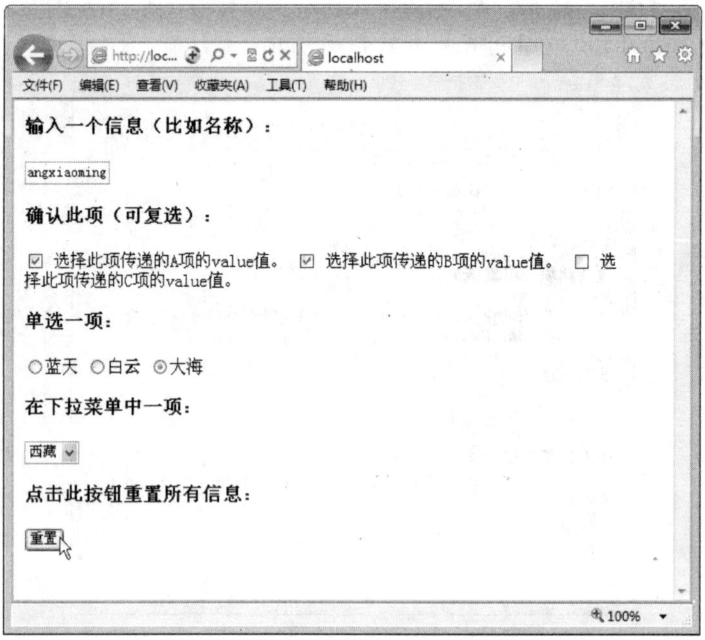

图 11-7 使用重置按钮

step 03 点单击“重置”按钮，页面中所有输入数据被重置为默认值，如图 11-8 所示。

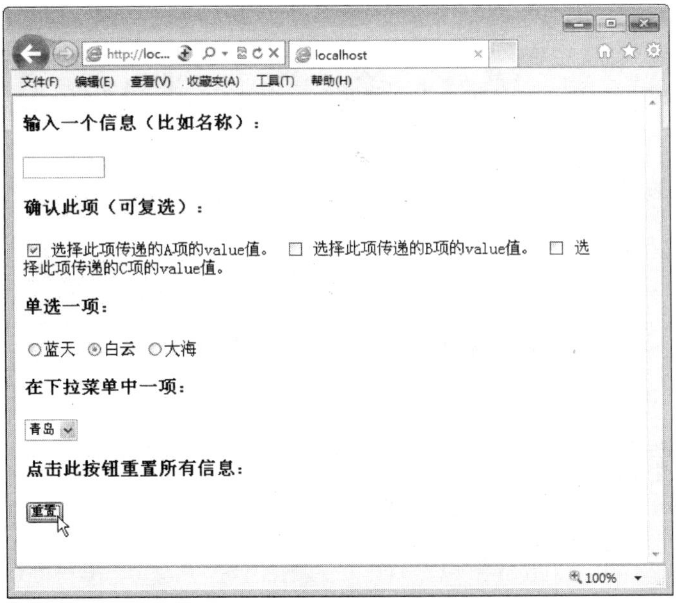

图 11-8　单击“重置”按钮的结果

案例分析：

由<input type=“RESET” value=“重置”>语句可见，重置按钮是<input />标识的一种。定义一个 input 标识为单选项的必要因素为：

```
<input type="reset" ... />
```

Value 属性是按钮所显示的字符。

11.3.7　提交按钮

到现在为止，上面程序中 form 里的所有元素都已经设置完成，并且在相应的 PHP 文件中做出了处理。这个时候，想要把 HTML 页面中所有的数据发送出去给相应 PHP 文件进行处理，就需要使用 submit 按钮，也就是提交按钮。完成添加提交按钮，并且提交数据。具体步骤如下。

step 01 在 phpform 文件夹下修改 formdemo.html 文件，最终代码如下：

```
<HTML>
<HEAD></HEAD>
<BODY>
<form action="formdemohandler.php" method="post">
    <h3>输入一个信息(比如名称)：</h3>
    <input type="text" name="name" size="10" />
    <h3>确认此项(可复选)：</h3>
    <input type="checkbox" name="achecked" checked="checked" value="1" />
    选择此项传递的 A 项的 value 值。
    <input type="checkbox" name="bchecked"  value="2" />
```

```
    选择此项传递的 B 项的 value 值。
    <input type="checkbox" name="cchecked"  value="3" />
    选择此项传递的 C 项的 value 值。
    <h3>单选一项: </h3>
    <input type="radio"  name="aradio" value="a1" />蓝天
    <input type="radio"  name="aradio" value="a2" checked="checked" />白云
    <input type="radio"  name="aradio" value="a3" />大海
    <h3>在下拉菜单中一项: </h3>
    <select name="aselect" size="1">
        <option value="hainan">海南</option>
        <option value="qingdao" selected>青岛</option>
        <option value="beijing">北京</option>
        <option value="xizang">西藏</option>
    </select>
    <h3>点击此按钮重置所有信息: </h3>
    <input type="RESET" value="重置" />
    <h3>点击此按钮提交所有信息到 formdemohandler.php 文件: </h3>
    <input type="submit" value="提交" />
</form>
</BODY>
</HTML>
```

step 02 在 phpform 文件夹下修改 formdemohandler.php 文件，其最终代码如下：

```
<HTML>
<HEAD></HEAD>
<BODY>
<?php
$name = $_POST['name'];
if(isset($_POST['achecked'])){
    $achecked = $_POST['achecked'];
}
if(isset($_POST['bchecked'])){
    $bchecked = $_POST['bchecked'];
}
if(isset($_POST['cchecked'])){
    $cchecked = $_POST['cchecked'];
}
$aradio = $_POST['aradio'];
$aselect = $_POST['aselect'];
echo $name."<br />";
if(isset($achecked) and $achecked == 1){
    echo "选项 A 的 value 值已经被正确传递。<br />";
}else{
    echo "选项 A 没有被选择，其 value 值没有被传递。<br />";
}
if(isset($bchecked) and $bchecked == 2){
    echo "选项 B 的 value 值已经被正确传递。<br />";
}else{
    echo "选项 B 没有被选择，其 value 值没有被传递。<br />";
}
```

```
if(isset($cchecked) and $cchecked == 3){
    echo "选项C的value值已经被正确传递。<br />";
}else{
    echo "选项C没有被选择，其value值没有被传递。<br />";
}
if($aradio == 'a1'){
    echo "蓝天<br />";
}else if($aradio == 'a2'){
    echo "白云<br />";
}else{
    echo "大海<br />";
}
if($aselect == 'hainan'){
    echo "海南<br />";
}else if($aselect == 'qingdao'){
    echo "青岛<br />";
}else if($aselect == 'beijing'){
    echo "北京<br />";
}else{
    echo "西藏";
}
?>
</BODY>
</HTML>
```

step 03 运行 formdemo.html，结果如图 11-9 所示。

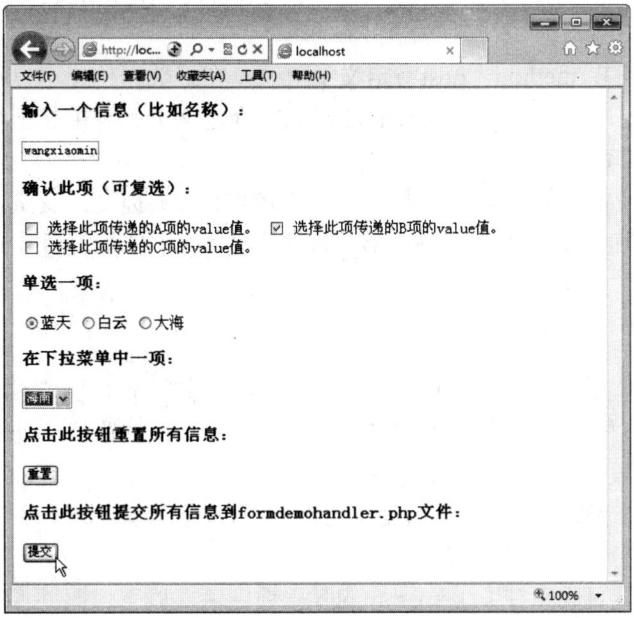

图 11-9　使用“提交”按钮

step 04 单击“提交”按钮，页面将会跳转到 formdemohandler.php，输出结果如图 11-10 所示。

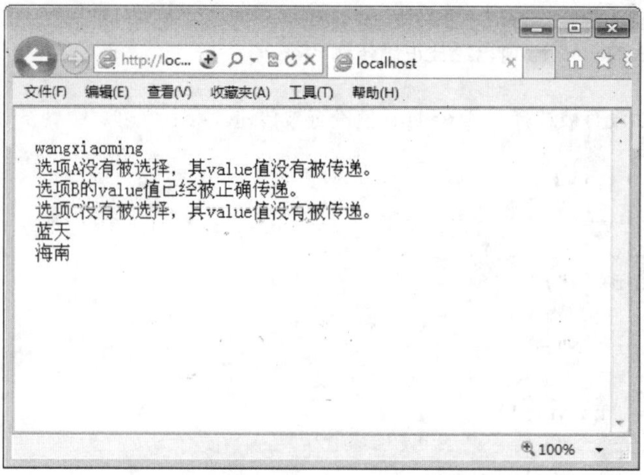

图 11-10　单击“提交”按钮后的结果

11.4　传递数据

数据传递的常用方法为 POST 和 GET 两种，下面来介绍这两种方法的使用技巧。

11.4.1　用 POST 方式传递数据

表单传递数据是通过 POST 和 GET 两种方式进行的。在定义表单属性的时候，都要在 method 属性上定义使用哪种数据传递方式。

<form action=“URI” method=“post”>定义了此表单在把数据传递给目标文件的时候使用的是 POST 方式。<form action=“URI” method=“get”>则定义了此表单在把数据传递给目标文件的时候，使用的是 GET 方式。

POST 方式是比较常见的表单提交方式。通过 POST 方式提交的变量，不受特定的变量大小的限制，并且被传递的变量不会在浏览器地址栏里以 URL 的方式显示出来。

11.4.2　用 GET 方式传递数据

GET 方式比较有特点。通过 GET 方式提交的变量，有大小限制，不能超过 100 个字符。它的变量名和与之相对应的变量值都会以 URL 的方式显示在浏览器地址栏里。所以，若传递大而敏感的数据，一般不使用此方式。

使用 GET 方式传递数据，通常是借助于 URL 进行的。

下面对此操作进行讲解，具体步骤如下。

step 01 在网站根目录下建立 getparam.php 文件，输入以下代码并保存：

```
<?php
if(!$_GET['u'])
{
    echo '参数还没有输入。';
```

```
}else{
    $user = $_GET['u'];
    switch ($user){
        case 1:
            echo "用户是王小明";
            break;
        case 2:
            echo "用户是李丽丽";
            break;
    }
}
?>
```

step 02 在浏览器地址栏中输入“http://localhost/getparam.php?u”，并按 Enter 键确认，运行结果如图 11-11 所示。

step 03 在浏览器地址栏中输入“http://localhost/getparam.php?u=1”，并按 Enter 键确认，运行结果如图 11-12 所示。

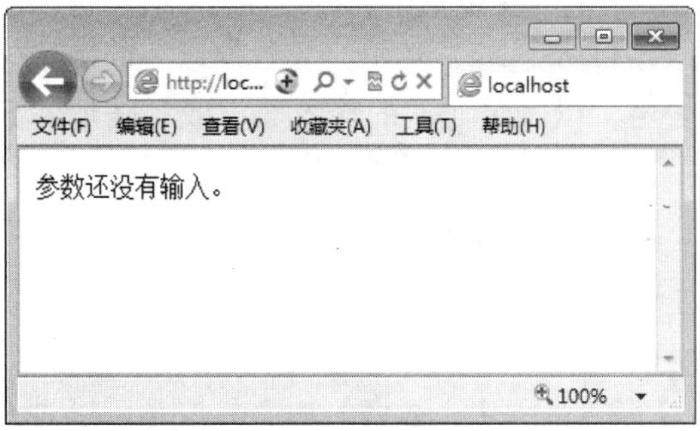

图 11-11　程序运行结果一

图 11-12　程序运行结果二

step 04 在浏览器地址栏中输入“http://localhost/getparam.php?u=2”，并按 Enter 键确认，运行结果如图 11-13 所示。

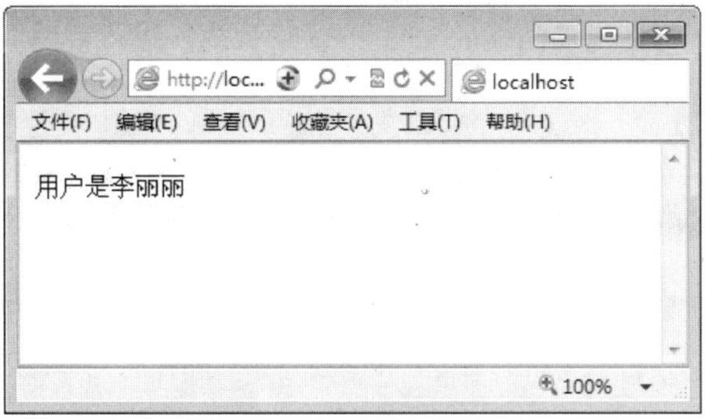

图 11-13　程序运行结果三

案例分析：

(1) 在 URL 中，GET 方式通过“?”号后面的数组元素的键名(这里是“u”)来获得元素的值。

(2) 对元素赋值使用“=”号。

(3) switch 条件语句做出判断，并返回结果。

11.5 PHP 获取表单传递数据的方法

如果表单使用 POST 方式传递数据，则 PHP 要使用全局变量数组$_POST[]来读取所传递的数据。

表单中，元素传递数据给$_POST[]全局变量数组，其数据以关联数组中的数组元素形式存在。以表单元素的名称属性为键名，以表单元素的输入数据或是传递的数据为键值。

比如上例中，formdemohandler.php 文件中的$name=$_POST[‘name’];语句就是读取名为 name 的文本框中的数据。此数据是以 name 为键名，以文本框输入的数据为键值。

再如，$achecked=$_POST[‘achecked’]语句读取名为 achecked 的复选框传递的数据。此数据是以 achecked 为键名，以复选框传递的数据为键值。

如果表单使用 GET 方式传递数据，则 PHP 要使用全局变量数组$_GET[]来读取所传递的数据。与$_POST[]相同，表单中元素传递数据给$_GET[]全局变量数组，其数据以关联数组中的数组元素形式存在。以表单元素的名称属性为键名，以表单元素的输入数据或是传递的数据为键值。

11.6 PHP 对 URL 传递的参数进行编码

PHP 对 URL 中传递的参数进行编码，一则可以实现对所传递数据的加密，二是可以对无法通过浏览器进行传递的字符进行传递。

实现此操作一般使用 urlencode()函数和 rawurlencode()函数。而对此过程的反向操作就是使用 urldecode()函数和 rawurldecode()函数。

下面对此操作进行讲解，具体步骤如下。

step 01 在网站根目录下建立 urlencode.php 文件，输入以下代码并保存：

```
<?php
$user = '王小明 刘晓莉';
$link1 = "index.php?userid=".urlencode($user)."<br />";
$link2 = "index.php?userid=".rawurlencode($user)."<br />";
echo $link1.$link2;
echo urldecode($link1);
echo urldecode($link2);
echo rawurldecode($link2);
?>
```

step 02 在浏览器地址栏中输入“http://localhost/urlencode.php”，并按 Enter 键确认，运行结果如图 11-14 所示。

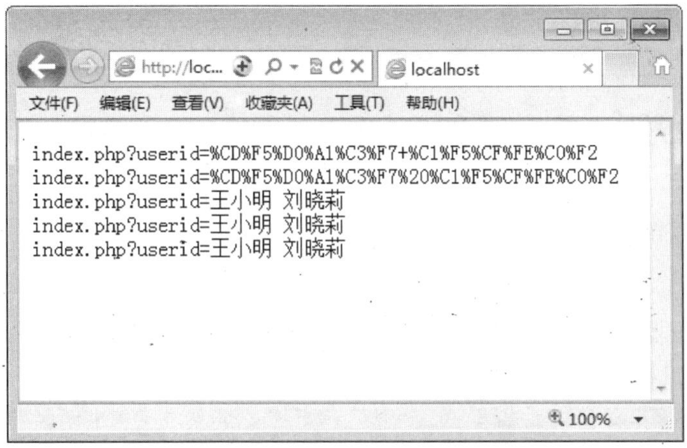

图 11-14 urlencode.php 文件的运行结果

案例分析：

(1) 在$link1 变量的赋值中，使用 urlencode()函数对一个中文字符串$user 进行编码。

(2) 在$link2 变量的赋值中，使用 rawurlencode()函数对一个中文字符串$user 进行编码。

(3) 这两种编码方式的区别在于对空格的处理，urlencode()函数将空格编码为“+”号，而 rawurlencode()函数将空格编码为“%20”。

(4) urldecode()函数实现对编码的反向操作。

11.7 综合应用 PHP 与 Web 表单

下面进行处理表单数据的讲解。此案例中，将假设一名网络浏览者在某酒店网站上登记房间。具体步骤如下。

step 01 在网站根目录下建立一个 form.html 文件，输入以下代码并保存：

```
<HTML>
<HEAD>
<h2>GoodHome online booking form. - GoodHome 在线订房表。</h2>
</HEAD>
<BODY>
<form action="formhandler.php" method="post">
<table>
   <tr bgcolor="#3399FF">
      <td>客人姓名:</td>
      <td><input type="text" name="customername" size="10" /></td>
   </tr>
   <tr bgcolor="#CCCCCC">
      <td>到达时间:</td>
      <td><input type="text" name="arrivaltime" size="3" />天内</td>
   </tr>
   <tr bgcolor="#3399FF">
      <td>联系电话:</td>
```

```
        <td><input type="text" name="phone" size="15" /></td>
    </tr>
    <tr bgcolor="#666666">
        <td align="center"><input type="submit" value="确认订房信息" /></td>
    </tr>
</table>
</form>
</BODY>
</HTML>
```

step 02 在浏览器地址栏中输入“http://localhost/form.html”，并按 Enter 键确认，运行结果如图 11-15 所示。

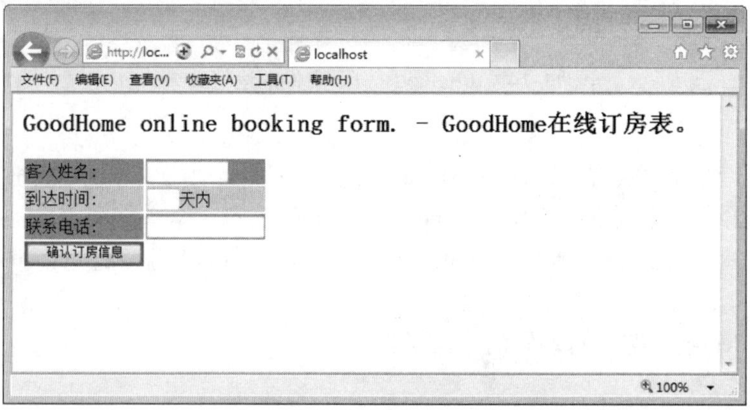

图 11-15 form.html 的运行结果

step 03 在相同目录下建立一个 PHP 文件 formhandler.php，输入以下代码并保存：

```
<HTML>
<HEAD>
<h2>GoodHome booking info. - GoodHome 订房表确认信息。</h2>
</HEAD>
<BODY>
<?php
  $customername = $_POST['customername'];
  $arrivaltime = $_POST['arrivaltime'];
  $phone = $_POST['phone'];
  echo '<p>订房确认信息:</p>';
  echo '客人 '.$customername.' 您会在 '.$arrivaltime
               .' 内到达。 您的联系电话是 '.$phone'。';
?>
</BODY>
</HTML>
```

step 04 回到浏览器中，打开的 form.html 页面。在表单中输入数据。客人姓名为“王小明”、到达时间为“3”、联系电话为“1359XXXXX377”，单击“确认订房信息”按钮，浏览器会自动跳转到 formhandler.php 页面，显示结果如图 11-16 所示。

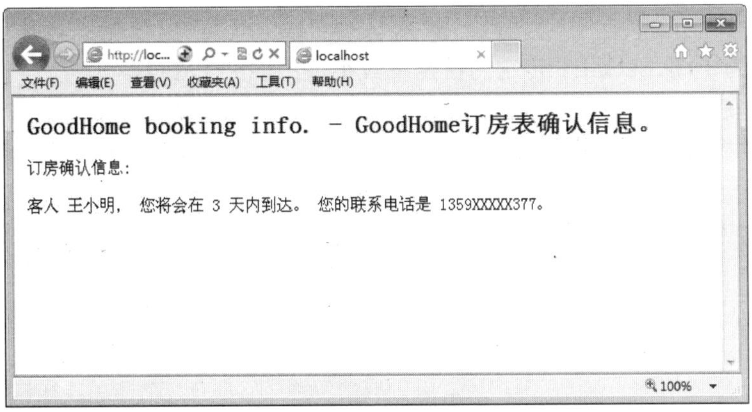

图 11-16　formhandler.php 页面程序的运行结果

案例分析：

(1) 在 form.html 中的 form 通过 POST 方法(method)把三个<input type="text" … />中的文本数据发送给 formhandler.php。

(2) formhandler.php 中，代码读取数组$_POST 中的具体变量$_POST['customername']、$_POST['arrivaltime']、$_POST['phone']，并赋值给本地变量$customername、$arrivaltime、$phone。然后，通过 echo 命令使用本地变量，把信息生成 HTML 后输出给浏览器。

(3) 要提到的是 echo '客人 '.$customername.'，您将会在 '.$arrivaltime.' 天内到达。您的联系电话是 '.$phone.'。';中的 '.' 是字符串连接操作符。它把不同部分的字符串连接在一起。在使用 echo 命令的时候经常会用到它。

11.8 疑难解惑

疑问 1：使用 urlencode()和 rawurlencode()函数需要注意什么？

要注意的是，如果配合 js 处理页面的信息的话，要注意使用 urlencode()函数后"+"号与 js 的冲突。由于 js 中"+"号是字符串类型的连接操作符 js 才处理，否则 url 就无法识别其中的"+"号。这时，可以使用 rawurlencode()函数对其进行处理。

疑问 2：GET 和 POST 的区别和联系是什么？

二者的区别与联系如下。

(1) POST 是向服务器传送数据；GET 是从服务器上获取数据。

(2) POST 是通过 HTTP POST 机制将表单内各个字段及其内容放置在 HTML HEADER 内一起传送到 ACTION 属性所指的 URL 地址。用户看不到这个过程；GET 是把参数数据队列加到提交表单的 ACTION 属性所指的 URL 中，值和表单内各个字段一一对应，在 URL 中可以看到。

(3) 对于 GET 方式，服务器端用 Request.QueryString 获取变量的值；对于 POST 方式，服务器端用 Request.Form 获取提交的数据。

(4) POST 传送的数据量较大，一般默认为不受限制。但理论上，IIS 4 中最大量为 80KB，IIS 5 中为 100KB；GET 传送的数据量较小，不能大于 2KB。

(5) POST 安全性较高；GET 安全性非常低，但是执行效率却比 POST 方法好。

(6) 在做数据添加、修改或删除时，建议用 POST 方式；而在做数据查询时，建议用 GET 方式。

(7) 对于机密信息的数据，建议采用 POST 数据提交方式。

第 12 章

处理图形图像

PHP 不仅可以输出纯 HTML，还可以创建及操作多种不同图像格式的图像文件，包括 GIF、PNG、JPG、WBMP 和 XPM 等。更方便的是，PHP 可以直接将图像流输出到浏览器。要处理图像，需要在编译 PHP 时加上图像函数的 GD 库，另外，还可以使用第三方的图形库。本章我们来讲述图形图像的处理方法和技巧。

12.1　在 PHP 中加载 GD 库

PHP 中的图形图像处理功能都要求有一个库文件的支持，这就是 GD2 库。PHP 5 中自带此库。

如果是在 Windows 7 系统环境下，则修改 php.ini 中 extension=php_gd2.dll 前面的“;”即可启用，如图 12-1 所示。

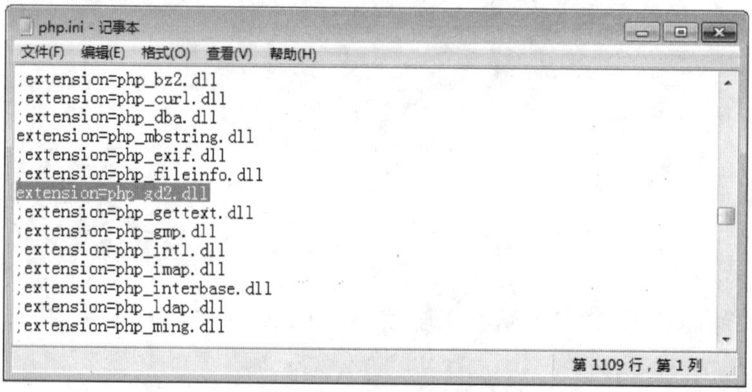

图 12-1　修改 php.ini 配置文件

下面了解一下 PHP 中常用的图像函数的功能。具体如表 12-1 所示。

表 12-1　图像函数的功能

函　数	功　能
gd_info	取得当前安装的 GD 库的信息
getimagesize	取得图像大小
image_type_to_mime_type	取得 getimagesize、exif_read_data、exif_thumbnail、exif_imagetype 所返回的图像类型的 MIME 类型
image2wbmp	以 WBMP 格式将图像输出到浏览器或文件
imagealphablending	设定图像的混色模式
imageantialias	是否使用 antialias 功能
imagearc	画椭圆弧
imagechar	水平地画一个字符
imagecharup	垂直地画一个字符
imagecolorallocate	为一幅图像分配颜色
imagecolorallocatealpha	为一幅图像分配颜色和透明度
imagecolorat	取得某像素的颜色索引值

续表

函数	功能
imagecolorclosest	取得与指定的颜色最接近的颜色的索引值
imagecolorclosestalpha	取得与指定的颜色加透明度最接近的颜色的索引值
imagecolorclosesthwb	取得与给定颜色最接近的色度的黑白色的索引
imagecolordeallocate	取消图像颜色的分配
imagecolorexact	取得指定颜色的索引值
imagecolorexactalpha	取得指定的颜色加透明度的索引值
imagecolormatch	使一个图像中调色板版本的颜色与真彩色版本更能匹配
imagecolorresolve	取得指定颜色的索引值或有可能得到的最接近的替代值
imagecolorresolvealpha	取得指定颜色加透明度的索引值或有可能得到的最接近的替代值
imagecolorset	给指定调色板索引设定颜色
imagecolorsforindex	取得某索引的颜色
imagecolorstotal	取得一幅图像的调色板中颜色的数目
imagecolortransparent	将某个颜色定义为透明色
imagecopy	拷贝图像的一部分
imagecopymerge	拷贝并合并图像的一部分
imagecopymergegray	用灰度拷贝并合并图像的一部分
imagecopyresampled	重采样拷贝部分图像并调整大小
imagecopyresized	拷贝部分图像并调整大小
imagecreate	新建一个基于调色板的图像
imagecreatefromgd2	从 GD2 文件或 URL 新建一图像
imagecreatefromgd2part	从给定的 GD2 文件或 URL 中的部分新建一图像
imagecreatefromgd	从 GD 文件或 UR 新建一图像
imagecreatefromgif	从 GIF 文件或 URL 新建一图像
imagecreatefromjpeg	从 JPEG 文件或 URL 新建一图像
imagecreatefrompng	从 PNG 文件或 URL 新建一图像
imagecreatefromstring	从字符串中的图像流新建一图像
imagecreatefromwbmp	从 WBMP 文件或 URL 新建一图像
imagecreatefromxbm	从 XBM 文件或 URL 新建一图像
imagecreatefromxpm	从 XPM 文件或 URL 新建一图像
imagecreatetruecolor	新建一个真彩色图像
imagedashedline	画一虚线

续表

函　数	功　能
imagedestroy	销毁一图像
imageellipse	画一个椭圆
imagefill	区域填充
imagefilledarc	画一椭圆弧且填充
imagefilledellipse	画一椭圆并填充
imagefilledpolygon	画一多边形并填充
imagefilledrectangle	画一矩形并填充
imagefilltoborder	区域填充到指定颜色的边界为止
imagefontheight	取得字体高度
imagefontwidth	取得字体宽度
imageftbbox	取得使用了 FreeType 2 字体的文本的范围
imagefttext	使用 FreeType 2 字体将文本写入图像
imagegd	将 GD 图像输出到浏览器或文件
imagegif	以 GIF 格式将图像输出到浏览器或文件
imagejpeg	以 JPEG 格式将图像输出到浏览器或文件
imageline	画一条直线
imagepng	将调色板从一幅图像拷贝到另一幅
imagepolygon	画一个多边形
imagerectangle	画一个矩形
imagerotate	用给定角度旋转图像
imagesetstyle	设定画线的风格
imagesetthickness	设定画线的宽度
imagesx	取得图像宽度
imagesy	取得图像高度
imagetruecolortopalette	将真彩色图像转换为调色板图像
imagettfbbox	取得使用 TrueType 字体的文本的范围
imagettftext	用 TrueType 字体向图像写入文本

12.2　图形图像的典型应用案例

下面讲述图形图像的经典使用案例。

12.2.1 创建一个简单的图像

使用 GD2 库文件，就像使用其他库文件一样。由于它是 PHP 的内置库文件，不需要在 PHP 文件中再用 include 等函数进行调用。以下实例介绍图像的创建方法。

【例 12.1】(示例文件 ch12\12.1.php)

```
<?php
$im = imagecreate(200,300);                     //创建一个画布
$white = imagecolorallocate($im, 8,2,133);     //设置画布的背景色为一种蓝色
imagegif($im);                                 //输出图像
?>
```

运行程序，结果如图 12-2 所示。本例使用 imagecreate()函数创建了一个宽 200 像素、高 300 像素的画布，并设置画布的 RGB 值为(8, 2, 133)，最后输出一个 GIF 格式的图像。

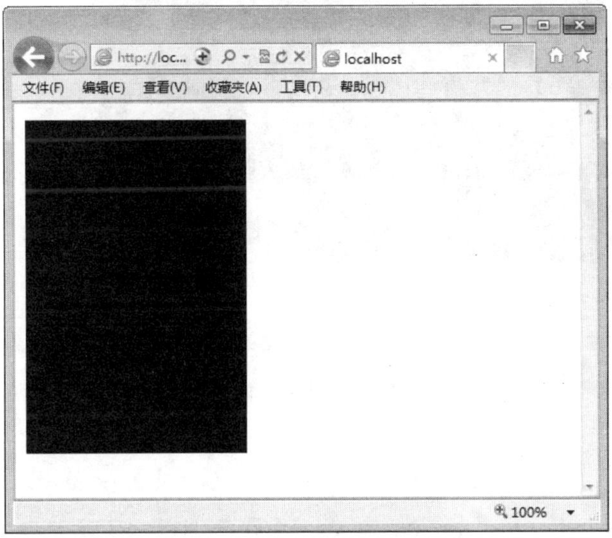

图 12-2 图像的创建

提示

使用 imagecreate(200, 300)函数创建基于普通调色板的画布，支持 256 色，其中 200, 300 为图像的宽度和高度，单位为像素。

上面的案例只是把图片输出到页面，那么如果需要保存图片文件呢？下面通过例子来介绍图像文件的创建方法。

【例 12.2】(示例文件 ch12\12.2.php)

```
<?php
$ysize = 200;
$xsize = 300;
$theimage = imagecreatetruecolor($xsize, $ysize);
$color2 = imagecolorallocate($theimage, 8,2,133);
$color3 = imagecolorallocate($theimage, 230,22,22);
imagefill($theimage, 0, 0, $color2);
```

```
imagearc($theimage,100,100,150,200,0,270,$color3);
imagejpeg($theimage,"newimage.jpeg");
header('content-type: image/png');
imagepng($theimage);
imagedestroy($theimage);
?>
```

运行程序，结果如图 12-3 所示。同时在程序文件夹下生成了一个名为 newimage.jpeg 的图片，其内容与页面显示的相同。

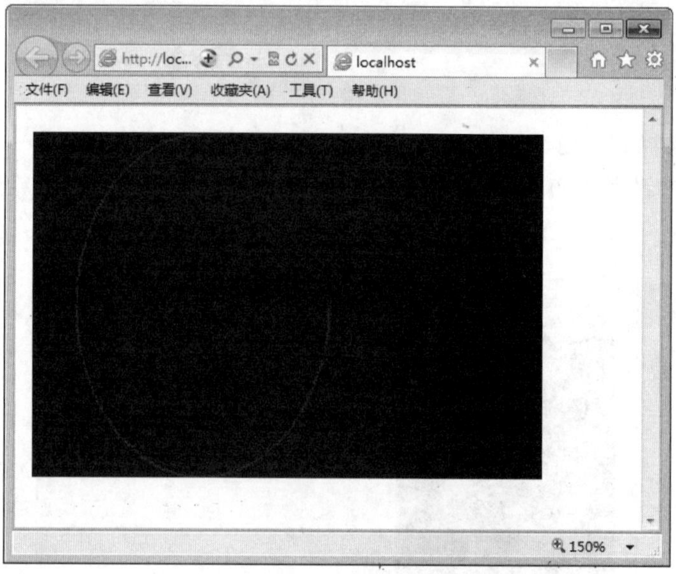

图 12-3　页面效果

案例分析：

(1) imagecreatetruecolor()函数是用来创建图片画布的。它需要两个参数，一个是 x 轴的大小，一个是 y 轴的大小。$xsize=200; $ysize=300;分别设定了这两参数的大小。$theimage= imagecreatetruecolor($xsize, $ysize);使用这两个参数生成了画布，并且赋值为$theimage。

(2) imagearc($theimage, 100,100,150,200,0,270, $color3);语句使用 imagearc()函数在画布上创建了一个弧线。它的参数分为以下几个部分：$theimage 为目标画布，“100,100”为弧线中心点的 x、y 坐标，“150,200”为弧线的宽度和高度，“0,270”为顺时针画弧线的起始度数和终点度数，是在 0 到 360 度之间，$color3 为画弧线所使用的颜色。

(3) imagejpeg()函数是生成 JPEG 格式的图片的函数。这里，imagejpeg($theimage, “newimage.jpeg”);把画布对象$theimage 及其所有操作生成为一个名为 newimage.jpeg 的 JPEG 图片文件，并且直接储存在当前路径下。

(4) 同时，header(‘content-type: image/png’);和 imagepng($theimage);向页面输出了一张 PNG 格式的图片。

(5) 最后清除对象，释放资源。

12.2.2 使用 GD2 的函数在照片上添加文字

上面是如何创建一个图片。如果想在图片上添加文字，就需要修改一个图片，具体的过程为：先读取一个图片，然后修改这个图片。

【例 12.3】(示例文件 ch12\12.3.php)

```
<?php
$theimage = imagecreatefromjpeg('newimage.jpeg');
$color1 = imagecolorallocate($theimage, 255,255,255);
$color3 = imagecolorallocate($theimage, 230,22,22);
imagestring($theimage,5,60,100,'Text added to this image.',$color1);
header('content-type: image/png');
imagepng($theimage);
imagepng($theimage,'textimage.png');
imagedestroy($theimage);
?>
```

运行程序，结果如图 12-4 所示。同时在程序所在的文件夹下生成了名为 newimage.jpeg 的图片文件，其内容与页面显示相同。

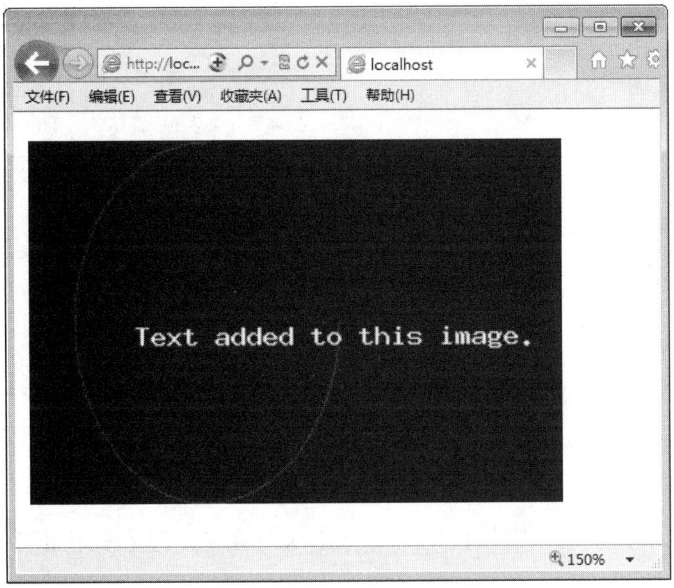

图 12-4　在照片上添加文字

案例分析：

(1) imagecreatefromjpeg('newimage.jpeg');语句中 imagecreatefromjpeg()函数从当前路径下读取 newimage.jpeg 图形文件，并且传递给$theimage 变量作为对象，以待操作。

(2) 选取颜色后。imagestring($theimage,5,60,100,'Text added to this image.',$color1);语句中的 imagestring()函数向对象图片添加字符串'Text added to this image.'。这里面的参数中，$theimage 为对象图片；"5"为字体类型，这个字体类型的参数从 1 到 5 代表不同的字体；

“60,100”为字符串添加的起始 x、y 坐标；‘Text added to this image.’为要添加的字符串，当前只支持 ASC 字符；$color1 为文字的颜色。

(3) header(‘content-type: image/png’);和 imagepng($theimage);语句共同处理了输出到页面的 PNG 图片。之后，imagepng($theimage,‘textimage.png’);语句就创建文件名为 textimage.png 的 PNG 图片，并保存在当前路径下。

12.2.3 使用 TrueType 字体处理中文生成图片

字体处理在很大程度上是 PHP 图形处理经常要面对的问题。imagestring()函数默认的字体是十分有限的。这就要进入字体库文件。而 TrueType 字体是字体中极为常用的格式。例如，在 Windows 下打开 C:\WINDOWS\Fonts 目录，会出现很多字体文件，其中绝大部分是 TrueType 字体，如图 12-5 所示。

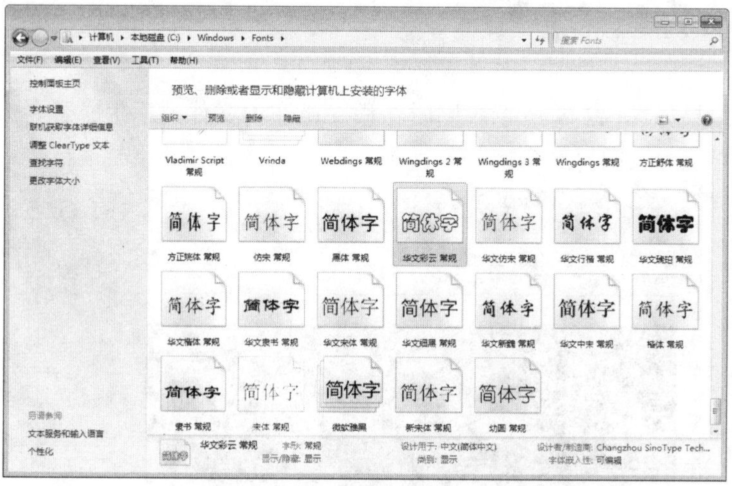

图 12-5 系统中的字体

PHP 使用 GD2 库，在 Windows 环境下，需要给出 TrueType 字体所在的文件夹路径，如在文件开头使用以下语句：

```
putenv('GDFONTPATH=C:\WINDOWS\Fonts');
```

使用 TrueType 字体也可以直接使用 imagettftext()函数。它是使用 ttf 字体的 imagestring()函数。其格式为：

```
imagettftext(图片对象, 字体大小, 文字显示角度, 起始 x 坐标, 起始 y 坐标, 文字颜色, 字体名称, 文字信息)
```

另外，一个很重要的问题就是 GD 库中的 imagettftext()函数默认是无法支持中文字符并添加到图片上去的。这是因为 GD 库的 imagettftext()函数对于字符的编码是采用的 UTF-8 的编码格式，而简体中文的默认格式为 GB2312。

以下就介绍这样的一个例子。具体操作步骤如下。

step 01 把 C:\WINDOWS\Fonts 下的字体文件 simhei.ttf 复制到与文件 12.4.php 相同的目

录下。

step 02 在网站目录下建立 12.4.php 文件，输入以下代码并保存：

```
<?php
$ysize = 200;
$xsize = 300;
$theimage = imagecreatetruecolor($xsize, $ysize);
$color2 = imagecolorallocate($theimage, 8,2,133);
$color3 = imagecolorallocate($theimage, 230,22,22);
imagefill($theimage, 0, 0, $color2);
$fontname = 'simhei.ttf';
$zhtext = "这是一个把中文用黑体显示的图片。";
$text = iconv("GB2312", "UTF-8", $zhtext);
imagettftext($theimage,12,0,20,100,$color3,$fontname,$text);
header('content-type: image/png');
imagepng($theimage);
imagedestroy($theimage);
?>
```

运行程序，结果如图 12-6 所示。

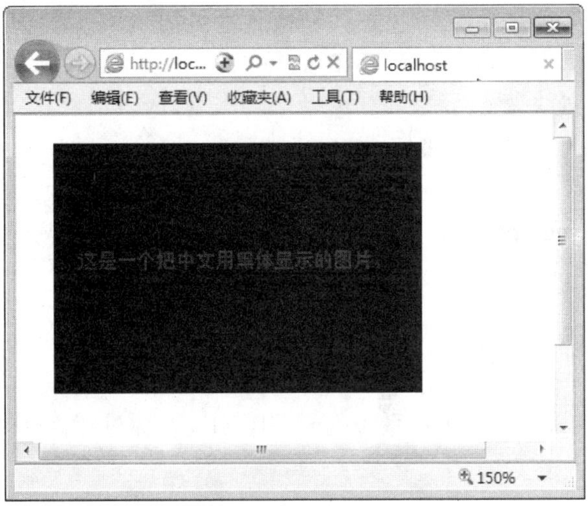

图 12-6　把中文用黑体显示的图片

案例分析：

(1)　imagefill($theimage, 0, 0,$color2);之前的语句是创建画布、填充颜色的。

(2)　$fontname='simhei.ttf';语句确认了当前目录下的黑体字的 ttf 文件，并且把路径赋值给$fontname 变量。

(3)　$zhtext 中，中文字符的编码为 GB2312。为了转换此编码为 UTF-8，使用$text= iconv("GB2312", "UTF-8", $zhtext);语句把$zhtext 中的中文编码转换为 UTF-8，并赋值给$text 变量。

(4)　imagettftext($theimage,12,0,20,100,$color3,$fontname,$text); 语句按照 imagettftext() 函数的格式分别确认了参数。$theimage 为目标图片，“12”为字符的大小，“0”为显示的角

度，“20,100”为字符串显示的初始 x、y 的值。$fontname 为已经设定的黑体，$text 为已经转换为 UTF-8 格式的中文字符串。

12.3 Jpgraph 库的基本操作

Jpgraph 是一个功能强大且十分流行的 PHP 外部图片处理库文件。它是建立在内部库文件 GD2 库之上的。它的优点是建立了很多方便操作的对象和函数，能够大大地简化使用 GD 库对图片进行处理的编程过程。

12.3.1 Jpgraph 的安装

Jpgraph 的安装就是 PHP 对 Jpgraph 类库的调用。可以采用多种形式。但是，首先都需要到 Jpgraph 的官方网站下载类库文件的压缩包。到 http://jpgraph.net/download/下载最新的压缩包，即 Jpgraph3.5.0b1。解压以后，如果是 Linux 系统，可以把它放置在 lib 目录下，并且使用下面的语句重命名此类库的文件夹：

```
ln -s jpgraph-3.x jpgraph
```

如果是 Windows 系统，在本机 WAMP 的环境下，则可以把类库文件夹放在 www 目录下，或者放置在项目的文件夹下。

然后在程序中引用的时候，直接使用 require_once()命令，并且指出 Jpgraph 类库相对于此应用的路径。

在本机环境下，把 jpgraph 文件夹放置在 D:\php5.5\ch12 文件夹下。在应用程序的文件中加载此库，使用 require_once ('jpgraph/src/jpgraph.php');即可。

12.3.2 Jpgraph 的配置

使用 Jpgraph 类前，需要对 PHP 系统的一些限制性参数进行修改。具体修改以下 3 个方面的内容。

(1) 需要到 php.ini 中修改内存限制，memory_limit 至少为 32m，本机环境为 momery_limit = 64m。

(2) 最大执行时间 max_execution_time 要增加，Jpgraph 类的官方推荐时间为 30 秒，即 max_execution_time = 30。

(3) 用“;”号注释掉 output_buffering 选项。

12.4 制作柱形图和折线图/统计图

Jpgraph 库安装设置生效以后，就可以使用此类库了。由于 Jpgraph 有很多示例，所以读者可以轻松地通过示例来学习。

下面通过一个例子来学习 Jpgraph 类的使用方法和技巧。

step 01 找到安装过的 jpgraph 类库文件夹，在其下的 src 文件夹下找到 Examples 文件夹。找到 barlinealphaex1.php 文件，将其复制到 ch12 文件夹下。在浏览器中打开，代码如下：

```
<?php
//content="text/plain; charset=utf-8";
require_once('jpgraph/src/jpgraph.php');
require_once('jpgraph/src/jpgraph_bar.php');
require_once('jpgraph/src/jpgraph_line.php');
$ydata = array(10,120,80,190,260,170,60,40,20,230);
$ydata2 = array(10,70,40,120,200,60,80,40,20,5);
$months = $gDateLocale->GetShortMonth();
$graph = new Graph(300,200);
$graph->SetScale("textlin");
$graph->SetMarginColor('white');
$graph->SetMargin(30,1,20,5);
$graph->SetBox();
$graph->SetFrame(false);
$graph->tabtitle->Set('Year 2003');
$graph->tabtitle->SetFont(FF_ARIAL,FS_BOLD,10);
$graph->ygrid->SetFill(true,'#DDDDDD@0.5','#BBBBBB@0.5');
$graph->ygrid->SetLineStyle('dashed');
$graph->ygrid->SetColor('gray');
$graph->xgrid->Show();
$graph->xgrid->SetLineStyle('dashed');
$graph->xgrid->SetColor('gray');
$graph->xaxis->SetTickLabels($months);
$graph->xaxis->SetFont(FF_ARIAL,FS_NORMAL,8);
$graph->xaxis->SetLabelAngle(45);
$bplot = new BarPlot($ydata);
$bplot->SetWidth(0.6);
$fcol = '#440000';
$tcol = '#FF9090';
$bplot->SetFillGradient($fcol,$tcol,GRAD_LEFT_REFLECTION);
$bplot->SetWeight(0);
$graph->Add($bplot);
$lplot = new LinePlot($ydata2);
$lplot->SetFillColor('skyblue@0.5');
$lplot->SetColor('navy@0.7');
$lplot->SetBarCenter();
$lplot->mark->SetType(MARK_SQUARE);
$lplot->mark->SetColor('blue@0.5');
$lplot->mark->SetFillColor('lightblue');
$lplot->mark->SetSize(6);
$graph->Add($lplot);
$graph->Stroke();
?>
```

step 02 修改 require_once('jpgraph/jpgraph.php');为 require_once('jpgraph/src/jpgraph.php');。修改 require_once('jpgraph/jpgraph_bar.php');为 require_once('jpgraph/src/jpgraph_bar.php');。修改 require_once('jpgraph/jpgraph_line.php');为 require_once('jpgraph/src/jpgraph_line.php');以载入本机 Jpgraph 类库。

step 03 运行 barlinealphaex1.php，结果如图 12-7 所示。

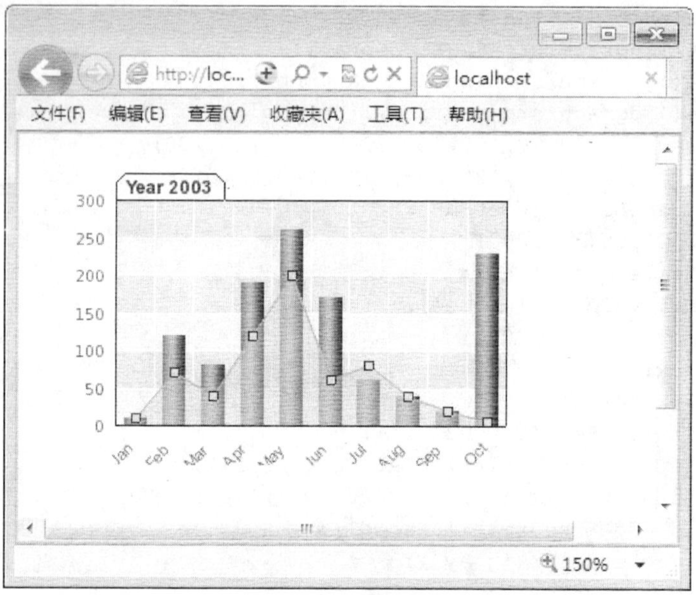

图 12-7 制作柱形图和折线图/统计图

案例分析：

(1) require_once('jpgraph/src/jpgraph.php'); require_once('jpgraph/src/jpgraph_bar.php'); 和 require_once('jpgraph/src/jpgraph_line.php');语句加载了 Jpgraph 基本类库 jpgraph.php、柱状图类库 jpgraph_bar.php 和折线图类库 jpgraph_line.php。

(2) $ydata=array(10,120,80,190,260,170,60,40,20,230);和$ydata2=array(10,70,40,120,200,60,80,40,20,5);语句定义了柱状图和折线图在 y 轴上的数据坐标，也是图形要表示的主要信息。

(3) $months = $gDateLocale->GetShortMonth();定义了月份使用短名表示。

(4) $graph = new Graph(300,200);语句创建图形$graph，高 300 像素，宽 200 像素。

(5) $graph->SetScale("textlin");语句确认刻度为自动生成的刻度形式。$graph->SetMarginColor('white');语句确认图形边框颜色为白色。

(6) $graph->SetMargin(30,1,20,5);语句调整边框宽度。$graph->SetBox();语句在背景图上添加边框。$graph->SetFrame(false);语句取消整个图片的边框。

(7) $graph->tabtitle->Set('Year 2003');语句添加图片标题。$graph->tabtitle->SetFont(FF_ARIAL,FS_BOLD,10);语句设定标题样式。

(8) $graph->ygrid->SetFill(true,'#DDDDDD@0.5','#BBBBBB@0.5');语句设定 y 轴方向上的网格填充颜色和亮度。$graph->ygrid->SetLineStyle('dashed');语句设定 y 轴方向上的网格线的样式为虚线。$graph->ygrid->SetColor('gray');语句设定 y 轴方向上的网格线的颜色。

$graph->xgrid->Show();、$graph->xgrid->SetLineStyle('dashed');和$graph->xgrid->SetColor('gray');语句是对 x 轴方向网格的同理设定。

(9) $graph->xaxis->SetTickLabels($months);语句为对 x 轴的设定，它使用的是先前定义的$months 变量中的数据。$graph->xaxis->SetFont(FF_ARIAL, FS_NORMAL,8);语句设定样式。$graph->xaxis->SetLabelAngle(45);语句设定角度。

(10) $bplot = new BarPlot($ydata);语句采用先前的$ydata 数据生成柱状图。$bplot->SetWidth(0.6);定义宽度。$bplot->SetFillGradient($fcol,$tcol,GRAD_LEFT_REFLECTION);填充柱状图，并且使用填充的渐变样式和两个渐变的颜色。$graph->Add($bplot);语句添加柱状图到图形中。

(11) $lplot = new LinePlot($ydata2);语句用$ydata2 数组生成折线图。$lplot->SetFillColor('skyblue@0.5');和$lplot->SetColor('navy@0.7');语句定义折线区域的颜色和透明度。

(12) $lplot->mark->SetType(MARK_SQUARE);定义折线图标记点的类型。$lplot->mark->SetColor('blue@0.5');定义颜色和透明度。$lplot->mark->SetSize(6);定义大小。$graph->Add($lplot);语句添加折线图到图形中。

(13) $graph->Stroke();语句表示把此图传递到浏览器显示。

12.5 制作圆形统计图

下面就通过圆形统计图例子的介绍，来了解 Jpgraph 类的使用，具体步骤如下。

step 01 找到安装过的 jpgraph 类库文件夹，在其下的 src 文件夹下找到 Examples 文件夹。找到 balloonex1.php 文件，将其复制到 ch12 文件夹下。代码如下：

```
<?php
require_once('jpgraph/jpgraph.php');
require_once('jpgraph/jpgraph_scatter.php');
$datax = array(1,2,3,4,5,6,7,8);
$datay = array(12,23,95,18,65,28,86,44);
function FCallback($aVal) {
   //This callback will adjust the fill color and size of
   //the datapoint according to the data value according to
   if($aVal < 30) $c = "blue";
   elseif($aVal < 70) $c = "green";
   else $c = "red";
   return array(floor($aVal/3),"",$c);
}
$graph = new Graph(400,300,'auto');
$graph->SetScale("linlin");
$graph->img->SetMargin(40,100,40,40);
$graph->SetShadow();
$graph->title->Set("Example of ballon scatter plot");
$graph->yaxis->scale->SetGrace(50,10);
$graph->xaxis->SetPos('min');
$sp1 = new ScatterPlot($datay,$datax);
$sp1->mark->SetType(MARK_FILLEDCIRCLE);
```

```
$sp1->value->Show();
$sp1->value->SetFont(FF_FONT1,FS_BOLD);
$sp1->mark->SetCallback("FCallback");
$sp1->SetLegend('Year 2002');
$graph->Add($sp1);
$graph->Stroke();
?>
```

step 02 修改 require_once('jpgraph/jpgraph.php');为 require_once('jpgraph/src/jpgraph.php');。修改 require_once('jpgraph/jpgraph_scatter.php');为 require_once('jpgraph/src/jpgraph_scatter.php');。以载入本机 Jpgraph 类库。

step 03 运行 balloonex1.php，结果如图 12-8 所示。

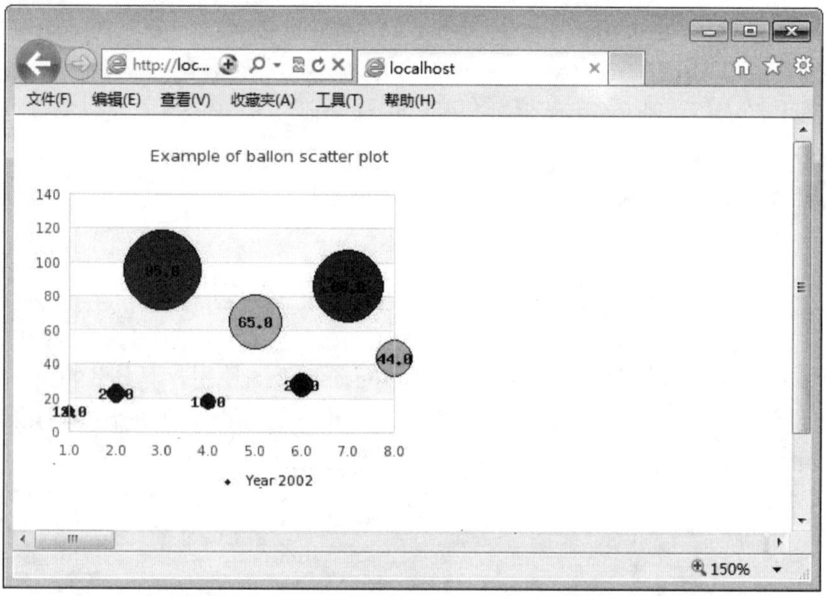

图 12-8　balloonex1.php 页面的效果

案例分析：

(1) require_once('jpgraph/src/jpgraph.php');语句和 require_once('jpgraph/src/jpgraph_scatter.php');语句加载了 Jpgraph 基本类库 jpgraph.php 和圆形图类库 jpgraph_bar.php。

(2) $datax 和$datay 定义了两组要表现的数据。

(3) function FCallback($aVal){}函数定义了不同数值范围内的图形的颜色。

(4) $graph = new Graph(400,300,'auto');语句生成图形。$graph->SetScale("linlin");生成刻度。$graph->img->SetMargin(40,100,40,40);设置图形边框。$graph->SetShadow();设置阴影。$graph->title->Set("Example of ballon scatter plot");设置标题。$graph->xaxis->SetPos('min');设置 x 轴的位置为初始值。

(5) $sp1 = new ScatterPlot($datay,$datax);生成数据表示图。$sp1->mark->SetType(MARK_FILLEDCIRCLE);设置数据表示图的类型。$sp1->value->Show();展示数据表示图。$sp1->value->SetFont(FF_FONT1,FS_BOLD);设定展示图的字体。$sp1->SetLegend('Year 2002');设置

标题。

(6) $graph->Add($sp1);添加数据展示图到整体图形中。

(7) $graph->Stroke();语句表示把此图传递到浏览器显示。

12.6 制作 3D 饼形统计图

下面就通过 3D 饼形图例程的介绍，来了解 Jpgraph 类的使用方法和技巧。

step 01 找到安装过的 jpgraph 类库文件夹，在其下的 src 文件夹下找到 Examples 文件夹。找到 pie3dex3.php 文件，将其复制到 ch12 文件夹下。打开查看，代码如下：

```
<?php
require_once('jpgraph/ jpgraph.php');
require_once('jpgraph/jpgraph_pie.php');
require_once('jpgraph/jpgraph_pie3d.php');
$data = array(20,27,45,75,90);
$graph = new PieGraph(450,200);
$graph->SetShadow();
$graph->title->Set("Example 1 3D Pie plot");
$graph->title->SetFont(FF_VERDANA,FS_BOLD,18);
$graph->title->SetColor("darkblue");
$graph->legend->Pos(0.5,0.8);
$p1 = new PiePlot3d($data);
$p1->SetTheme("sand");
$p1->SetCenter(0.4);
$p1->SetAngle(30);
$p1->value->SetFont(FF_ARIAL,FS_NORMAL,12);
$p1->SetLegends(array("Jan","Feb","Mar","Apr","May","Jun","Jul",
                    "Aug","Sep","Oct"));
$graph->Add($p1);
$graph->Stroke();
?>
```

step 02 修改 require_once('jpgraph/jpgraph.php');为 require_once('jpgraph/src/jpgraph.php');。修改 require_once('jpgraph/jpgraph_pie.php');为 require_once('jpgraph/src/jpgraph_pie.php');。修改 require_once('jpgraph/jpgraph_pie3d.php'); 为 require_once('jpgraph/src/jpgraph_pie3d.php');。目的是载入本机 Jpgraph 类库。

step 03 运行 pie3dex3.php，结果如图 12-9 所示。

案例分析：

(1) require_once('jpgraph/src/jpgraph.php'); 语句 require_once('jpgraph/jpgraph_pie.php'); 和 require_once('jpgraph/jpgraph_pie3d.php');语句加载了 Jpgraph 基本类库 jpgraph.php、饼形图类库 jpgraph_ pie.php 和 3d 饼形图类库 jpgraph_ pie3d.php。

(2) $data 定义了要表现的数据。

(3) $graph = new PieGraph(450,200);生成图形。$graph->SetShadow();设定阴影。

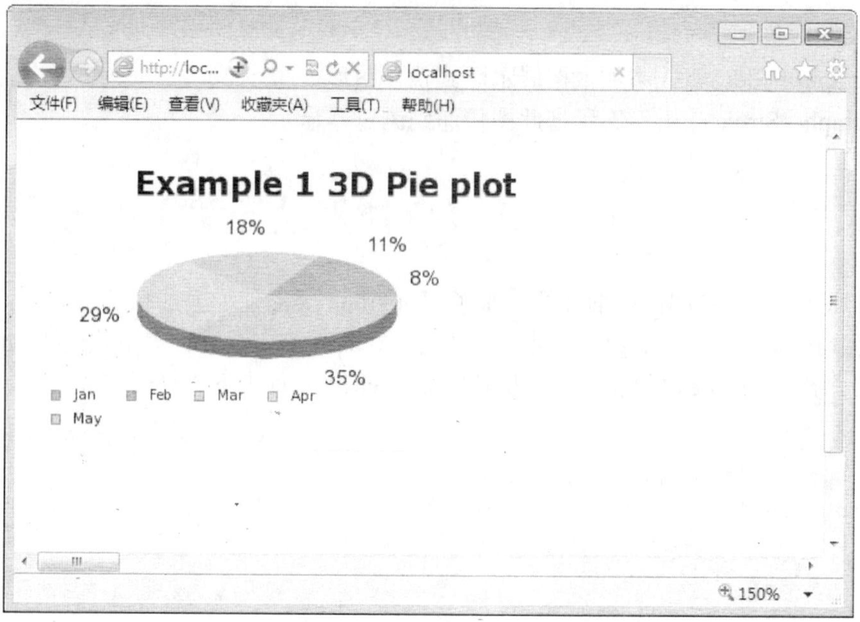

图 12-9　pie3dex3.php 页面的效果

(4) $graph->title->Set("Example 1 3D Pie plot");设定标题。$graph->title->SetFont(FF_VERDANA,FS_BOLD,18);设定字体和字体大小。$graph->title->SetColor("darkblue");设定颜色。$graph->legend->Pos(0.5,0.8);设定图例在整个图形中的位置。

(5) $p1 = new PiePlot3d($data);生成饼形图。$p1->SetTheme("sand");设置饼形图模板。$p1->SetCenter(0.4);设置饼形图的中心。$p1->SetAngle(30);设置饼形图角度。$p1->value->SetFont(FF_ARIAL,FS_NORMAL,12);设置字体。$p1->SetLegends(array("Jan",...,"Oct"));设置图例文字信息。

(6) $graph->Add($p1);向整个图形添加饼形图。$graph->Stroke();把此图传递到浏览器进行显示。

12.7 疑难解惑

疑问 1：不同格式的图片使用上有何区别？

答：JPEG 格式是一个标准。JPEG 经常用来储存照片和拥有很多颜色的图片，它不强调压缩，强调的是对图片信息的保存。如果使用图形编辑软件缩小 JPEG 格式的图片，那么它原本包含的一部分数据就会丢失。并且这种数据的丢失通过肉眼是可以察觉到的。这种格式不适合包含简单图形颜色或文字的图片。

PNG 格式是指“portable network graphics”，这种图片格式是发明出来以取代 GIF 格式的。同样的图片使用 PNG 格式的大小要小于使用 GIF 格式的大小。这种格式是一种低损失压缩的网络文件格式。这种格式的图片适合于包含文字、直线或者色块的信息。PNG 支持透明、伽马校正等。但是 PNG 不像 GIF 一样支持动画功能。并且 IE 6 不支持 PNG 的透明功能。低损压缩意味着压缩比不高，所以它不适合用于照片这一类的图片，否则文件将太大。

GIF 是指“graphics interchange format”它也是一种低损压缩的格式，适合用于包含文字、直线或者色块信息的图片。它使用的是 24 位 RGB 色彩中的 256 色。由于色彩有限，所以也不适合用于照片一类的大图片。对于其适合的图片，它具有不丧失图片质量却能大幅压缩的图片大小的优势。另外，它支持动画。

疑问 2：如何选择自己想要的 RGB 颜色呢？

可以使用 Photoshop 里面的颜色选取工具。如果使用的是 Linux 系统，可以使用开源的工具 GIMP 中的颜色选取工具。

第 13 章

快速掌握 MySQL

MySQL 是一个小型关系数据库管理系统，与其他大型数据库管理系统(例如 Oracle、DB2、SQL Server 等)相比，MySQL 规模小、功能有限，但是它体积小、速度快、成本低，且提供的功能对稍微复杂的应用来说已经够用，这些特性使得 MySQL 成为世界上最受欢迎的开放源代码数据库。MySQL 支持多种平台下工作。在 Windows 平台下可以使用二进制的安装软件包或免安装版的软件包进行安装，二进制的安装包提供了图形化的安装向导，免安装版直接解压缩即可以使用。

本书以当前最新版本 MySQL 5.6 为例进行讲解，主要讲述 MySQL 服务器的一些常见操作。

13.1 什么是 MySQL

本节将介绍 MySQL 的基本知识。

13.1.1 客户机-服务器软件

主从式结构(Client/Server Model)或客户-服务器(Client/Server)结构，简称 C/S 结构，是一种网络架构，通常在该网络架构下，软件分为客户(Client)和服务器(Server)两个部分。

服务器是整个应用系统资源的存储和管理中心，多个客户端则各自处理相应的功能，共同实现完整的应用。在客户/服务器结构中，客户端用户的请求被传送到数据库服务器，数据库服务器进行处理后，将结果返回给用户，从而减少了网络数据传输量。

用户使用应用程序时，首先启动客户端，通过有关命令告知服务器进行连接，以完成各种操作，而服务器则按照此请示提供相应的服务。每一个客户端软件的实例都可以向一个服务器或应用程序服务器发出请求。

这种系统的特点，就是客户端和服务器程序不在同一台计算机上运行，这些客户端和服务器程序通常归属不同的计算机。

主从式架构通过不同的途径应用于很多不同类型的应用程序，例如，现在人们最熟悉的在因特网上使用的网页。当顾客想要在当当网站上买书的时候，电脑和网页浏览器就被当作一个客户端，同时，组成当当网的电脑、数据库和应用程序就被当作服务器。当顾客的网页浏览器向当当网请求搜寻数据库相关的图书时，当当网服务器从当当网的数据库中找出所有该类型的图书信息，结合成一个网页，再发送回顾客的浏览器。服务器端一般使用高性能的计算机，并配合使用不同类型的数据库，比如 Oracle、Sybase 或者是 MySQL 等；客户端需要安装专门的软件，比如浏览器。

13.1.2 MySQL 版本

针对不同用户，MySQL 分为两个不同的版本。

- MySQL Community Server(社区版)：该版本完全免费，但是官方不提供技术支持。
- MySQL Enterprise Server(企业版服务器)：它能够以很高性价比为企业提供数据仓库应用，支持 ACID 事务处理，提供完整的提交、回滚、崩溃恢复和行级锁定功能。但是该版本需付费使用，官方提供电话技术支持。

提示　MySQL Cluster 主要用于架设集群服务器，需要在社区版或企业版基础上使用。

MySQL 的命名机制由 3 个数值和 1 个后缀组成，例如 mysql-5.6.10。

(1) 第 1 个数值 5 是主版本号，描述了文件格式，所有版本 5 的发行版都有相同的文件格式。

(2) 第 2 个数值 6 是发行级别，主版本号和发行级别组合在一起便构成了发行序列号。

(3) 第 3 个数值 10 是在此发行系列中的版本号，随每次新分发版本递增。通常选择已经发行的最新版本。

在 MySQL 开发过程中，同时存在多个发布系列，每个发布处在成熟度的不同阶段。

- MySQL 5.6 是最新开发的稳定(GA)发布系列，是将执行新功能的系列，目前已经可以正常使用。
- MySQL 5.5 是比较稳定(GA)的发布系列，只针对漏洞修复后重新发布，没有增加会影响稳定性的新功能。
- MySQL 5.1 是前一稳定发布系列。只针对严重漏洞修复和安全修复重新发布，没有增加会影响该系列的重要功能。

提示

对于 MySQL 4.1、4.0 和 3.23 等低于 5.0 的老版本，官方将不再提供支持。而所有发布的 MySQL(Current Generally Available Release)版本已经经过严格、标准的测试，可以保证其安全可靠地使用。针对不同的操作系统，读者可以在 MySQL 官方下载页面(http://dev.mysql.com/downloads/)下载到相应的安装文件。

13.1.3 MySQL 的优势

MySQL 的主要优势如下。

(1) 速度：运行速度快。

(2) 价格：MySQL 对多数个人用来说是免费的。

(3) 容易使用：与其他大型数据库的设置和管理相比，其复杂程度较低，易于学习。

(4) 可移植性：能够工作在众多不同的系统平台上，例如 Windows、Linux、Unix、Mac OS 等操作系统。

(5) 丰富的接口：提供了用于 C、C++、Eiffel、Java、Perl、PHP、Python、Ruby 和 Tcl 等语言的 API。

(6) 支持查询语言：MySQL 可以利用标准 SQL 语法并且支持 ODBC(开放式数据库连接)的应用程序。

(7) 安全性和连接性：十分灵活和安全的权限和密码系统，允许基于主机的验证。连接到服务器时，所有的密码传输均采用加密形式，从而保证了密码安全。并且由于 MySQL 是网络化的，因此可以在因特网上的任何地方访问，提高了数据共享的效率。

13.2 启动服务并登录 MySQL 数据库

用户可以下载 MySQL 并安装，安装完毕之后，需要启动服务器进程，不然客户端无法连接数据库，客户端通过命令行工具登录数据库。本节将介绍如何启动 MySQL 服务器和登录 MySQL 的方法。

13.2.1 启动 MySQL 服务

在前面的配置过程中，已经将 MySQL 安装为 Windows 服务，当 Windows 启动、停止时，MySQL 也自动启动、停止。不过，用户还可以使用图形服务工具来控制 MySQL 服务器或从命令行使用 Net 命令。

可以通过 Windows 的服务管理器查看，具体的操作步骤如下。

step 01 单击“开始”菜单，在弹出的菜单中选择“运行”命令，弹出“运行”对话框，如图 13-1 所示。

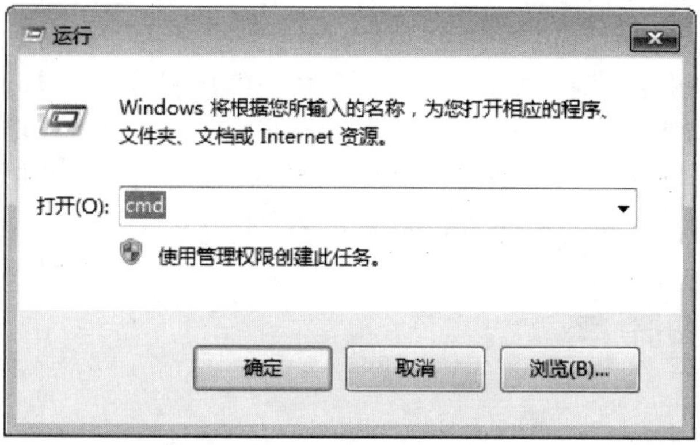

图 13-1 “运行”对话框

step 02 在“打开”文本框中输入“services.msc”，单击“确定”按钮，弹出 Windows 的服务管理器窗口，在其中可以看到服务名为“MySQL”的服务项，其右边的状态为“已启动”，表明该服务已经启动，如图 13-2 所示。

图 13-2 服务管理器窗口

由于设置了 MySQL 为自动启动，在这里可以看到，服务已经启动，而且启动类型为自动。如果没有“已启动”字样，说明 MySQL 服务未启动。启动方法为：单击“开始”菜单，选择“运行”命令，在弹出的“运行”对话框中输入“cmd”，按 Enter 键，弹出命令提示符界面。然后输入“net start mysql”，按 Enter 键，就能启动 MySQL 服务了，停止 MySQL 服务的命令为“net stop mysql”，如图 13-3 所示。

图 13-3　在命令行中启动和停止 MySQL

> **提示** 输入的 MySQL 是服务的名字。如果读者的 MySQL 服务的名字是 DB 或其他名字，应该输入“net start DB”或其他名称。

也可以直接双击 MySQL 服务，弹出 MySQL 属性对话框，在其中通过单击“启动”或“停止”按钮来更改服务状态，如图 13-4 所示。

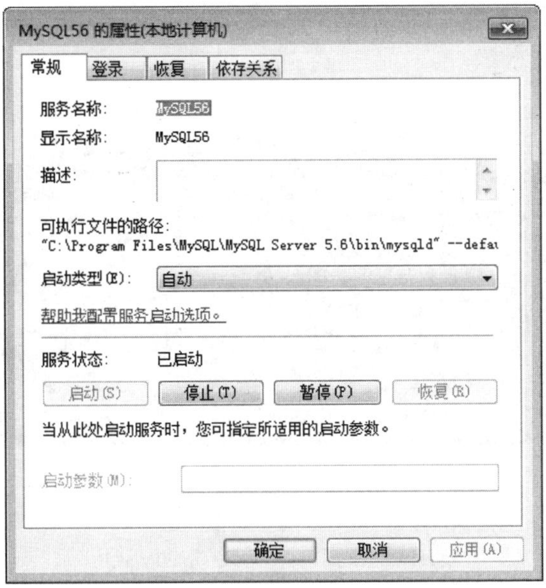

图 13-4　MySQL 属性对话框

13.2.2　登录 MySQL 数据库

当 MySQL 服务启动完成后，便可以通过客户端来登录 MySQL 数据库了。在 Windows 操作系统下，可以通过两种方式登录 MySQL 数据库。

1. 以 Windows 命令行方式登录

具体的操作步骤如下。

step 01 单击“开始”菜单，在弹出的菜单中选择“运行”菜单命令，弹出“运行”对话框，在其中输入“cmd”命令，如图 13-5 所示。

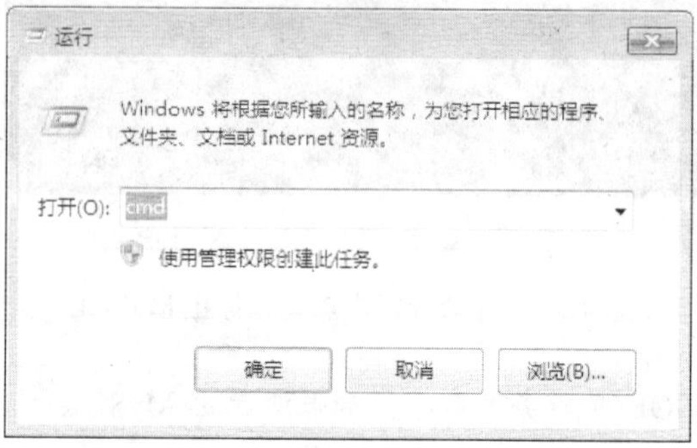

图 13-5 “运行”对话框

step 02 单击“确定”按钮，出现 DOS 窗口，在其中输入以下命令并按 Enter 键确认(如图 13-6 所示)：

```
cd C:\Program Files\MySQL\MySQL Server 5.6\bin\
```

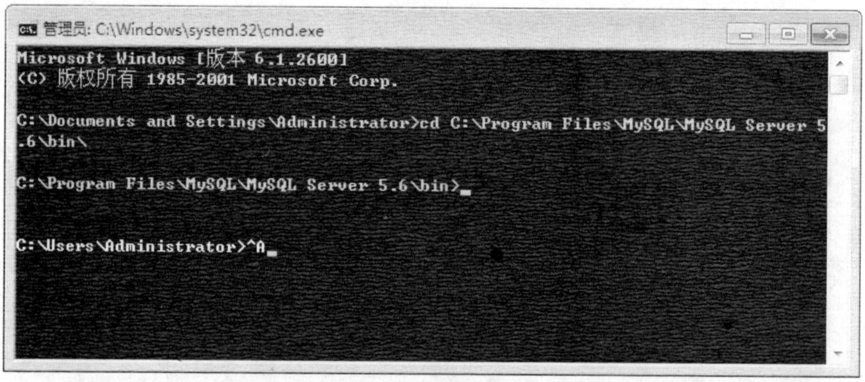

图 13-6 DOS 窗口

step 03 在 DOS 窗口中可以通过登录命令连接到 MySQL 数据库，连接 MySQL 的命令格式为：

```
mysql -h hostname -u username -p
```

其中 mysql 为登录命令，-h 后面的参数是服务器的主机地址，在这里，客户端和服务器在同一台机器上，所以输入 localhost 或者 IP 地址 127.0.0.1，-u 后面跟登录数据库的用户名称，这里为 root，-p 后面是用户登录密码。

接下来，输入如下命令：

```
mysql  -h localhost -u root -p
```

按下 Enter 键，系统会提示输入密码“Enter password”，这里输入在前面配置向导中自己设置的密码，验证正确后，即可登录到 MySQL 数据库，如图 13-7 所示。

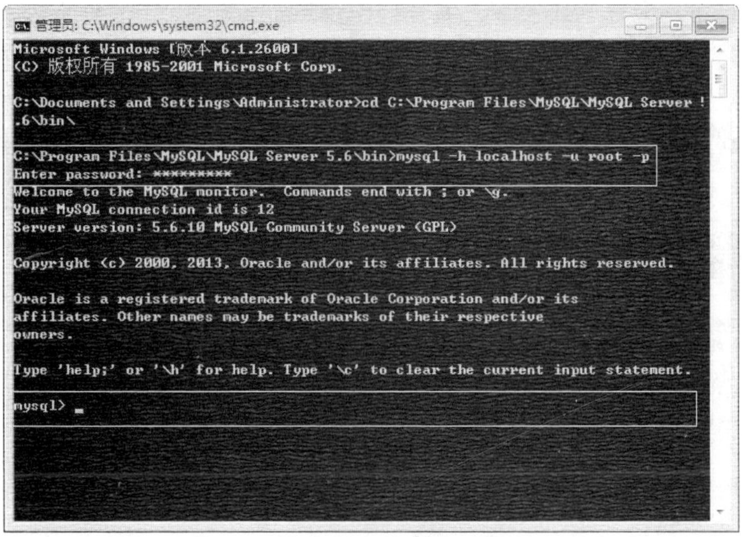

图 13-7　Windows 命令行登录窗口

提示　当窗口中出现如图 13-7 所示的说明信息，命令提示符变为“mysql>”时，表明已经成功登录 MySQL 服务器了，可以开始对数据库进行操作。

2. 使用 MySQL 命令行客户端登录

依次选择“开始”→“所有程序”→“MySQL”→“MySQL Server 5.6”→“MySQL 5.6 Command Line Client”菜单命令，进入密码输入窗口，如图 13-8 所示。

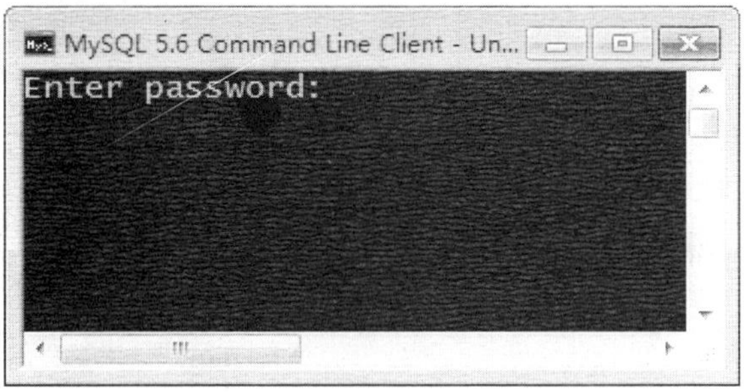

图 13-8　MySQL 命令行客户端登录窗口

输入正确的密码之后，就可以登录到 MySQL 数据库了。

13.2.3　配置 Path 变量

在前面登录 MySQL 服务器的时候，不能直接输入 mysql 登录命令，是因为没有把 MySQL 的 bin 目录添加到系统的环境变量里面。

如果每次登录都输入“cd C:\Program Files\MySQL\MySQL Server 5.6\bin”才能使用mysql等其他命令工具，是比较麻烦的。

下面介绍怎样手动配置Path变量。具体操作步骤如下。

step 01 在桌面上右击“计算机”图标，在弹出的快捷菜单中选择“属性”菜单命令，如图13-9所示。

step 02 在弹出的“系统”窗口中，单击“高级系统设置”选项，如图13-10所示。

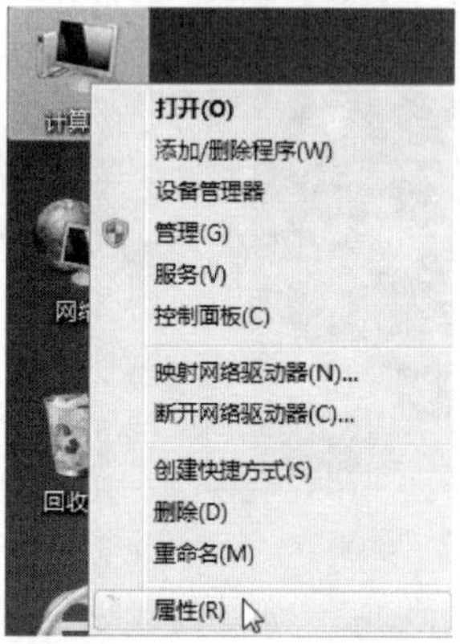

图13-9 “计算机”的快捷菜单

图13-10 “系统”窗口

step 03 弹出“系统属性”对话框，选择“高级”选项卡，如图13-11所示。

step 04 单击“环境变量”按钮，弹出“环境变量”对话框，在“系统变量”列表中选择“Path”变量，如图13-12所示。

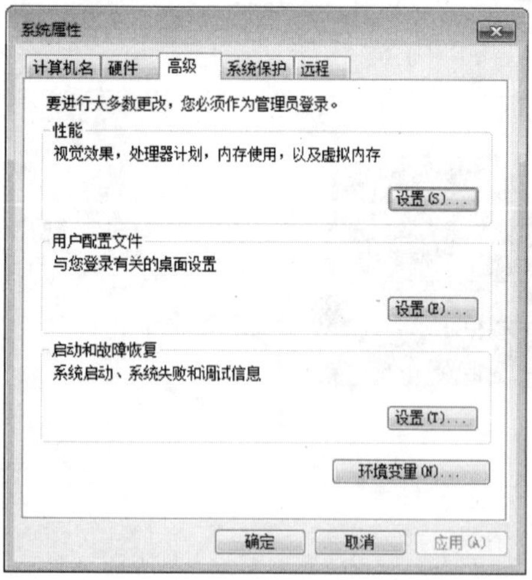

图13-11 “系统属性”对话框

图13-12 “环境变量”对话框

step 05 单击“编辑”按钮，在“编辑系统变量”对话框中，将MySQL应用程序的bin目录(C:\Program Files\MySQL\MySQL Server 5.6\bin)添加到变量值中，用分号将其与其他路径分隔开，如图13-13所示。

图 13-13 “编辑系统变量”对话框

step 06 添加完成之后，单击“确定”按钮，这样就完成了配置 Path 变量的操作，然后就可以直接输入 mysql 命令来登录数据库了。

13.3 MySQL 数据库的基本操作

本节将详细介绍数据库的基本操作。

13.3.1 创建数据库

创建数据库是在系统磁盘上划分一块区域用于数据的存储和管理，如果管理员在设置权限的时候为用户创建了数据库，则可以直接使用，否则，需要自己创建数据库。MySQL 中创建数据库的基本 SQL 语法格式为：

```
CREATE DATABASE database_name;
```

database_name 为要创建的数据库的名称，该名称不能与已经存在的数据库重名。

【例 13.1】创建测试数据库 test_db，输入语句如下：

```
CREATE DATABASE test_db;
```

13.3.2 查看数据库

数据库创建好之后，可以使用 SHOW CREATE DATABASE 声明查看数据库的定义。

【例 13.2】查看创建好的数据库 test_db 的定义，输入语句如下：

```
mysql> SHOW CREATE DATABASE test_db\G
*************************** 1. row ***************************
       Database: test_db
Create Database: CREATE DATABASE `test_db` /*!40100 DEFAULT CHARACTER SET
utf8 */
1 row in set (0.00 sec)
```

可以看到，如果数据库创建成功，将显示数据库的创建信息。

再次使用 SHOW DATABASES;语句来查看当前所有存在的数据库，输入语句如下：

```
mysql> SHOW databases;
+--------------------------+
```

```
| Database           |
+--------------------------+
| information_schema |
| mysql              |
| performance_schema |
| sakila             |
| test               |
| test_db            |
| world              |
+--------------------------+
7 rows in set (0.05 sec)
```

可以看到，列表中包含了刚创建的数据库 test_db 和其他已经存在的数据库的名称。

13.3.3 删除数据库

删除数据库是将已经存在的数据库从磁盘空间上清除，清除之后，数据库中的所有数据也将一同被删除。删除数据库语句和创建数据库的命令相似，MySQL 中删除数据库的基本语法格式为：

```
DROP DATABASE database_name;
```

database_name 为要删除的数据库的名称，如果指定的数据库不存在，则删除出错。

【例 13.3】 删除测试数据库 test_db，输入语句如下：

```
DROP DATABASE test_db;
```

语句执行完毕之后，数据库 test_db 将被删除，再次使用 SHOW CREATE DATABASE 声明查看数据库的定义，结果如下：

```
mysql> SHOW CREATE DATABASE test_db\G
ERROR 1049 (42000): Unknown database 'test_db'
ERROR:
No query specified
```

执行结果给出一条错误信息“ERROR 1049 <42000>: Unknown database ‘test_db’”，即数据库 test_db 已不存在，删除成功。

提示

使用 DROP DATABASE 命令时要非常谨慎，在执行该命令时，MySQL 不会给出任何提醒确认信息，DROP DATABASE 声明删除数据库后，数据库中存储的所有数据表和数据也将一同被删除，而且不能恢复。

13.3.4 选择数据库

用户创建了数据库后，并不能使用 SQL 语句操作该数据库，还需要使用 USE 语句选择该数据库。具体的语法如下：

```
USE 数据库名;
```

【例 13.4】选择数据库 test，输入语句如下：

```
USE test;
```

13.4 MySQL 数据表的基本操作

本章将详细介绍数据表的基本操作，主要内容包括：创建数据表、查看数据表结构、修改数据表、删除数据表。

13.4.1 创建数据表

数据表属于数据库，在创建数据表之前，应该使用语句“USE <数据库名>”指定操作是在哪个数据库中进行，如果没有选择数据库，会抛出“No database selected”错误。

创建数据表的语句为 CREATE TABLE，语法规则如下：

```
CREATE TABLE <表名>
(
    字段名 1，数据类型 [列级别约束条件] [默认值]，
    字段名 2，数据类型 [列级别约束条件] [默认值]，
    ...
    [表级别约束条件]
);
```

使用 CREATE TABLE 创建表时，必须指定以下信息：

- 要创建的表的名称，不区分大小写，不能使用 SQL 语言中的关键字，如 DROP、ALTER、INSERT 等。
- 数据表中每一个列(字段)的名称和数据类型，如果创建多个列，要用逗号隔开。

【例 13.5】创建员工表 tb_emp1，结构如表 13-1 所示。

表 13-1　tb_emp1 表的结构

字段名称	数据类型	备　注
id	INT(11)	员工编号
name	VARCHAR(25)	员工名称
deptId	INT(11)	所在部门编号
salary	FLOAT	工资

首先创建数据库，SQL 语句如下：

```
CREATE  DATABASE test_db;
```

选择创建表的数据库，SQL 语句如下：

```
USE test_db;
```

创建 tb_emp1 表，SQL 语句为：

```
CREATE TABLE tb_emp1
(
id      INT(11),
name    VARCHAR(25),
deptId  INT(11),
salary  FLOAT
);
```

语句执行后，便创建了一个名称为 tb_emp1 的数据表，使用 SHOW TABLES;语句查看数据表是否创建成功，SQL 语句如下：

```
mysql> SHOW TABLES;
+----------------------+
| Tables_in_ test_db |
+----------------------+
| tb_emp1            |
+----------------------+
1 row in set (0.00 sec)
```

可以看到，test_db 数据库中已经有了数据表 tb_emp1，数据表创建成功。

13.4.2 查看数据表的结构

使用 SQL 语句创建好数据表之后，可以查看表结构的定义，以确认表的定义是否正确。在 MySQL 中，查看表结构可以使用 DESCRIBE 和 SHOW CREATE TABLE 语句。这里将针对这两个语句分别进行详细的讲解。

DESCRIBE/DESC 语句可以查看表的字段信息，其中包括字段名、字段数据类型、是否为主键、是否有默认值等。语法规则如下：

```
DESCRIBE 表名;
```

或者简写为：

```
DESC 表名;
```

【例 13.6】使用 DESCRIBE 查看表 tb_emp1 的表结构。

查看 tb_emp1 表结构，SQL 语句如下：

```
mysql> DESC tb_emp1;
+--------+-------------+------+-----+---------+-------+
| Field  | Type        | Null | Key | Default | Extra |
+--------+-------------+------+-----+---------+-------+
| id     | int (11)    | YES |     | NULL   |       |
| name   | varchar(25) | YES |     | NULL   |       |
| deptId | int (11)    | YES |     | NULL   |       |
| salary | float       | YES |     | NULL   |       |
+---------+------------+------+-----+---------+-------+
```

其中，各个字段的含义分别解释如下。

- NULL：表示该列是否可以存储 NULL 值。

- Key：表示该列是否已编制索引。PRI 表示该列是表主键的一部分；UNI 表示该列是 UNIQUE 索引的一部分；MUL 表示在列中某个给定值允许出现多次。
- Default：表示该列是否有默认值，如果有的话值是多少。
- Extra：表示可以获取的与给定列有关的附加信息，例如 AUTO_INCREMENT 等。

SHOW CREATE TABLE 语句可以用来显示创建表时的 CREATE TABLE 语句，语法格式如下：

```
SHOW CREATE TABLE <表名\G>;
```

提示 使用 SHOW CREATE TABLE 语句，不仅可以查看表创建时的详细语句，而且还可以查看存储引擎和字符编码。

如果不加'\G'参数，显示的结果可能非常混乱，加上参数'\G'之后，可使显示结果更加直观，易于查看。

【例 13.7】使用 SHOW CREATE TABLE 查看表 tb_emp1 的详细信息，SQL 语句如下：

```
mysql> SHOW CREATE TABLE tb_emp1;
+--------+------------------------------------------------------------
------------------------------------------------------------------------
------------------------------------------------------------------------+
| Table  | Create Table

| +--------+----------------------------------------------------------
------------------------------------------------------------------------
------------------------------------------------------------------------+
| fruits | CREATE TABLE `fruits` (
  `f_id` char(10) NOT NULL,
  `s_id` int(11) NOT NULL,
  `f_name` char(255) NOT NULL,
  `f_price` decimal(8,2) NOT NULL,
  PRIMARY KEY (`f_id`),
  KEY `index_name` (`f_name`),
  KEY `index_id_price` (`f_id`,`f_price`)
) ENGINE=InnoDB DEFAULT CHARSET=gb2312 |
+--------+------------------------------------------------------------
------------------------------------------------------------------------
------------------------------------------------------------------------+
```

使用参数'\G'之后的结果如下：

```
mysql> SHOW CREATE TABLE tb_emp1\G
*************************** 1. row ***************************
       Table: tb_emp1
Create Table: CREATE TABLE `tb_emp1` (
  `id` int(11) DEFAULT NULL,
  `name` varchar(25) DEFAULT NULL,
  `deptId` int(11) DEFAULT NULL,
  `salary` float DEFAULT NULL
) ENGINE=InnoDB DEFAULT CHARSET=gb2312
```

```
1 row in set (0.00 sec)
```

13.4.3 修改数据表结构

MySQL 是通过 ALTER TABLE 语句来修改表结构的，具体的语法规则如下：

```
ALTER[IGNORE] TABLE 数据表名 alter_spec[, alter_spec]...
```

其中 alter_spec 定义要修改的内容，语法如下：

```
ADD [COLUMN] create_definition [FIRST|AFTER column_name]  //添加新字段
| ADD INDEX [index_name](index_col_name,...)               //添加索引名称
| ADD PRIMARY KEY (index_col_name,...)                   //添加主键名称
| ADD UNIQUE[index_name](index_col_name,...)             //添加唯一索引
| ALTER [COLUMN] col_name{SET DEFAULT literal |DROP DEFAULT}//修改字段名称
| CHANGE [COLUMN] old_col_name create_definition          //修改字段类型
| MODIFY [COLUMN] create_definition                     //添加子句定义类型
| DROP [COLUMN] col_name                             //删除字段名称
| DROP  PRIMARY KEY                               //删除主键名称
| DROP INDEX idex_name                                //删除索引名称
| RENAME [AS] new_tbl_name                             //更改表名
| table_options
```

【例 13.8】将数据表 tb_dept1 中 name 字段的类型由 VARCHAR(22)改成 VARCHAR(30)。输入如下 SQL 语句并执行：

```
ALTER TABLE tb_dept1 MODIFY name VARCHAR(30);
```

13.4.4 删除数据表

删除数据表就是将数据库中已经存在的表从数据库中删除。注意，在删除表的同时，表的定义和表中所有的数据均会被删除。因此，在进行删除操作前，最好对表中的数据做个备份，以免产生无法挽回的后果。

在 MySQL 中，使用 DROP TABLE 可以一次删除一个或多个没有被其他表关联的数据表。语法格式如下：

```
DROP TABLE [IF EXISTS] 表1, 表2, ..., 表n;
```

其中，“表 n”指要删除的表的名称，后面可以同时删除多个表，只需将要删除的表名依次写在后面，相互之间用逗号隔开即可。如果要删除的数据表不存在，则 MySQL 会提示一条错误信息“ERROR 1051 (42S02): Unknown table ‘表名’”。参数“IF EXISTS”用于在删除前判断删除的表是否存在，加上该参数后，再删除表的时候，如果表不存在，SQL 语句可以顺利执行，但是会发出警告(warning)。

【例 13.9】删除数据表 tb_dept2，SQL 语句如下：

```
DROP TABLE IF EXISTS tb_dept2;
```

13.5 MySQL 语句的操作

本节讲述 MySQL 语句的基本操作

13.5.1 插入记录

使用基本的 INSERT 语句插入数据，要求指定表名称和插入到新记录中的值。基本语法格式为：

```
INSERT INTO table_name(column_list) VALUES(value_list);
```

table_name 指定要插入数据的表名，column_list 指定要插入数据的那些列，value_list 指定每个列应对应插入的数据。注意，使用该语句时，字段列和数据值的数量必须相同。

在 MySQL 中，可以一次性插入多行记录，各行记录直接由逗号分隔即可。

【例 13.10】创建数据表 tmp7，定义数据类型为 TIMESTAMP 的字段 ts，向表中插入值'19950101010101'，'950505050505'，'1996-02-02 02:02:02'，'97@03@03 03@03@03'，121212121212，NOW()，SQL 语句如下：

```
CREATE TABLE tmp7(ts TIMESTAMP);
INSERT INTO tmp7(ts) values('19950101010101'),
                ('950505050505'),
                ('1996-02-02 02:02:02'),
                ('97@03@03 03@03@03'),
                (121212121212),
                (NOW());
```

13.5.2 查询记录

MySQL 从数据表中查询数据的基本语句为 SELECT 语句。SELECT 语句的基本格式是：

```
SELECT
{* | <字段列表>}
[
   FROM <表 1>,<表 2>,...
   [WHERE <表达式>
   [GROUP BY <group by definition>]
   [HAVING <expression> [{<operator> <expression>}...]]
   [ORDER BY <order by definition>]
   [LIMIT [<offset>,] <row count>]
]
SELECT [字段 1,字段 2,...,字段 n]
FROM [表或视图]
WHERE [查询条件];
```

其中，各条子句的含义如下。

- {* | <字段列表>}：包含星号通配符和字段列表，表示查询的字段，其中字段列至少包含一个字段名称，如果要查询多个字段，多个字段之间用逗号隔开，最后一个字段后不要加逗号。
- FROM <表 1>,<表 2>...：表 1 和表 2 表示查询数据的来源，可以是单个或者多个。
- WHERE：该子句是可选项，如果选择该项，将限定查询行必须满足的查询条件。
- GROUP BY <字段>：该子句告诉 MySQL 如何显示查询出来的数据，并按照指定的字段分组。
- [ORDER BY <字段 >]：该子句告诉 MySQL 按什么样的顺序显示查询出来的数据，可以进行的排序有升序(ASC)、降序(DESC)。
- [LIMIT [<offset>,] <row count>]：该子句指明每次显示查询出来的数据条数。

【例 13.11】从 fruits 表中获取 f_name 和 f_price 两列，SQL 语句如下：

```
SELECT f_name, f_price FROM fruits;
```

13.5.3 修改记录

表中有数据之后，接下来可以对数据进行更新操作，MySQL 中使用 UPDATE 语句更新表中的记录，可以更新特定的行或者同时更新所有的行。基本语法结构如下：

```
UPDATE table_name
SET column_name1 = value1,column_name2=value2,...,column_namen=valuen
WHERE (condition);
```

column_name1,column_name2,...,column_namen 为指定更新的字段的名称；value1, value2,...,valuen 为相对应的指定字段的更新值；condition 指定更新的记录需要满足的条件。更新多个列时，每个“列-值”对之间用逗号隔开，最后一列之后不需要逗号。

【例 13.12】在 person 表中，更新 id 值为 11 的记录，将 age 字段值改为 15，将 name 字段值改为 LiMing，SQL 语句如下：

```
UPDATE person SET age = 15, name='LiMing' WHERE id = 11;
```

13.5.4 删除记录

从数据表中删除数据使用 DELETE 语句，DELETE 语句允许 WHERE 子句指定删除条件。DELETE 语句的基本语法格式如下：

```
DELETE FROM table_name [WHERE <condition>];
```

table_name 指定要执行删除操作的表；[WHERE <condition>]为可选参数，指定删除条件，如果没有 WHERE 子句，DELETE 语句将删除表中的所有记录。

【例 13.13】在 person 表中，删除 id 等于 11 的记录，SQL 语句如下：

```
mysql> DELETE FROM person WHERE id = 11;
Query OK, 1 row affected (0.02 sec)
```

13.6 MySQL 数据库的备份与还原

MySQL 提供了多种方法对数据进行备份和还原。本节将介绍数据备份和数据还原的相关知识。

13.6.1 数据备份

数据备份是数据库管理员非常重要的工作。系统意外崩溃或者硬件的损坏都可能导致数据库的丢失，因此，MySQL 管理员应该定期地备份数据库，使得在意外情况发生时，尽可能减少损失。这里将介绍数据备份的 3 种方法。

1. 使用 mysqldump 命令备份

mysqldump 是 MySQL 提供的一个非常有用的数据库备份工具。mysqldump 命令执行时，可以将数据库备份成一个文本文件，该文件中实际上包含了多个 CREATE 和 INSERT 语句，使用这些语句可以重新创建表和插入数据。

mysqldump 备份数据库语句的基本语法格式如下：

```
mysqldump -u user -h host -ppassword dbname[tbname, [tbname...]]> filename.sql
```

user 表示用户名称；host 表示登录用户的主机名称；password 为登录密码；dbname 为需要备份的数据库名称；tbname 为 dbname 数据库中需要备份的数据表，可以指定多个需要备份的表；右箭头符号“>”告诉 mysqldump 将备份数据表的定义和数据写入备份文件；filename.sql 为备份文件的名称。

【例 13.14】使用 mysqldump 命令备份数据库中的所有表，执行过程如下。

为了更好地理解 mysqldump 工具如何工作，这里给出一个完整的数据库例子。首先登录 MySQL，按下面的数据库结构创建 booksDB 数据库和各个表，并插入数据记录。数据库和表定义如下：

```
CREATE DATABASE booksDB;
use booksDB;

CREATE TABLE books
(
   bk_id INT NOT NULL PRIMARY KEY,
   bk_title VARCHAR(50) NOT NULL,
   copyright YEAR NOT NULL
);
INSERT INTO books
VALUES (11078, 'Learning MySQL', 2010),
       (11033, 'Study Html', 2011),
       (11035, 'How to use php', 2003),
       (11072, 'Teach yourself javascript', 2005),
       (11028, 'Learning C++', 2005),
```

```
        (11069, 'MySQL professional', 2009),
        (11026, 'Guide to MySQL 5.6', 2008),
        (11041, 'Inside VC++', 2011);

CREATE TABLE authors
(
    auth_id INT NOT NULL PRIMARY KEY,
    auth_name VARCHAR(20),
    auth_gender CHAR(1)
);
INSERT INTO authors
VALUES (1001, 'WriterX' ,'f'),
        (1002, 'WriterA' ,'f'),
        (1003, 'WriterB' ,'m'),
        (1004, 'WriterC' ,'f'),
        (1011, 'WriterD' ,'f'),
        (1012, 'WriterE' ,'m'),
        (1013, 'WriterF' ,'m'),
        (1014, 'WriterG' ,'f'),
        (1015, 'WriterH' ,'f');

CREATE TABLE authorbook
(
    auth_id INT NOT NULL,
    bk_id INT NOT NULL,
    PRIMARY KEY (auth_id, bk_id),
    FOREIGN KEY (auth_id) REFERENCES authors (auth_id),
    FOREIGN KEY (bk_id) REFERENCES books (bk_id)
);

INSERT INTO authorbook
VALUES (1001, 11033), (1002, 11035), (1003, 11072), (1004, 11028),
        (1011, 11078), (1012, 11026), (1012, 11041), (1014, 11069);
```

完成数据插入后，打开操作系统命令行输入窗口，输入备份命令如下：

```
C:\> mysqldump -u root -p booksdb > C:/backup/booksdb_20130301.sql
Enter password: **
```

输入密码之后，MySQL 便对数据库进行了备份，在 C:\backup 文件夹下面查看刚才备份过的文件，使用文本查看器打开文件，可以看到其部分文件内容大致如下：

```
-- MySQL dump 10.13  Distrib 5.6.10, for Win32 (x86)
--
-- Host: localhost    Database: booksDB
-- ------------------------------------------------------
-- Server version   5.6.10

/*!40101 SET @OLD_CHARACTER_SET_CLIENT=@@CHARACTER_SET_CLIENT */;
/*!40101 SET @OLD_CHARACTER_SET_RESULTS=@@CHARACTER_SET_RESULTS */;
/*!40101 SET @OLD_COLLATION_CONNECTION=@@COLLATION_CONNECTION */;
```

```
/*!40101 SET NAMES utf8 */;
/*!40103 SET @OLD_TIME_ZONE=@@TIME_ZONE */;
/*!40103 SET TIME_ZONE='+00:00' */;
/*!40014 SET @OLD_UNIQUE_CHECKS=@@UNIQUE_CHECKS, UNIQUE_CHECKS=0 */;
/*!40014 SET @OLD_FOREIGN_KEY_CHECKS=@@FOREIGN_KEY_CHECKS, FOREIGN_KEY_
CHECKS=0 */;
/*!40101 SET @OLD_SQL_MODE=@@SQL_MODE, SQL_MODE=
'NO_AUTO_VALUE_ON_ZERO' */;
/*!40111 SET @OLD_SQL_NOTES=@@SQL_NOTES, SQL_NOTES=0 */;

--
-- Table structure for table `authorbook`
--

DROP TABLE IF EXISTS `authorbook`;
/*!40101 SET @saved_cs_client = @@character_set_client */;
/*!40101 SET character_set_client = utf8 */;
CREATE TABLE `authorbook` (
  `auth_id` int(11) NOT NULL,
  `bk_id` int(11) NOT NULL,
  PRIMARY KEY (`auth_id`,`bk_id`),
  KEY `bk_id` (`bk_id`),
  CONSTRAINT `authorbook_ibfk_1` FOREIGN KEY (`auth_id`)
  REFERENCES `authors` (`auth_id`),
  CONSTRAINT `authorbook_ibfk_2` FOREIGN KEY (`bk_id`)
REFERENCES `books` (`bk_id`)
) ENGINE=InnoDB DEFAULT CHARSET=utf8;
/*!40101 SET character_set_client = @saved_cs_client */;

--
-- Dumping data for table `authorbook`
--

LOCK TABLES `authorbook` WRITE;
/*!40000 ALTER TABLE `authorbook` DISABLE KEYS */;
INSERT  INTO  `authorbook`  VALUES  (1012,11026),(1004,11028),(1001,11033),
(1002,11035),(1012, 11041),(1014,11069),(1003,11072),(1011,11078);
/*!40000 ALTER TABLE `authorbook` ENABLE KEYS */;
UNLOCK TABLES;
...
...省略部分内容
...
/*!40103 SET TIME_ZONE=@OLD_TIME_ZONE */;

/*!40101 SET SQL_MODE=@OLD_SQL_MODE */;
/*!40014 SET FOREIGN_KEY_CHECKS=@OLD_FOREIGN_KEY_CHECKS */;
/*!40014 SET UNIQUE_CHECKS=@OLD_UNIQUE_CHECKS */;
/*!40101 SET CHARACTER_SET_CLIENT=@OLD_CHARACTER_SET_CLIENT */;
/*!40101 SET CHARACTER_SET_RESULTS=@OLD_CHARACTER_SET_RESULTS */;
/*!40101 SET COLLATION_CONNECTION=@OLD_COLLATION_CONNECTION */;
```

```
/*!40111 SET SQL_NOTES=@OLD_SQL_NOTES */;
-- Dump completed on 2011-08-18 10:44:08
```

可以看到，备份文件包含了一些信息，文件开头首先表明了备份文件使用的 mysqldump 工具的版本号；然后是备份账户的名称和主机信息，以及备份的数据库的名称，最后是 MySQL 服务器的版本号，在这里为 5.6.10。

备份文件接下来的部分是一些 SET 语句，这些语句将一些系统变量值赋给用户定义变量，以确保被恢复的数据库的系统变量与原来备份时的变量相同，例如：

```
/*!40101 SET @OLD_CHARACTER_SET_CLIENT=@@CHARACTER_SET_CLIENT */;
```

该 SET 语句将当前系统变量 character_set_client 的值赋给用户定义变量@old_character_set_client。其他变量与此类似。

备份文件的最后几行 MySQL 使用 SET 语句恢复服务器系统变量原来的值，例如：

```
/*!40101 SET CHARACTER_SET_CLIENT=@OLD_CHARACTER_SET_CLIENT */;
```

该语句将用户定义的变量@old_character_set_client 中保存的值赋给实际的系统变量 character_set_client。

备份文件中的“--”字符开头的行为注释语句；以“/*!”开头、“*/”结尾的语句为可执行的 MySQL 注释，这些语句可以被 MySQL 执行，但在其他数据库管理系统中将被作为注释忽略，这可以提高数据库的可移植性。

另外注意到，备份文件开始的一些语句以数字开头，这些数字代表了 MySQL 版本号，这些数字告诉我们，这些语句只有在指定的 MySQL 版本或者比该版本高的情况下才能执行。例如 40101 表明这些语句只有在 MySQL 版本号为 4.01.01 或更高的条件下才可以被执行。

在前面介绍的 mysqldump 语法中介绍过，mysqldump 还可以备份数据中的某个表，其语法格式为：

```
mysqldump -u user -h host -p dbname [tbname, [tbname...]] > filename.sql
```

tbname 表示数据库中的表名，多个表名之间用空格隔开。

备份表和备份数据库中所有表的语句中不同的地方在于，要在数据库名称 dbname 之后指定需要备份的表名称。

【例 13.15】备份 booksDB 数据库中的 books 表，输入语句如下：

```
mysqldump -u root -p booksDB books > C:/backup/books_20130301.sql
```

该语句创建名称为 books_20130301.sql 的备份文件，文件中包含了前面介绍的 SET 语句等内容，不同的是，该文件只包含 books 表的 CREATE 和 INSERT 语句。

如果要使用 mysqldump 备份多个数据库，需要使用--databases 参数。备份多个数据库的语句格式如下：

```
mysqldump -u user -h host -p --databases [dbname, [dbname...]]> filename.sql
```

使用--databases 参数之后，必须指定至少一个数据库的名称，多个数据库名称之间用空格隔开。

【例 13.16】使用 mysqldump 备份 booksDB 和 test 数据库，输入语句如下：

```
mysqldump -u root -p --databases booksDB test > C:\backup\books_testDB_
20130301.sql
```

该语句创建名称为 books_testDB_20130301.sql 的备份文件，文件中包含了创建两个数据库 booksDB 和 test_db 所必须的所有语句。

另外，使用--all-databases 参数可以备份系统中所有的数据库，语句如下：

```
mysqldump -u user -h host -p --all-databases > filename.sql
```

使用参数--all-databases 参数时，不需要指定数据库名称。

【例 13.17】使用 mysqldump 备份服务器中的所有数据库，输入语句如下：

```
mysqldump -u root -p --all-databases > C:/backup/alldbinMySQL.sql
```

该语句创建名称为 alldbinMySQL.sql 的备份文件，文件中包含了对系统中所有数据库的备份信息。

提示　在服务器上进行备份，并且表均为 MyISAM 表时，应考虑使用 mysqlhotcopy，因为这可以更快地进行备份和恢复。

mysqldump 还有一些其他选项可以用来指定备份过程，例如--opt 选项，该选项将打开--quick、--add-locks、--extended-insert 等多个选项。--opt 选项可以提供最快速的数据库转储。

mysqldump 的其他常用选项如下。

- --add-drop-database：在每个 CREATE DATABASE 语句前添加 DROP DATABASE 语句。
- --add-drop-tables：在每个 CREATE TABLE 语句前添加 DROP TABLE 语句。
- --add-locking：用 LOCK TABLES 和 UNLOCK TABLES 语句引用每个表转储。重载转储文件时插入得更快。
- --all—database,-A：转储所有数据库中的所有表。与使用--database 选项相同，在命令行中命名所有数据库。
- --comments[=0|1]：如果设置为 0，则禁止转储文件中的其他信息，例如程序版本、服务器版本和主机。--skip-comments 与--comments=0 的结果相同。默认值为 1，即包括额外信息。
- --compact：产生少量输出。该选项禁用注释并启用--skip-add-drop-tables、--no-set-names、--skip-disable-keys 和--skip-add-locking 选项。
- --compatible=name：产生与其他数据库系统或旧的 MySQL 服务器更兼容的输出。值可以为 ansi、mysql323、mysql40、postgresql、oracle、mssql、db2、maxdb、no_key_options、no_tables_options 或者 no_field_options。
- --complete-insert,-c：使用包括列名的完整的 INSERT 语句。
- ---debug[=debug_options],-# [debug_options]：写调试日志。
- --delete,-D：导入文本文件前清空表。
- --default-character-set=charset：用 charset 作为默认字符集。若没有指定，mysqldump 使用 utf8。

- --delete-master-logs：在主复制服务器上，完成转储操作后删除二进制日志。该选项自动启用-master-data。
- --extended-insert,-e：使用包括几个 VALUES 列表的多行 INSERT 语法。这样使转储文件更小，重载文件时可以加速插入。
- --flush-logs,-F：开始转储前刷新 MySQL 服务器日志文件。要求 RELOAD 权限。
- --force,-f：在表转储过程中，即使出现 SQL 错误也继续。
- --lock-all-tables,-x：对所有数据库中的所有表加锁。在整体转储过程中通过全局锁定来实现。该选项自动关闭--single-transaction 和--lock-tables。
- --lock-tables,-l：开始转储前锁定所有表。用 READ LOCAL 锁定表以允许并行插入 MyISAM 表。对于事务表(例如 InnoDB 和 BDB)，--single-transaction 是一个更好的选项，因为它根本不需要锁定表。
- --no-create-db,-n：该选项禁用 CREATE DATABASE /*!32312 IF NOT EXISTS*/ db_name 语句，如果给出--database 或--all--database 选项，则包含到输出中。
- --no-create-info,-t：只导出数据，而不添加 CREATE TABLE 语句。
- --no-data,-d：不写表的任何行信息，只转储表的结构。
- --opt：该选项是速记，等同于指定--add-drop-tables--add-locking，--create-option，--disable-keys--extended-insert，--lock-tables-quick 和--set-charset。它可以快速进行转储操作并产生一个能很快装入 MySQL 服务器的转储文件。该选项默认开启，但可以用--skip-opt 禁用。要想禁用-opt 启用的选项，可以使用--skip 形式，例如--skip-add-drop-tables 或--skip-quick。
- --password[=password],-p[password]：当连接服务器时使用的密码。如果使用短选项形式(-p)，选项和密码之间不能有空格。如果在命令行中--password 或-p 选项后面没有密码值，则提示输入一个密码。
- --port=port_num,-P port_num：用于连接的 TCP/IP 端口号。
- --protocol={TCP | SOCKET | PIPE | MEMORY}：使用的连接协议。
- --replace,-r：--replace 和--ignore 选项控制替换或负责唯一键值已有记录的输入记录的处理。如果指定--replace，新行替换有相同的唯一键值的已有行；如果指定--ignore，已有的唯一键值的输入行被跳过。如果不指定这两个选项，当发现一个复制键值时会出现一个错误，并且忽视文本文件的剩余部分。
- --silent,-s：沉默模式。只有出现错误时才输出。
- --socket=path,-S path：当连接 localhost 时使用的套接字文件(为默认主机)。
- --user=user_name,-u user_name：当连接服务器时 MySQL 使用的用户名。
- --verbose,-v：冗长模式。打印出程序操作的详细信息。
- --version,-V：显示版本信息并退出。
- --xml,-X：产生 XML 输出。

mysqldump 提供许多选项，包括用于调试和压缩的，在这里只是列举了最有用的。运行帮助命令 mysqldump --help，可以获得特定版本的完整选项列表。

> 提示
>
> 如果运行 mysqldump 没有--quick 或--opt 选项，mysqldump 在转储结果前将整个结果集装入内存。如果转储大数据库可能会出现问题。该选项默认启用，但可以用--skip-opt 禁用。如果使用最新版本的 mysqldump 程序备份数据，并用于还原到比较旧版本的 MySQL 服务器中，则不要使用--opt 或-e 选项。

2. 直接复制整个数据库目录

因为 MySQL 表保存为文件方式，所以可以直接复制 MySQL 数据库的存储目录及文件进行备份。MySQL 的数据库目录位置不一定相同，在 Windows 平台下，MySQL 5.6 存放数据库的目录通常默认为“C:\Documents and Settings\All Users\Application Data\MySQL\MySQL Server 5.6\data”或者其他用户自定义目录；在 Linux 平台下，数据库目录位置通常为/var/lib/mysql/，不同 Linux 版本下目录会有所不同，读者应在自己用的平台下查找该目录。

这是一种简单、快速、有效的备份方式。要想保持备份的一致性，备份前，需要对相关表执行 LOCK TABLES 操作，然后对表执行 FLUSH TABLES。这样当复制数据库目录中的文件时，允许其他客户继续查询表。需要 FLUSH TABLES 语句来确保开始备份前将所有激活的索引页写入硬盘。当然，也可以停止 MySQL 服务再进行备份操作。

这种方法虽然简单，但并不是最好的方法。因为这种方法对 InnoDB 存储引擎的表不适用。使用这种方法备份的数据最好还原到相同版本的服务器中，不同的版本可能不兼容。

> 提示
>
> 在 MySQL 版本号中，第一个数值表示主版本号，主版本号相同的 MySQL 数据库文件格式相同。

3. 使用 mysqlhotcopy 工具快速备份

mysqlhotcopy 是一个 Perl 脚本，最初由 Tim Bunce 编写并提供。它使用 LOCK TABLES、FLUSH TABLES 和 cp 或 scp 来快速备份数据库。它是备份数据库或单个表的最快的途径，但它只能运行在数据库目录所在的机器上，并且只能备份 MyISAM 类型的表。mysqlhotcopy 在 Unix 系统中运行。

mysqlhotcopy 命令的语法格式如下：

```
mysqlhotcopy db_name_1, ... db_name_n  /path/to/new_directory
```

db_name_1,…,db_name_n 分别为需要备份的数据库的名称；/path/to/new_directory 指定备份文件目录。

【例 13.18】使用 mysqlhotcopy 备份 test 数据库到/usr/backup 目录下，输入语句如下：

```
mysqlhotcopy  -u root -p test /usr/backup
```

要想执行 mysqlhotcopy，必须可以访问备份的表文件，具有那些表的 SELECT 权限、RELOAD 权限(以便能够执行 FLUSH TABLES)和 LOCK TABLES 权限。

> 提示
>
> mysqlhotcopy 只是将表所在的目录复制到另一个位置，只能用于备份 MyISAM 和 ARCHIVE 表。备份 InnoDB 类型的数据表时会出现错误信息。由于它复制本地格式的文件，故也不能移植到其他硬件或操作系统下。

13.6.2 数据还原

管理人员操作的失误、计算机故障以及其他意外情况，都会导致数据的丢失和破坏。当数据丢失或意外破坏时，可以通过还原已经备份的数据尽量减少数据丢失和破坏造成的损失。本节将介绍数据还原的方法。

1. 使用 mysql 命令还原

对于已经备份的包含 CREATE、INSERT 语句的文本文件，可以使用 mysql 命令导入到数据库中。本小节将介绍用 mysql 命令导入 SQL 文件的方法。

备份的 SQL 文件中包含 CREATE、INSERT 语句(有时也会有 DROP 语句)。mysql 命令可以直接执行文件中的这些语句。其语法如下：

```
mysql -u user -p [dbname] < filename.sql
```

user 是执行 backup.sql 中语句的用户名；-p 表示输入用户密码；dbname 是数据库名。如果 filename.sql 文件为 mysqldump 工具创建的包含创建数据库语句的文件，则执行的时候不需要指定数据库名。

【例 13.19】使用 mysql 命令将 C:\backup\booksdb_20130301.sql 文件中的备份导入到数据库中，输入语句如下：

```
mysql -u root -p booksDB < C:/backup/booksdb_20130301.sql
```

执行该语句前，必须先在 MySQL 服务器中创建 booksDB 数据库，如果不存在，恢复过程将会出错。命令执行成功之后，booksdb_20130301.sql 文件中的语句就会在指定的数据库中恢复以前的表。

如果已经登录 MySQL 服务器，还可以使用 source 命令导入 SQL 文件。source 语句的语法如下：

```
source filename
```

【例 13.20】使用 root 用户登录到服务器，然后使用 source 导入本地的备份文件 booksdb_20110101.sql，输入语句如下：

```
--选择要恢复到的数据库
mysql> use booksDB;
Database changed

--使用 source 命令导入备份文件
mysql> source C:\backup\booksDB_20130301.sql
```

命令执行后，会列出备份文件 booksDB_20130301.sql 中每一条语句的执行结果。source 命令执行成功后，booksDB_20130301.sql 中的语句会全部导入到现有数据库中。

提示　执行 source 命令前，必须使用 use 语句选择数据库。不然，恢复过程中会出现“ERROR 1046 (3D000): No database selected”的错误。

2. 直接复制到数据库目录

如果数据库通过复制数据库文件备份，就可以直接复制备份的文件到 MySQL 数据目录下实现还原。通过这种方式还原时，必须保存备份数据的数据库和待还原的数据库服务器的主版本号相同。而且这种方式只对 MyISAM 引擎的表有效，对于 InnoDB 引擎的表不可用。

执行还原以前，关闭 mysql 服务，将备份的文件或目录覆盖 MySQL 的 data 目录，启动 mysql 服务。对于 Linux/Unix 操作系统来说，复制完文件后，需要将文件的用户和组更改为 mysql 运行的用户和组，通常用户是 mysql，组也是 mysql。

3. mysqlhotcopy 快速恢复

mysqlhotcopy 备份后的文件也可以用来恢复数据库，在 MySQL 服务器停止运行时，将备份的数据库文件复制到 MySQL 存放数据的位置(MySQL 的 data 文件夹)，重新启动 MySQL 服务即可。如果以根用户执行该操作，必须指定数据库文件的所有者，输入语句如下：

```
chown -R mysql.mysql /var/lib/mysql/dbname
```

【例 13.21】 从 mysqlhotcopy 复制的备份恢复数据库，输入语句如下：

```
cp -R  /usr/backup/test usr/local/mysql/data
```

执行完该语句，重启服务器，MySQL 将恢复到备份状态。

提示 如果需要恢复的数据库已经存在，则在使用 DROP 语句删除已经存在的数据库之后，恢复才能成功。另外，MySQL 不同版本之间必须兼容，这样，恢复之后的数据才可以使用。

13.7 疑难解惑

疑问 1：每一个表中都要有一个主键吗？

并不是每一个表中都需要主键，一般如果多个表之间进行连接操作时，需要用到主键。因此并不需要为每个表都建立主键，而且有些情况最好不使用主键。

疑问 2：mysqldump 备份的文件只能在 MySQL 中使用吗？

mysqldump 备份的文本文件实际是数据库的一个副本，使用该文件不仅可以在 MySQL 中恢复数据库，而且通过对该文件进行简单修改，还可以在 SQL Server 或者 Sybase 等其他数据库中恢复数据库。这在某种程度上实现了数据库之间的迁移。

疑问 3：如何选择备份工具？

直接复制数据文件是最为直接、快速的备份方法，但缺点是基本上不能实现增量备份。备份时必须确保没有使用这些表。如果在复制一个表的同时服务器正在修改它，则复制无效。备份文件时，最好关闭服务器，然后重新启动服务器。为了保证数据的一致性，需要在备份文件前，执行以下 SQL 语句：

```
FLUSH TABLES WITH READ LOCK;
```

也就是把内存中的数据都刷新到磁盘中，同时锁定数据表，以保证复制过程中不会有新的数据写入。这种方法备份的数据恢复也很简单，直接复制回原来的数据库目录下即可。

mysqlhotcopy 是一个 Perl 程序，它使用 LOCK TABLES、FLUSH TABLES 和 cp 或 scp 来快速备份数据库。它是备份数据库或单个表的最快途径，但它只能运行在数据库文件所在的机器上，并且 mysqlhotcopy 只能用于备份 MyISAM 表。mysqlhotcopy 适合于小型数据库的备份，数据量不大，可以使用 mysqlhotcopy 程序每天进行一次完全备份。

mysqldump 将数据表导成 SQL 脚本文件，在不同的 MySQL 版本之间升级时相对比较合适，这也是最常用的备份方法。mysqldump 比直接复制要慢些。

第 14 章

PHP 操作 MySQL 数据库

PHP 是一种简单的、面向对象的、解释型的、健壮的、安全的、性能非常高的、独立于架构的、可移植的和动态的脚本语言。而 MySQL 是快速和开源的网络数据库系统。PHP 和 MySQL 的结合是目前 Web 开发中的黄金组合。

那么 PHP 是如何操作 MySQL 数据库的呢？本章将学习 PHP 操作 MySQL 数据库的各种函数和技巧。

14.1 PHP 访问 MySQL 数据库的一般步骤

对于一个通过 Web 访问数据库的工作过程，一般分为如下几个步骤。

(1) 用户使用浏览器对某个页面发出 HTTP 请求。

(2) 服务器端接收到请求，发送给 PHP 程序进行处理。

(3) PHP 解析代码。在代码中有连接 MySQL 数据库的命令和请求特定数据库的某些特定数据的 SQL 命令。根据这些代码，PHP 打开一个与 MySQL 的连接，并且发送 SQL 命令到 MySQL 数据库。

(4) MySQL 接收到 SQL 语句之后，加以执行。执行完毕后返回执行结果到 PHP 程序。

(5) PHP 执行代码，并根据 MySQL 返回的请求结果数据，生成特定格式的 HTML 文件，且传递给浏览器。HTML 经过浏览器渲染，就得到用户请求的展示结果。

14.2 连接数据库前的准备工作

默认情况下，从 PHP 5 开始，PHP 不再自动开启对 MySQL 的支持，而是放到扩展函数库中。所以用户需要在扩展函数库中开启 MySQL 函数库。

首先，打开 php.ini 文件，找到“;extension=php_mysql.dll”，去掉该语句前的分号“;”，如图 14-1 所示，保存 php.ini 文件，重新启动 IIS 或 Apache 服务器即可。

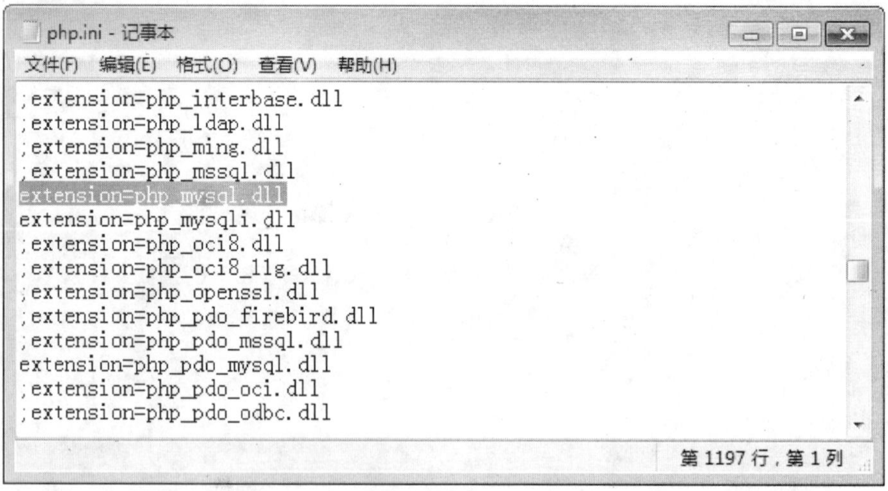

图 14-1 修改 php.ini 文件

配置文件设置完成后，可以通过 phpinfo()函数来检查是否配置成功，如果显示出的 PHP 的环境配置信息中有 MySQL 的项目，就表示已经开启了对 MySQL 数据库的支持，如图 14-2 所示。

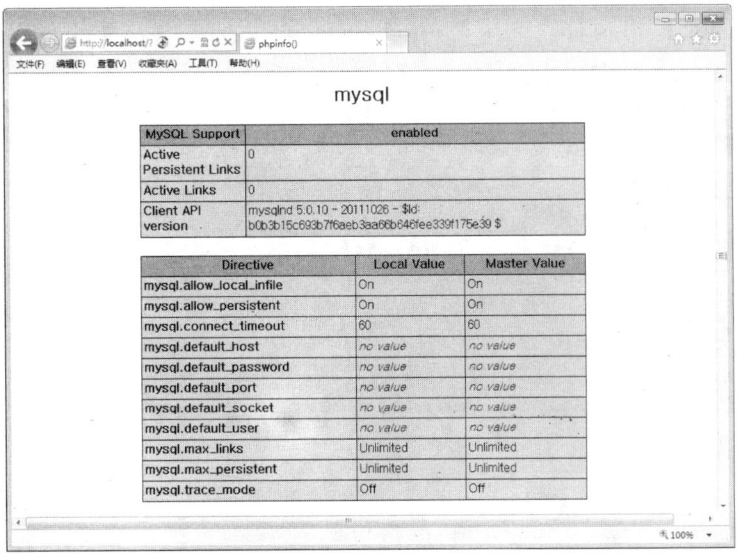

mysql

MySQL Support	enabled
Active Persistent Links	0
Active Links	0
Client API version	mysqlnd 5.0.10 - 20111026 - $Id: b0b3b15c693b7f6aeb3aa66b646fee339f175e39 $

Directive	Local Value	Master Value
mysql.allow_local_infile	On	On
mysql.allow_persistent	On	On
mysql.connect_timeout	60	60
mysql.default_host	no value	no value
mysql.default_password	no value	no value
mysql.default_port	no value	no value
mysql.default_socket	no value	no value
mysql.default_user	no value	no value
mysql.max_links	Unlimited	Unlimited
mysql.max_persistent	Unlimited	Unlimited
mysql.trace_mode	Off	Off

图 14-2　PHP 的环境配置页面

14.3　PHP 操作 MySQL 数据库

下面介绍 PHP 操作 MySQL 数据库所使用的各个函数的含义和使用方法。

14.3.1　访问 MySQL 数据库

PHP 操作 MySQL 数据库是通过 PHP 的 mysqli 类库完成的。这个类是 PHP 专门针对 MySQL 数据库的扩展接口。

下面以通过 Web 向 user 数据库请求数据为例，介绍如何使用 PHP 函数处理 MySQL 数据库数据。具体步骤如下。

step 01 在网址主目录下创建 phpmysql 文件夹。

step 02 在 phpmysql 文件夹下建立 htmlform.html 文件，输入如下代码：

```
<html>
<head>
   <title>Finding User</title>
</head>
<body>
   <h2>Finding users from mysql database.</h2>
   <form action="formhandler.php" method="post">
      Fill user name:
      <input name="username" type="text" size="20"/> <br />
      <input name="submit" type="submit" value="Find"/>
   </form>
</body>
</html>
```

step 03 在 phpmysql 文件夹下建立 formhandler.php 文件，输入如下代码：

```
<html>
<head>
   <title>User found</title>
</head>
<body>
<h2>User found from mysql database.</h2>

<?php
$username = $_POST['username'];
if(!$username){
   echo "Error: There is no data passed.";
   exit;
}
if(!get_magic_quotes_gpc()){
   $username = addslashes($username);
}
@ $db = mysqli_connect('localhost','root','753951','adatabase');
if(mysqli_connect_errno()){
   echo "Error: Could not connect to mysql database.";
   exit;
}
$q = "SELECT * FROM user WHERE name = '".$username."'";
$result = mysqli_query($db,$q);
$rownum = mysqli_num_rows($result);
for($i=0; $i<$rownum; $i++){
   $row = mysqli_fetch_assoc($result);
   echo "Id:".$row['id']."<br />";
   echo "Name:".$row['name']."<br />";
   echo "Age:".$row['age']."<br />";
   echo "Gender:".$row['gender']."<br />";
   echo "Info:".$row['info']."<br />";
}
mysqli_free_result($result);
mysqli_close($db);
?>

</body>
</html>
```

step 04 运行 htmlform.html，结果如图 14-3 所示。

step 05 在输入框中输入用户名“lilili”，单击 Find 按钮，将跳转到 formhandler.php 页面，并且返回请求结果，如图 14-4 所示。

在运行本实例前，用户可以参照前面章节的知识，在 MySQL 服务器上创建 adatabase 数据库，添加数据表 user，然后添加一些演示数据即可。

在下面的小节中，将详细分析此案例中所用函数的含义和使用方法。

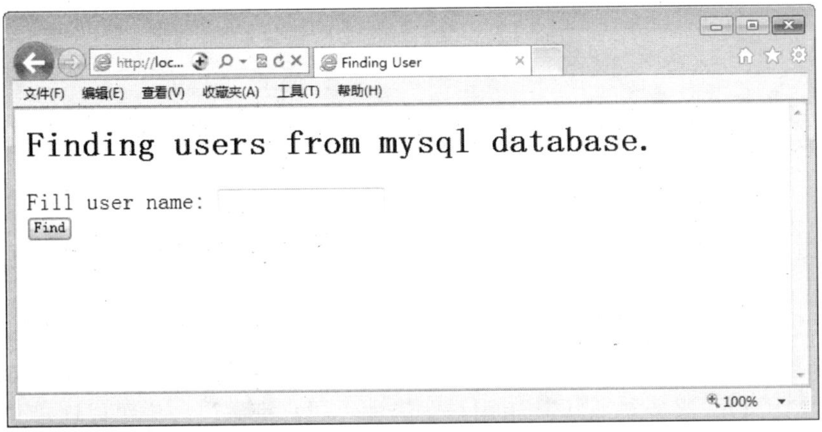

图 14-3　htmlform.html 页面

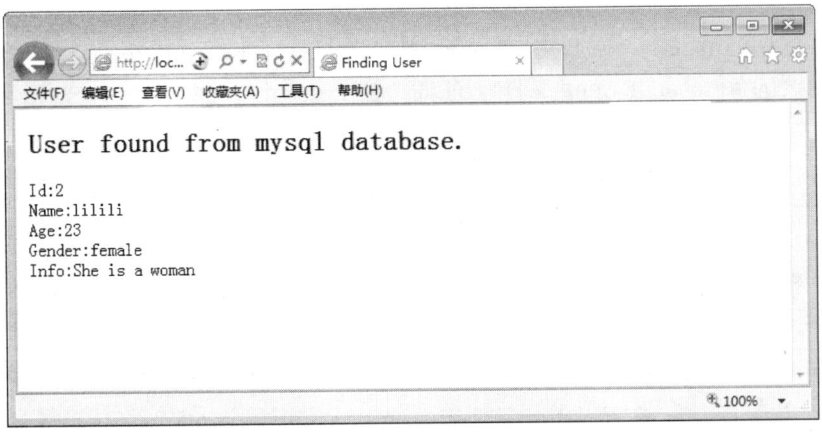

图 14-4　formhandler.php 页面

14.3.2　连接 MySQL 服务器

PHP 是使用 mysqli_connect()函数连接到 mysql 数据库的。

mysqli_connect()函数的格式如下：

```
mysqli_connect('MYSQL 服务器地址', '用户名', '用户密码', '要连接的数据库名')
```

例如，上例中的连接语句如下：

```
$db = mysqli_connect('localhost','root','753951','adatabase');
```

该语句就是通过此函数连接到 MySQL 数据库并且把此连接生成的对象传递给名为$db 的变量，也就是对象$db。其中 MYSQL 服务器地址为‘localhost’，用户名为‘root’，用户密码为本环境 root 设定密码‘753951’，要连接的数据库名为‘adatabase’。

默认情况下，MySQL 服务的端口号为 3360，如果采用默认的端口号，可以不用指定，如果采用了其他的端口号，比如采用 1066 端口，则需要特别指定，例如 127.0.0.1:1066 表示 MySQL 服务于本地机器的 1066 端口。

其中 localhost 换成本地地址或者 127.0.0.1，都能实现同样的效果。

14.3.3 选择数据库文件

连接到数据库以后，就需要选择数据库，只有选择了数据库，才能对数据表进行相关的操作。这里需要使用函数 mysqli_select_db()来选择。它的格式为：

```
mysqli_select_db(数据库服务器连接对象, 目标数据库名)
```

在 14.3.1 小节实例中的$db = mysqli_connect('localhost','root','753951','adatabase');语句已经通过传递参数值'adatabase'确定了需要操作的数据库。如果不传递此参数，mysqli_connect()函数只提供“MYSQL 服务器地址”，“用户名”和“用户密码”一样可以连接到 MySQL 数据库服务器并且以相应的用户登录。如上例的语句变为$db = mysqli_connect('localhost','root','753951');一样是可以成立的。

但是，在这样的情况下，就必须继续选择具体的数据库来进行操作。

如果把上例的 formhandler.php 文件中的如下语句：

```
@ $db = mysqli_connect('localhost','root','753951','adatabase');
```

修改为以下两个语句替代：

```
@ $db = mysqli_connect('localhost','root','753951');
mysqli_select_db($db,'adatabase');
```

程序运行效果将完全一样。

在新的语句中 mysqli_select_db($db,'adatabase');语句确定了“数据库服务器连接对象”为$db，而“目标数据库名”为'adatabase'。

14.3.4 执行 SQL 语句

使用 mysqli_query()函数执行 SQL 语句，需要向此函数中传递两个参数，一个是 MySQL 数据库服务器连接对象，一个是以字符串表示的 SQL 语句。mysqli_query()函数的格式如下：

```
mysqli_query(数据库服务器连接对象, SQL 语句)
```

在 14.3.1 小节的示例中，mysqli_query($db,$q);语句中就表明了“数据库服务器连接对象”为$db，“SQL 语句”为$q，而$q 用$q = “SELECT * FROM user WHERE name = “”.$username.“””;语句赋值。

更重要的是，mysqli_query()函数执行 SQL 语句之后，会把结果返回。上例中就是返回了结果并且赋值给$result 变量。

14.3.5 从数组结果集中获取信息

使用 mysqli_fetch_assoc()函数从数组结果集中获取信息，只要确定 SQL 请求返回的对象就可以了。

所以$row = mysqli_fetch_assoc($result);语句直接从$result 结果中取得一行，并且以关联数

组的形式返回给$row。

由于获得是关联数组，所以在读取数组元素的时候，是要通过字段名称来确定数组元素的。上例中 echo “Id:”.$row[‘id’].“
”;语句就是通过“id”字段名确定数组元素的。

14.3.6 从结果中获取一行作为对象

使用 mysqli_fetch_object()函数从结果中获取一行作为对象，同样是确定 SQL 请求返回的对象就可以了。

把 14.3.1 小节示例中的如下程序：

```
for($i=0; $i<$rownum; $i++){
    $row = mysqli_fetch_assoc($result);
    echo "Id:".$row['id']."<br />";
    echo "Name:".$row['name']."<br />";
    echo "Age:".$row['age']."<br />";
    echo "Gender:".$row['gender']."<br />";
    echo "Info:".$row['info']."<br />";
}
```

修改如下：

```
for($i=0; $i<$rownum; $i++){
    $row = mysqli_fetch_object($result);
    echo "Id:".$row->id."<br />";
    echo "Name:".$row->name."<br />";
    echo "Age:".$row->age."<br />";
    echo "Gender:".$row->gender."<br />";
    echo "Info:".$row->info."<br />";
}
```

之后，程序的整体运行结果相同。不同的是，修改之后的程序采用了对象和对象属性的表示方法。但是最后输出的数据结果是相同的。

14.3.7 获取查询结果集中的记录数

使用 mysqli_num_rows()函数获取查询结果包含的数据记录的条数，只需要给出返回的数据对象就可以了。

例如 14.3.1 小节的示例中，$rownum = mysqli_num_rows($result);语句查询了$result 的记录的条数，并且赋值给$rownum 变量。然后程序利用这个条数的数值，实现了一个 for 循环，遍历所有记录。

14.3.8 释放资源

释放资源的函数为 mysqli_free_result()，函数的格式为：

```
mysqli_free_result(SQL 请求所返回的数据库对象)
```

例如，14.3.1 小节示例中的程序在一切操作都基本完成后通过 mysqli_free_result($result); 语句释放了 SQL 请求返回的对象$result 所占用的资源。

14.3.9 关闭连接

在连接数据库时，可以使用 mysqli_connect()函数。与之相对应，在完成了一次对服务器的使用的情况下，需要关闭此连接，以免出现对 MySQL 服务器中数据的误操作。一个服务器的连接也是一个对象型的数据类型。

mysqli_connect()函数的格式为：

```
mysqli_connect(需要关闭的数据库连接对象)
```

在 14.3.1 小节的示例程序中，mysqli_close($db);语句关闭了$db 对象。

14.4 查询数据信息

本案例讲述如何使用 Select 语句查询数据信息。具体操作步骤如下。

step 01 在 phpmysql 文件夹下建立文件 selectform.html，并且输入代码如下：

```
<html>
<head>
   <title>Finding User</title>
</head>
<body>
   <h2>Finding users from mysql database.</h2>
   <form action="selectformhandler.php" method="post">
      Select gender:
      <select name="gender">
         <option value="male">man</option>
         <option value="female">woman</option>
      </select><br />
      <input name="submit" type="submit" value="Find"/>
   </form>
</body>
</html>
```

step 02 在 phpmysql 文件夹下建立 selectformhandler.php 文件，并且输入如下代码：

```
<html>
<head>
   <title>User found</title>
</head>
<body>
<h2>User found from mysql database.</h2>
<?php
$gender = $_POST['gender'];
if(!$gender){
```

```
    echo "Error: There is no data passed.";
    exit;
}
if(!get_magic_quotes_gpc()){
    $gender = addslashes($gender);
}
@ $db = mysqli_connect('localhost','root','753951');
mysqli_select_db($db,'adatabase');
if(mysqli_connect_errno()){
    echo "Error: Could not connect to mysql database.";
    exit;
}
$q = "SELECT * FROM user WHERE gender = '".$gender."'";
$result = mysqli_query($db,$q);
$rownum = mysqli_num_rows($result);
for($i=0; $i<$rownum; $i++){
    $row = mysqli_fetch_assoc($result);
    echo "Id:".$row['id']."<br />";
    echo "Name:".$row['name']."<br />";
    echo "Age:".$row['age']."<br />";
    echo "Gender:".$row['gender']."<br />";
    echo "Info:".$row['info']."<br />";
}
mysqli_free_result($result);
mysqli_close($db);
?>
</body>
</html>
```

step 03 运行 selectform.html，结果如图 14-5 所示。

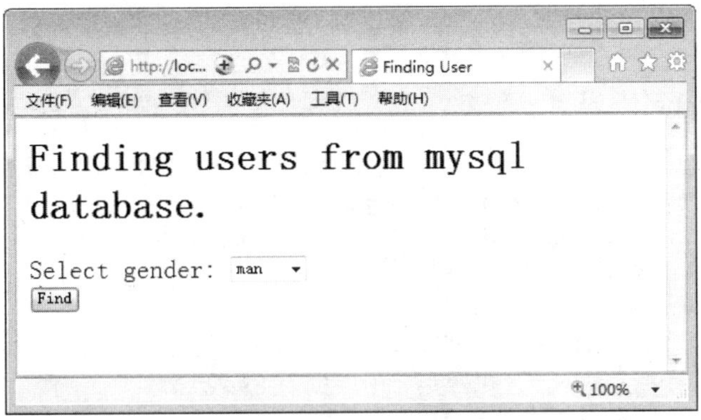

图 14-5　selectform.html 的运行结果

step 04 单击 Find 按钮，页面跳转至 selectformhandler.php，并且返回如图 14-6 所示的信息。

这样，程序就给出了所有 gender 为 female 的用户信息。

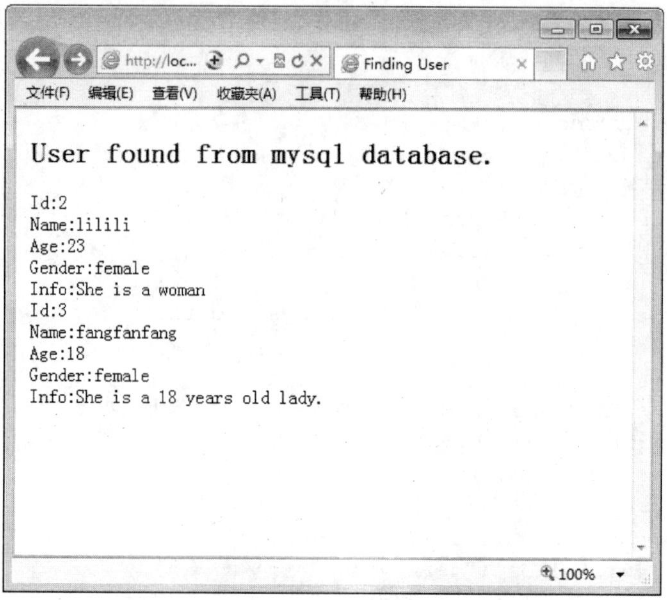

图 14-6　selectformhandler.php 返回的信息

14.5　动态添加用户信息

在上一节的示例中，程序通过 form 查询了特定用户名的用户信息。下面将使用其他 SQL 语句来实现 PHP 的数据请求。

下面通过使用 adatabase 的 user 数据库表格，添加新的用户信息。

step 01 在 phpmysql 文件夹下建立 insertform.html 文件，并且输入如下代码：

```
<html>
<head>
   <title>Adding User</title>
</head>
<body>
   <h2>Adding users to mysql database.</h2>
   <form action="formhandler.php" method="post">
      Select gender:
      <select name="gender">
         <option value="male">man</option>
         <option value="female">woman</option>
      </select><br />
      Fill user name:
      <input name="username" type="text" size="20"/> <br />
      Fill user age:
      <input name="age" type="text" size="3"/> <br />
      Fill user info:
      <input name="info" type="text" size="60"/> <br />
      <input name="submit" type="submit" value="Add"/>
   </form>
```

```
</body>
</html>
```

step 02 在 phpmysql 文件夹下建立 insertformhandler.php 文件，并且输入如下代码：

```
<html>
<head>
   <title>User adding</title>
</head>
<body>
   <h2>adding new user.</h2>
<?php
$username = $_POST['username'];
$gender = $_POST['gender'];
$age = $_POST['age'];
$info = $_POST['info'];
if(!$username and !$gender and !$age and !$info){
   echo "Error: There is no data passed.";
   exit;
}
if(!$username or !$gender or !$age or !$info){
   echo "Error: Some data did not be passed.";
   exit;
}
if(!get_magic_quotes_gpc()){
   $username = addslashes($username);
   $gender = addslashes($gender);
   $age = addslashes($age);
   $info = addslashes($info);
}
@ $db = mysqli_connect('localhost','root','753951');
mysqli_select_db($db,'adatabase');
if(mysqli_connect_errno()){
   echo "Error: Could not connect to mysql database.";
   exit;
}
$q = "INSERT INTO user( name, age, gender, info)
     VALUES ('$username',$age,'$gender', '$info')";
if(!mysqli_query($db,$q)){
   echo "no new user has been added to database.";
}else{
   echo "New user has been added to database.";
};
mysqli_close($db);
?>
</body>
</html>
```

step 03 运行 insertform.html，运行结果如图 14-7 所示。

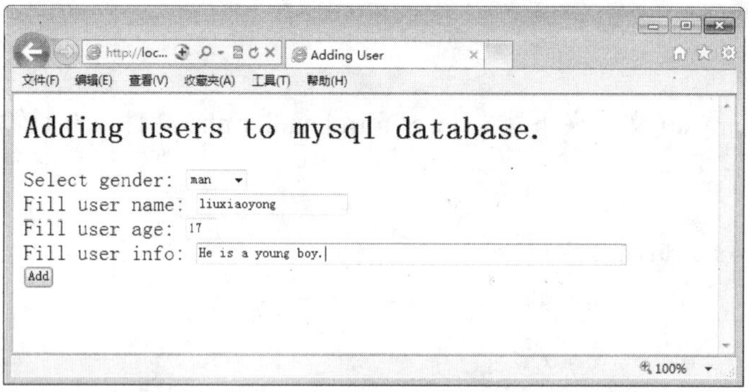

图 14-7 insertform.html 的运行结果

step 04 单击 Add 按钮，页面跳转至 insertformhandler.php，并返回信息结构，如图 14-8 所示。

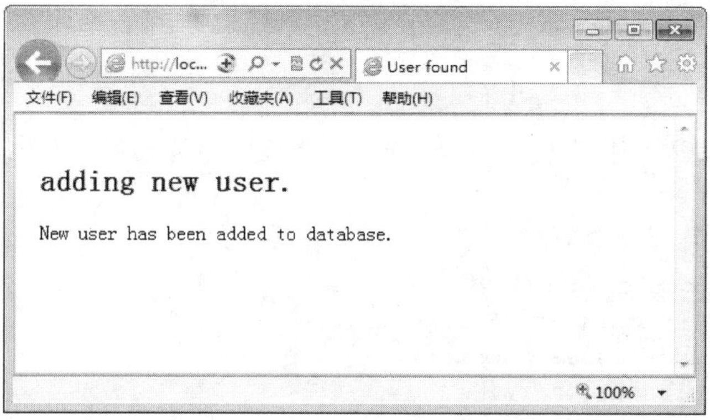

图 14-8 insertformhandler.php 页面的运行结果

这时数据库 user 表格中就添加了一个新的元素。

案例分析：

(1) insertform.html 文件中建立了 user 表格中除“id”外每个字段的信息输入框。

(2) insertformhandler.php 文件中建立 MySQL 连接，生成连接对象等操作都与上例中的程序相同。只是改变了 SQL 请求语句的内容为$q=“INSERT INTO user(name, age, gender, info) VALUES(‘$username’,$age,‘$gender’, ‘$info’)”;插入语句。

(3) 其中 name、gender、info 字段为字符串型，所以‘$username’、‘$gender’、‘$info’三个变量要以字符串形式加入。

14.6 疑 难 解 惑

疑问 1：修改 php.ini 文件后仍然不能调用 MySQL 数据库怎么办？

有时修改 php.ini 文件不能保证一定可以加载 MySQL 函数库。此时如果使用 phpinfo()函数不能显示 MySQL 的信息，说明配置失败了。重新按照 14.2 节的内容检查配置是否正确，如果正确，则把 PHP 安装目录下的 libmysql.dll 库文件直接复制，然后拷贝到系统的 system32 目录下，然后重新启动 IIS 或 Apache，最好再次使用 phpinfo()进行验证，即可看到 MySQL 信息，表示此时已经配置成功。

疑问 2：为什么应尽量省略 MySQL 语句中的分号？

在 MySQL 语句中，每一行的命令都是用分号(;)作为结束的，但是，当一行 MySQL 被插入到 PHP 代码中时，最好把后面的分号省略掉。这主要是因为 PHP 也是以分号作为一行的结束的，额外的分号有时会让 PHP 的语法分析器搞不明白，所以还是省略掉为好。在这种情况下，虽然省略了分号，但是 PHP 在执行 MySQL 命令时会自动加上去的。

另外，还有一个不要加分号的情况。当用户想把字段竖着排列显示下来，而不是像通常的那样横着排列时，可以用 G 来结束一行 SQL 语句，这时就用不上分号了，例如：

```
SELECT * FROM paper WHERE USER_ID =1G
```

第 15 章

Cookie 和会话管理

HTTP Web 协议是无状态协议，对于事务处理没有记忆能力。缺少状态意味着如果后续处理需要前面的信息，则它必须重传，这样可能导致每次连接传送的数据量增大。客户端与服务器进行动态交互的 Web 应用程序出现之后，HTTP 无状态的特性严重阻碍了这些应用程序的实现，毕竟交互是需要承前启后的，简单的购物车程序也要知道用户到底在先前选择了什么商品。于是，两种用于保持 HTTP 连接状态的技术就应运而生了，一个是 Cookie，而另一个则是 Session。其中 Cookie 将数据存储在客户端，并显示永久的数据存储。Session 将数据存储在服务器端，保证数据在程序的单次访问中持续有效。本章主要讲述 Cookie 和 Session 的使用方法和应用技巧。

15.1　Cookie 的基本操作

下面介绍 Cookie 的含义和基本用法。

15.1.1　什么是 Cookie

Cookie 常用于识别用户。Cookie 是服务器留在用户计算机中的小文件。

Cookie 的工作原理是：当一个客户端浏览器连接到一个 URL 时，它会首先扫描本地储存的 Cookie，如果发现其中有与此 URL 相关联的 Cookie，将会把它返回给服务器端。

Cookie 通常应用于以下几个方面：

- 在页面之间传递变量。因为浏览器不会保存当前页面上的任何变量信息，如果页面被关闭，则页面上的所有变量信息也会消失。而通过 Cookie，可以把变量值在 Cookie 中保存下来，然后另外的页面就可以重新读取这个值。
- 记录访客的一些信息。利用 Cookie，可以记录客户曾经输入的信息，或者记录访问网页的次数。
- 通过把所查看的页面存放在 Cookie 临时文件夹中，可以提高以后的浏览速度。

用户可以通过 header 以如下格式在客户端生成 Cookie：

```
Set-cookie:NAME=VALUE;[expires=DATE;][path=PATH;][domain=DOMAIN_NAME;][secure]
```

NAME 为 Cookie 名称，VALUE 为 Cookie 的值，expires=DATE 为到期日，path=PATH、domain=DOMAIN_NAME 为与某个地址相对应的路径和域名，secure 表示 Cookie 不能通过单一的 HTTP 连接传递。

15.1.2　创建 Cookie

通过 PHP，用户能够创建 Cookie。创建 Cookie 使用 PHP 的 setcookie()函数，它的语法格式如下：

```
setcookie(名称,Cookie 值,到期日,路径,域名,secure)
```

其中的参数与 Set-cookie 中的参数意义相同。

提示　setcookie()函数必须位于<html>标签之前。

在下面的例子中，将创建名为“user”的 Cookie，把它赋值为“Cookie 保存的值”，并且规定了此 Cookie 在 1 小时后过期。

【例 15.1】(示例文件 ch15\15.1.php)

```
<?php
setcookie("user", "Cookie 保存的值", time()+3600);
?>
```

```
<html>
<body>
</body>
</html>
```

运行上述程序，会在 cookies 文件夹下自动生成一个 Cookie 文件，有效期为 1 个小时，在 Cookie 失效后，Cookies 文件将自动被删除。

提示　如果用户没有设置 Cookie 的到期时间，则默认立即到期，即在关闭浏览器时会自动删除 Cookie 数据。

15.1.3 读取 Cookie

那么，如何取回 Cookie 的值呢？在 PHP 中，使用$_COOKIE 变量取回 Cookie 的值。下面通过示例讲解如何取回上面创建的名为 user 的 Cookie 的值，并把它显示在页面上。

【例 15.2】(示例文件 ch15\15.2.php)

```
<?php
// 输出一个 Cookie
echo $_COOKIE["user"];
// 显示所有的 Cookie
print_r($_COOKIE);
?>
```

程序运行效果如图 15-1 所示。

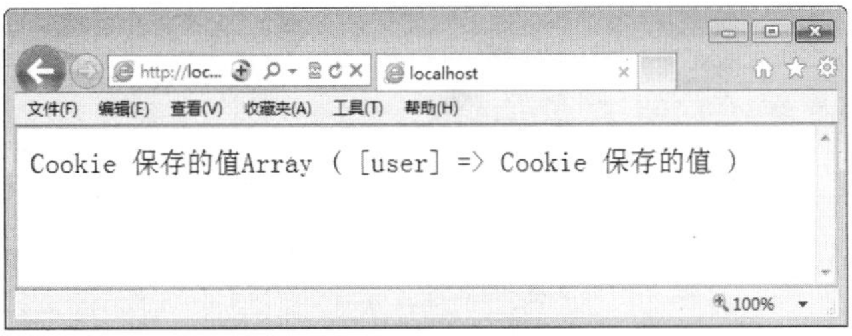

图 15-1　读取 Cookie

用户可以通过 isset()函数来确认是否已设置了 Cookie。下面通过示例来讲解。

【例 15.3】(示例文件 ch15\15.3.php)

```
<html>
<body>
<?php
if (isset($_COOKIE["user"]))                          //假如 Cookie 文件存在
   echo "Welcome " . $_COOKIE["user"] . "!<br />";
else                                                  //如果 Cookie 文件不存在
   echo "Welcome guest!<br />";
?>
</body>
</html>
```

程序运行效果如图 15-2 所示。

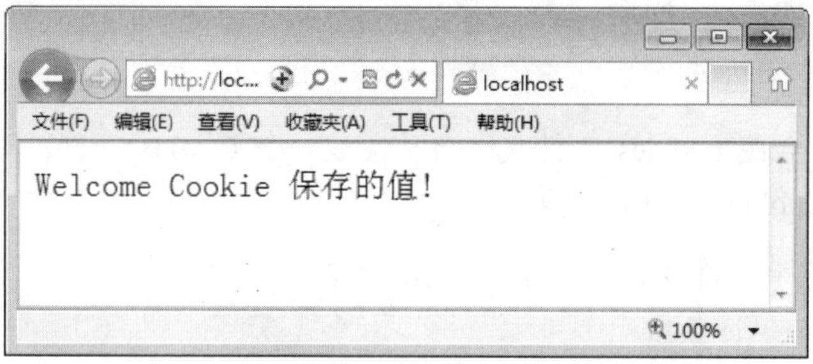

图 15-2　通过 isset()函数来确认是否已设置了 Cookie

15.1.4　删除 Cookie

常见的删除 Cookie 的方法有两种，包括在浏览器中手动删除和使用函数删除。

1. 在浏览器中手动删除

由于 Cookie 自动生成的文本会存在于 IE 浏览器的 cookies 临时文件夹中，在浏览器中删除 Cookie 文件是比较快捷的方法。具体的操作步骤如下。

step 01 在浏览器的菜单栏中选择“工具”→“Internet 选项”命令，如图 15-3 所示。

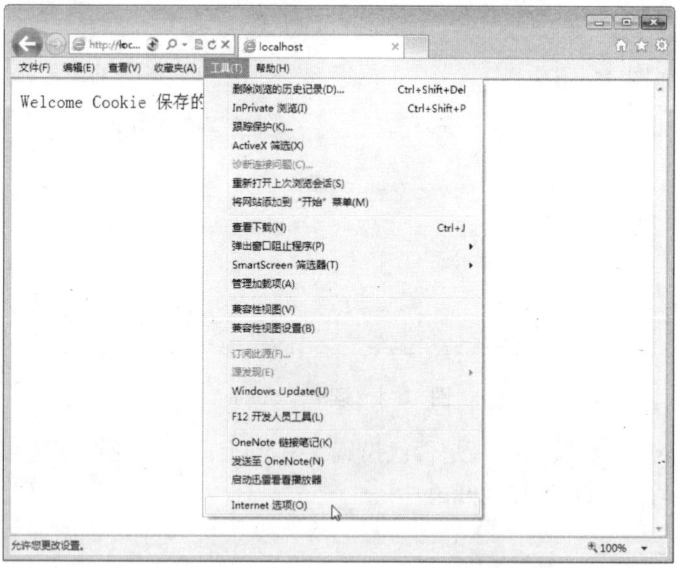

图 15-3　选择“Internet 选项”菜单命令

step 02 弹出“Internet 选项”对话框，然后在“常规”选项卡中单击“删除”按钮，如图 15-4 所示。

step 03 弹出“删除浏览的历史记录”对话框，选中 Cookie 复选框，单击“删除”按钮即可，如图 15-5 所示。返回到“Internet 选项”对话框，单击“确定”按钮，即可完成删除 Cookie 的操作。

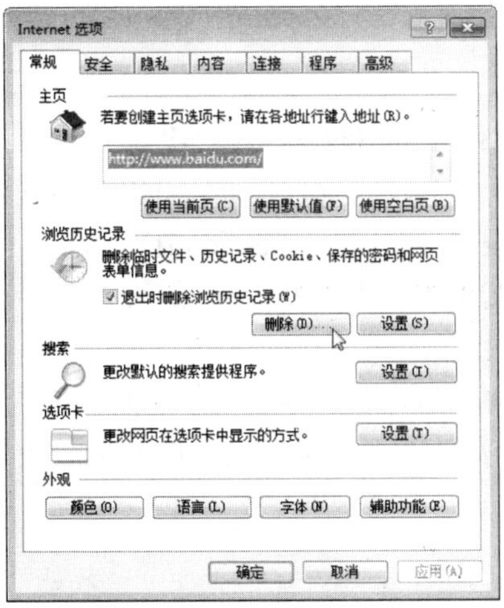

图 15-4 “Internet 选项”对话框

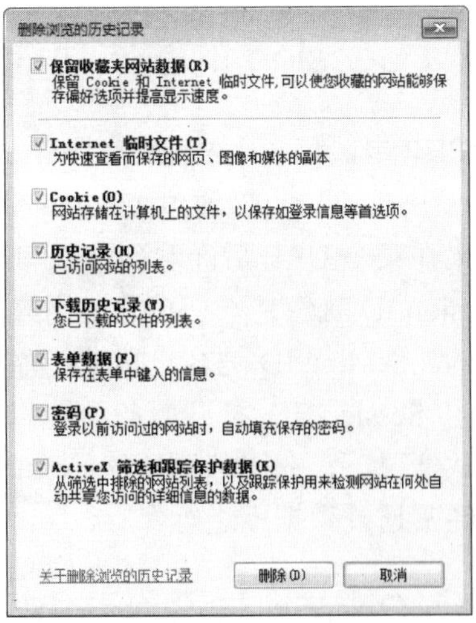

图 15-5 “删除浏览的历史记录”对话框

2. 使用函数删除

删除 Cookie 仍然使用 setcookie()函数。当删除 cookie 时，将第二个参数设置为空，第三个参数的过期时间设置为小于系统的当前时间即可。

【例 15.4】(示例文件 ch15\15.4.php)

```
<?php
//将 Cookie 的过期时间设置为比当前时间减少 10 秒
setcookie("user", "", time()-10);
?>
```

在上面的代码中，time()函数返回的是当前的系统时间，把过期时间减少 10 秒，这样过期时间就会变成过去的时间，从而删除 Cookie。如果将过期时间设置为 0，则也可以直接删除 Cookie。

15.2 认识 Session

下面介绍 Session 的一些基本概念和使用方法。

15.2.1 什么是 Session

由于 HTTP 是无状态协议，也就是说，HTTP 的工作过程是请求与回应的简单过程，所以 HTTP 没有一个内置的方法来储存在这个过程中各方的状态。例如，当同一个用户向服务器发出两个不同的请求时，虽然服务器端都会给以相应的回应，但是它并没有办法知道这两个动作是由同一个用户发出的。

由此，会话(Session)管理应运而生。通过使用一个会话，程序可以跟踪用户的身份和行为，并且根据这些状态数据，给用户以相应的回应。

15.2.2 Session的基本功能

在PHP中，每一个Session都有一个ID。这个Session ID是一个由PHP随机生成的加密数字。这个Session ID通过Cookie储存在客户端浏览器中，或者直接通过URL传递至客户端，如果在某个URL后面看到一长串加密的数字，这很有可能就是Session ID了。

Session ID就像是一把钥匙，用来注册到Session变量中。而这些Session变量是储存在服务器端的。Session ID是客户端唯一存在的会话数据。

使用Session ID打开服务器端相对应的Session变量，跟用户相关的会话数据便一目了然。默认情况下，在服务器端的Session变量数据是以文件的形式加以储存的，但是会话变量数据也经常通过数据库进行保存。

15.2.3 Cookie与Session

在浏览器中，有些用户出于安全性的考虑，关闭了其浏览器的Cookie功能，导致Cookie不能正常工作。

使用Session可以不需要手动设置Cookie，PHP Session可以自动处理。可以使用会话管理及PHP中的session_get_cookie_params()函数来访问Cookie的内容。这个函数将返回一个数组，包括Cookie的生存周期、路径、域名、secure等。它的格式为：

```
session_get_cookie_params(生存周期,路径,域名,secure)
```

15.2.4 储存Session ID在Cookie或URL中

PHP默认情况下会使用Cookie来储存Session ID。但是如果客户端浏览器不能正常工作，就需要用URL方式传递Session ID了。把php.ini中的session.use_trans_sid设置为启用状态，就可以自动通过URL来传递Session ID。

不过，通过URL传递Session ID会产生一些安全问题。如果这个连接被其他用户拷贝并使用，有可能造成用户判断的错误。其他用户可能使用Session ID访问目标用户的数据。

或者可以通过程序把Session ID储存到常量SID中，然后通过一个连接传递。

15.3 会话管理

一个完整的会话包括创建会话、注册会话、使用会话和删除会话。下面介绍有关会话管理的基本操作。

15.3.1 创建会话

常见的创建会话的方法有3种。包括PHP自动创建、使用session_start()函数创建和使用session_register()函数创建。

1. PHP 自动创建

用户可以在 php.ini 中设定 session.auto_start 为启用。但是，使用这种方法的同时，不能把 Session 变量对象化。应定义此对象的类必须在创建会话之前加载，然后新创建的会话才能加载此对象。

2. 使用 session_start()函数

这个函数首先会检查当前是否已经存在一个会话，如果不存在，它将创建一个全新的会话，并且这个会话可以访问超全局变量$_SESSION 数组。如果已经有一个存在的会话，函数会直接使用这个会话，加载已经注册过的会话变量，然后使用。

session_start()函数的语法格式如下：

```
bool session_start(void);
```

提示　session_start()函数必须位于<html>标签之前。

【例 15.5】(示例文件 ch15\15.5.php)

```
<?php session_start(); ?>
<html>
<body>
</body>
</html>
```

上面的代码会向服务器注册用户的会话，以便可以开始保存用户信息，同时会为用户会话分配一个 UID。

3. 使用 session_register()函数

在使用 session_register()函数之前，需要在 php.ini 文件中将 register_globals 设置为 on，然后需要重启服务器。session_register()函数通过为会话登记一个变量来隐含地启动会话。

15.3.2　注册会话变量

会话变量被启动后，全部保存在数组$_SESSION 中。用户可以通过对$_SESSION 数组赋值来注册会话变量。

例如，启动会话，创建一个 Session 变量，并赋予“xiaoli”的值，代码如下：

```
<?php
session_start();                //启动 Session
$_SESSION['name']='xiaoli';     //声明一个名为 name 的变量，并赋值'xiaoli'
?>
```

这个会话变量值会在此会话结束或被注销后失效，或者还会根据 php.ini 中的 session.gc_maxlifetime(当前系统设置为 1440 秒，也就是 24 小时)会话最大生命周期数过期而失效。

15.3.3 使用会话变量

使用会话变量，首先要判断会话变量是否存在一个会话 ID，如果不存在，则需要创建一个，并且能够通过$_SESSION 变量进行访问。如果已经存在，则将这个已经注册的会话变量载入，以供用户使用。

在访问$_SESSION 数组时，先要使用 isset()或 empty()来确定$_SESSION 中会话变量是否为空。

例如：

```
<?php
if(!empty($_SESSION['session_name']))              //判断会话变量是否为空
   $ssvalue = $_SESSION['session_name'];           //声明一个变量并赋值
?>
```

下面通过例子来讲解存储和取回$_SESSION 变量的方法。

【例 15.6】(示例文件 ch15\15.6.php)

```
<?php
session_start();
//存储会话变量的值
$_SESSION['views'] = 1;
?>
<html>
<body>
<?php
//读取会话变量的值
echo "浏览量=". $_SESSION['views'];
?>
</body>
</html>
```

程序运行效果如图 15-6 所示。

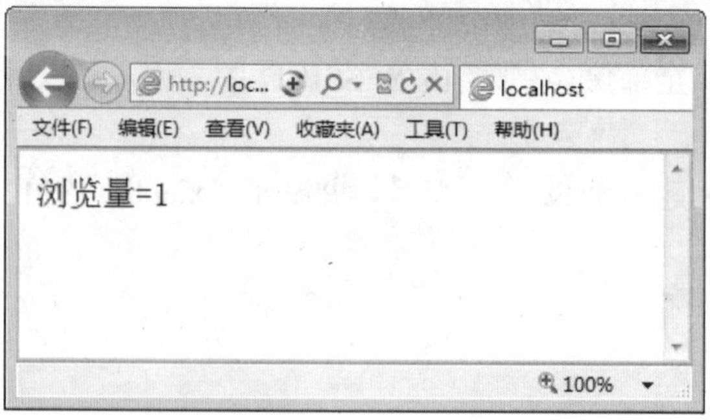

图 15-6 存储和取回$_SESSION 变量

15.3.4 注销和销毁会话变量

注销会话变量使用 unset()函数就可以，如 unset($_SESSION['name'])(不再需要使用 PHP 4 中的 session_unregister()或 session_unset()了)。

unset()函数用于释放指定的 Session 变量，代码如下：

```
<?php
unset($_SESSION['views']);
?>
```

如果要注销所有会话变量，只需要向$_SESSION 赋值一个空数组就可以了，例如 $_SESSION = array()。注销完成后，使用 session_destroy()销毁会话即可，其实就是清除相应的 Session ID。代码如下：

```
<?php
session_destroy();
?>
```

15.4 综合应用会话管理

下面通过一个综合案例，讲述会话的综合应用。

step 01 在网站根目录下建立一个 session 文件夹。

step 02 在 session 文件夹下建立 opensession.php，输入以下代码并保存：

```
<?php
session_start();
$_SESSION['name'] = "王小明";
echo "会话变量为:".$_SESSION['name'];
?>
<a href='usesession.php'>下一页</a>
```

step 03 在 session 文件夹下建立 usesession.php 文件，输入以下代码并保存：

```
<?php
session_start();
echo "会话变量为:".$_SESSION['name']."<br />";
echo $_SESSION['name'].",你好。";
?>
<a href='closesession.php'>下一页</a>
```

step 04 在 session 文件夹下建立 closesession.php 文件，输入以下代码并保存：

```
<?php
session_start();
unset($_SESSION['name']);
if (isset($_SESSION['name'])){
   echo "会话变量为:".$_SESSION['name'];
```

```
}else{
    echo "会话变量已注销。";
}
session_destroy();
?>
```

step 05 运行 opensession.php 文件，结果如图 15-7 所示。

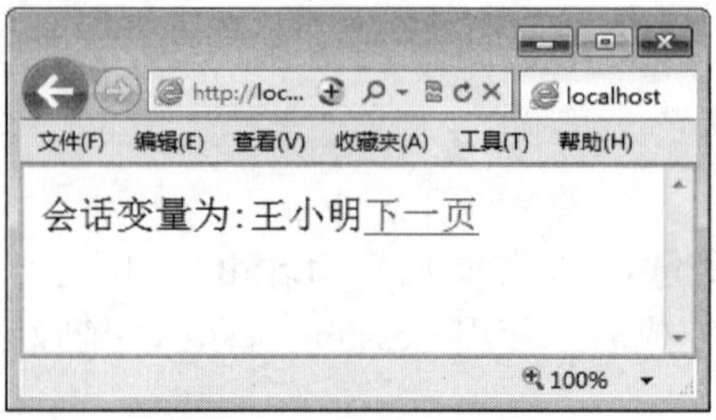

图 15-7 程序初始结果

step 06 点击页面中的“下一页”链接，运行结果如图 15-8 所示。

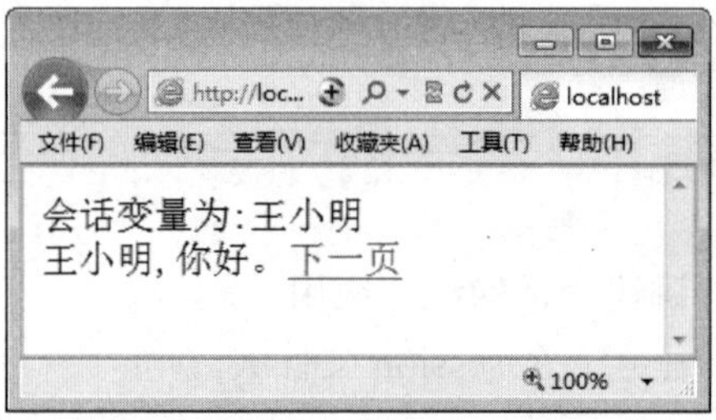

图 15-8 点击链接后的结果

step 07 继续点击页面中的“下一页”链接，运行结果如图 15-9 所示。

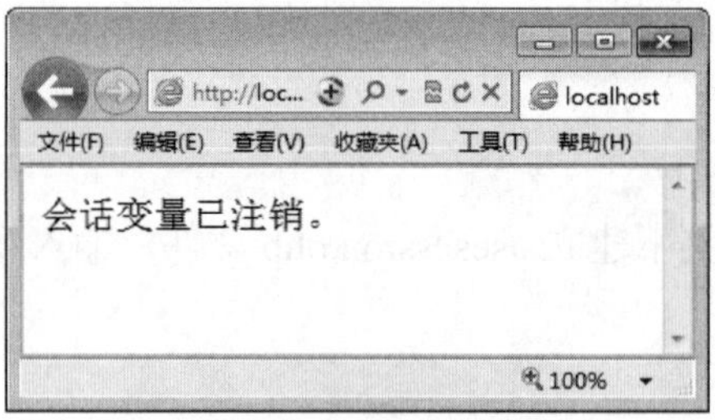

图 15-9 会话变量已注销

15.5 疑难解惑

疑问 1：如果浏览器不支持 Cookie，该怎么办？

如果应用程序涉及到不支持 Cookie 的浏览器，不得不采取其他方法在应用程序中从一个页面向另一个页面传递信息。一种方式就是从表单传递数据。

下面的表单在用户单击提交按钮时向 welcome.php 提交用户输入：

```
<html>
<body>
<form action="welcome.php" method="post">
   Name: <input type="text" name="name" />
   Age: <input type="text" name="age" />
   <input type="submit" />
</form>
</body>
</html>
```

要取回 welcome.php 中的值，可以使用如下代码：

```
<html>
<body>
Welcome <?php echo $_POST["name"]; ?>.<br />
You are <?php echo $_POST["age"]; ?> years old.
</body>
</html>
```

疑问 2：Cookie 的生命周期是多久？

如果 Cookie 不设定失效时间，则表示它的生命周期为未关闭浏览器前的时间段，一旦浏览器关闭，Cookie 会自动消失。

如果设定了过期时间，那么浏览器会把 Cookie 保存到硬盘中，在超过有效期前，用户打开 IE 浏览器时会依然有效。

由于浏览器最多存储 300 个 Cookie 文件，每个 Cookie 文件最大支持 4KB，所以一旦超过容量的限制，浏览器就会自动随机地删除 Cookies。

第 16 章

PDO 数据库抽象类库

PHP 的数据库抽象类的出现是 PHP 发展过程中重要的一步。PDO 扩展为 PHP 访问数据库定义了一个轻量级的、一致性的接口，它提供了一个数据访问抽象层，这样，无论使用什么数据库，都可以通过一致的函数执行查询和获取数据。PDO 随 PHP 5.1 发行，在 PHP 5.0 的 PECL 扩展中也可以使用，但无法运行于先前的 PHP 版本。本章主要讲述 PDO 数据库抽象类库的使用方法。

16.1 认识 PDO

随着 PHP 应用的快速增长和通过 PHP 开发跨平台应用的普及，使用不同的数据库是十分常见的。PHP 需要支持 MySQL、SQL Server 和 Oracle 等多种数据库。

如果只是通过单一的接口针对单一的数据库编写程序，比如用 MySQL 函数处理 MySQL 数据库，用其他函数处理 Oracle 数据库，这在很大程度上增加了 PHP 程序在数据库方面的灵活性并提高了编程的复杂性和工程量。

如果通过 PHP 开发一个跨数据库平台的应用，比如对于一类数据需要到两个不同的数据库中提取数据，在使用传统方法的情况下只好写两个不同的数据库连接程序，并且要对两个数据库连接的工作过程进行协调。

为了解决这个问题，程序员们开发出了“数据库抽象层”。通过这个抽象层，把数据处理业务逻辑和数据库连接区分开来。也就是说，不管 PHP 连接的是什么数据库，都不影响 PHP 程序的业务逻辑。这样对于一个应用来说，就可以采用若干个不同的数据库支持方案。

PDO 就是 PHP 中最为主流的实现“数据库抽象层”的数据库抽象类。PDO 类是 PHP 5 中最为突出的功能之一。在 PHP 5 版本以前，PHP 都是只能通过针对 MySQL 的类库、针对 Oracle 的类库、针对 SQL Server 的类库等实现有针对性的数据库连接。

PDO 是 PHP Data Objects 的简称，是为 PHP 访问数据库定义的一个轻量级的、一致性的接口，它提供了一个数据访问抽象层，这样，无论使用什么数据库，都可以通过一致的函数执行查询和获取数据。

PDO 通过数据库抽象层实现了以下一些特性。

- 灵活性：可以在 PHP 运行期间，直接加载新的数据库，而不需要在新的数据库使用时，重新设置和编译。
- 面向对象：这个特性完全配合了 PHP 5，通过对象来控制数据库的使用。
- 速度极快：由于 PDO 是使用 C 语言编写并且编译进 PHP 的，所以比那些用 PHP 编写的抽象类要快很多。

16.2 PDO 的安装

由于 PDO 类库是 PHP 5 自带的类库，所以要使用 PDO 类库，只须在 php.ini 中把关于 PDO 类库的语句前面的注释符号去掉。

首先启用 extension=php_pdo.dll 类库，这个类库是 PDO 类库本身。然后是不同的数据库驱动类库选项。extension=php_pdo_mysql.dll 适用于 MySQL 数据库的连接。如果使用 SQL Server，可以启用 extension=php_pdo_mssql.dll 类库。如果使用 Oracle 数据库，可以启用 extension=php_pdo_oci.dll。除了这些，还有支持 PgSQL 和 SQLite 等的类库。

本机环境下启用的类库为 extension=php_pdo.dll 类库和 extension=php_pdo_mysql.dll 类库。

16.3 使用 PDO 操作 MySQL

在本开发环境下使用的数据库是 MySQL，所以在使用 PDO 操作数据库之前，需要首先连接到 MySQL 服务器和特定的 MySQL 数据库。

这个操作是通过 PDO 类库内部的构造函数来完成的。PDO 的构造函数的结构是：

```
PDO;:constuct(DSN, username, password, driver_options)
```

其中 DSN 是一个“数据源名称”，username 是接入数据源的用户名，password 是用户密码，driver_options 是特定连接要求的其他参数。

DSN 是一个字符串，它是由“数据库服务器类型”、“数据库服务器地址”和“数据库名称”组成的。它们组合的格式为：

```
'数据库服务器类型:host=数据库服务器地址;dbname=数据库名称'
```

driver_options 是一个数组，它有很多选项。

- PDO::ATTR_AUTOCOMMIT：此选项定义 PDO 在执行时是否注释每条请求。
- PDO::ATTR_CASE：通过此选项，可以控制在数据库中取得的数据的字母的大小写。具体说来就是，可以通过 PDO::CASE_UPPER 使所有读取的数据字母变为大写，可以通过 PDO::CASE_LOWER 使所有读取的数据字母变为小写，可以通过 PDO::CASE_NATURL 使用特定的在数据库中发现的字段。
- PDO::ATTR_EMULATE_PREPARES：此选项可以利用 MySQL 的请求缓存功能。
- PDO::ATTR_ERRMODE：使用此选项定义 PDO 的错误报告模型。具体的三种模式分别为 PDO::ERRMODE_EXCEPTION 异常模式、PDO::ERRMODE_SILENT 沉默模式和 PDO::ERRMODE_WARNING 警报模式。
- PDO::ATTR_ORACLE_NULLS：此选项在使用 Oracle 数据库时会把空字符串转换为 NULL 值。一般情况下，此选项默认为关闭。
- PDO::ATTR_PERSISTENT：使用此选项来确定此数据库连接是否可持续。但是其默认值为 false，不启用。
- PDO::ATTR_PREFETCH：此选项确定是否要使用数据库的 prefetch 功能。此功能是在用户取得一条记录操作之前就取得多条记录，以准备给其下一次请求数据操作提供数据，并且减少了执行数据库请求的次数，提高了效率。
- PDO::ATTR_TIMEOUT：此选项设置超时时间的秒数。但 MySQL 不支持此功能。
- PDO::DEFAULT_FETCH_MODE：此选项可以设定默认的 fetch 模型，是以联合数据的形式取得数据，或以数字索引数组的形式取得数据，或以对象的形式取得数据。

16.3.1 连接 MySQL 数据库的方法

当建立一个连接对象的时候，只需要使用 new 关键字，生成一个 PDO 的数据库连接实例即可。例如，使用 MySQL 作为数据库生成一个数据库连接，代码如下：

```
$dbconnect = new PDO('mysql:host=localhost;dbname=pdodatabase','root','753951');
```

16.3.2 使用 PDO 时的 try-catch 错误处理结构

使用 PDO 经常是伴随着 PHP 5 中的 try-catch 异常处理机制进行的。例如：

```
<?php
try {
    $dbconnect =
      new PDO('mysql:host=localhost;dbname=pdodatabase','root','753951');
} catch(PDOException $exception) {
    echo "Connection error message: " . $exception->getMessage();
}
?>
```

由于使用这样的结构，PDO 可以配合其他的对象属性，获得更多的信息。

以下案例通过对数据库请求的错误处理来说明此结构。具体步骤如下。

step 01 在 MySQL 数据库中建立 pdodatabase 数据库，并且在 SQL 编辑框中执行以下 SQL 语句：

```
CREATE TABLE IF NOT EXISTS `user` (
  `id` int(10) NOT NULL AUTO_INCREMENT,
  `name` varchar(30) DEFAULT NULL,
  `age` int(10) NOT NULL,
  `gender` varchar(10) NOT NULL,
  `info` varchar(255) NOT NULL,
  PRIMARY KEY (`id`)
) ENGINE=MyISAM  DEFAULT CHARSET=utf8 AUTO_INCREMENT=8 ;
```

插入数据，SQL 语句如下：

```
INSERT INTO `user` (`id`, `name`, `age`, `gender`, `info`) VALUES
(1, 'wangxiaoming', 32, 'male', 'He is a man'),
(2, 'lilili', 23, 'female', 'She is a woman'),
(3, 'fangfanfang', 18, 'female', 'She is a 18 years old lady.'),
(7, 'liuxiaoyong', 17, 'male', 'He is a young boy.');
```

至此，数据库 pdodatabase 和数据库表格 user 以及其中的数据都已创建。

step 02 在网站下建立 pdodemo.php 文件，输入如下代码：

```
<?php
try {
    $dbconnect =
      new PDO('mysql:host=localhost;dbname=pdodatabase','root',' ');
} catch (PDOException $exception) {
    echo "Connection error message: " . $exception->getMessage();
}
?>
```

step 03 运行 pdodemo.php 网页，结果如图 16-1 所示。

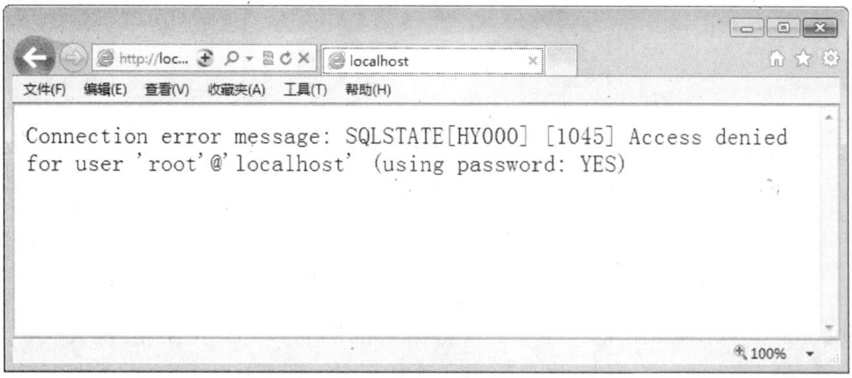

图 16-1　连接错误处理

案例分析：

(1) 由于创建 PDO 实例的过程中没有给出必要的 password 的参数，PDO 通过 try-catch 结构抛出了错误信息。

(2) 在 pdodemo.php 文件中，catch(PDOException $exception){}使用了 PDOException 类。前面提到的 PDO::ATTR_ERRMODE 选项的 PDO::ERRMODE_EXCEPTION 异常模式是使用 PDOException 类来抛出错误信息的，如果有错误产生，它是即时终止程序执行，并输出错误信息。这个类在此程序中的实例是$exception。

以上是建立 PDO 数据库连接发生错误时获取错误信息。那么如果 SQL 请求在执行的过程中出错，其错误信息应当如何获取呢？看下面的例子。

step 01 在网站下建立 pdodemo2.php 文件，输入如下代码：

```
<?php
try {
    $dbconnect =
      new PDO('mysql:host=localhost;dbname=pdodatabase','root','753951');
} catch (PDOException $exception) {
    echo "Connection error message: " . $exception->getMessage();
}
$sqlquery = "SELECT * FROM users";
$dbconnect->exec($sqlquery);
echo $dbconnect->errorCode()."<br />";
print_r($dbconnect->errorInfo());
?>
```

step 02 运行 pdodemo2.php 网页，结果如图 16-2 所示。

案例分析：

(1) $sqlquery 定义了 SQL 请求语句。$dbconnect->exec($sqlquery);通过$dbconnect 实例的 exec()方法执行$sqlquerY 的 SQL 请求语句。

(2) 由于$sqlquery 定义的 SQL 请求语句中‘users’不正确(应为‘user’)，所以$dbconnect->errorCode();语句直接输出 SQL 请求的错误代码 42S02，表示目标数据库不存在。

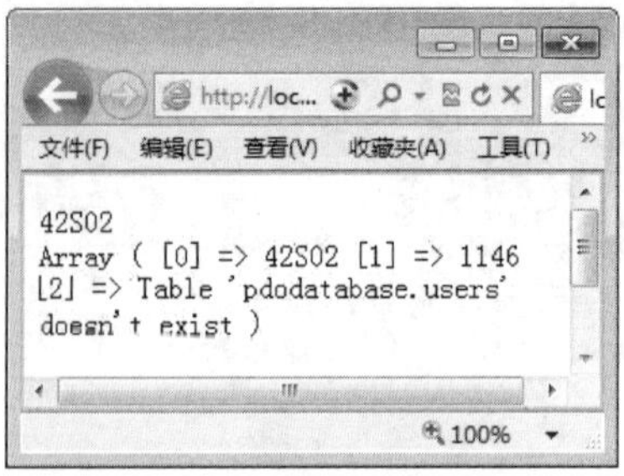

图 16-2 执行时错误的获取

(3) $dbconnect->errorInfo();语句则是获得错误的所有信息，包括错误代码。但是由于类方法 error::Info()返回的是一个数字索引数组，所以使用 print_r()显示。此数组拥有 3 个数组元素。第一个元素为遵循 SQL 标准的状态码；第二个元素为遵循数据库标准的错误代码；第三个元素为具体的错误信息。

(4) 实例$dbconnect 其实是使用的 PDO 类的类方法 PDOStatment::errorCode()来获得 SQL 错误代码的。错误信息则是通过 PDO 类的类方法 PDOStatment:: errorInfo()来获得的。

16.3.3 使用 PDO 执行 SQL 的选择语句

PDO 执行 SQL 的选择语句会返回结果对象。可以通过 foreach 来遍历对象内容。以下例子对此予以介绍。

step 01 在网站下建立 pdoselect.php 文件，输入如下代码：

```
<?php
try {
    $dbconnect =
      new PDO('mysql:host=localhost;dbname=pdodatabase','root','753951');
} catch (PDOException $exception) {
    echo "Connection error message: " . $exception->getMessage();
}
$sqlquery = "SELECT * FROM user";
$result = $dbconnect->query($sqlquery);
foreach ($result as $row){
    $name = $row['name'];
    $gender = $row['gender'];
    $age = $row['age'];
    echo "user $name , is $gender ,and is $age years old. <br />";
}
?>
```

step 02 运行网页，结果如图 16-3 所示。

案例分析：

(1) 这里，$sqlquery 定义了 SQL 请求语句。$dbconnect->query($sqlquery);语句通过实例$dbconnect 的 query()方法执行$sqlquery 的 SQL 请求语句。在执行 SQL 语句的 Select 操作的时候，一定要使用 query()方法，而不能使用执行其他操作时使用的 exec()方法。

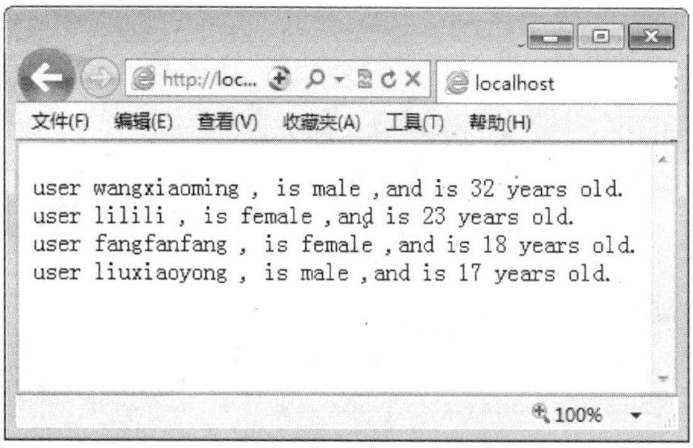
http://loc...
localhost
文件(F) 编辑(E) 查看(V) 收藏夹(A) 工具(T) 帮助(H)
user wangxiaoming , is male ,and is 32 years old.
user lilili , is female ,and is 23 years old.
user fangfanfang , is female ,and is 18 years old.
user liuxiaoyong , is male ,and is 17 years old.
100%

图 16-3 执行选择语句

(2) foreach($result as $row)语句以默认的方法获取$result，返回数据对象的所有数据，并且以关联数组的形式表现出来。

16.3.4 使用 PDO 获取返回数据的类方法

当使用 select 语句向数据库请求数据以后，query()方法会返回一个包含所有请求数据的对象。如何对这个对象的数据进行读取操作，将通过下面的类方法来讲解。

通过 fetch()方法读取请求所返回的数据对象中的一条记录。PDOStatement::fetch()类方法在实例化之后即可使用。可以选择 fetch_style 的选项作为其参数。例如 PDO::FETCH_ASSOC 选项是把返回的数据读取为关联数组。PDO::FETCH_NUM 选项是把返回的数据读取为数字索引数组。PDO_FETCH_BOTH 选项是把返回的数据读取为数组，包括数字索引数组和关联数组。PDO::FETCH_OBJ 选项是把返回的数据读取为一个对象，不同字段的数据作为其对象属性。

通过 fetchAll()方法读取请求所返回的数据对象的所有记录。

下面通过例子来讲解 fetch()方法的使用技巧。

step 01 在网站下建立 pdofetch.php 文件，输入如下代码：

```
<?php
try {
   $dbconnect =
     new PDO('mysql:host=localhost;dbname=pdodatabase','root','753951');
} catch (PDOException $exception) {
   echo "Connection error message: " . $exception->getMessage();
}
$sqlquery = "SELECT * FROM user";
$result = $dbconnect->query($sqlquery);
$rownum = $result->rowCount();
echo "There are total ".$rownum." users:<br />";
while ($row = $result->fetch(PDO::FETCH_ASSOC)){
   $name = $row['name'];
   $gender = $row['gender'];
   $age = $row['age'];
   echo "user $name , is $gender ,and is $age years old. <br />";
```

```
}
?>
```

step 02 运行 pdofetch.php，结果如图 16-4 所示。

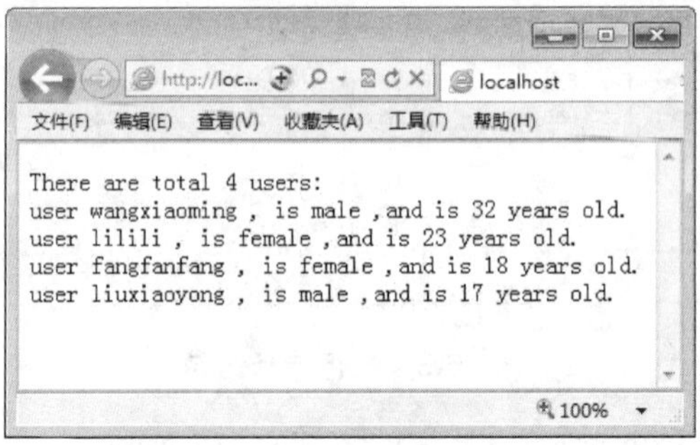

图 16-4 pdofetch.php 的运行结果

案例分析：

(1) 这里，$sqlquery 定义了 SQL 请求语句。$dbconnect->query($sqlquery);语句通过实例$dbconnect 的 query()方法执行$sqlquery 的 SQL 请求语句。返回对象为$result。

(2) $row = $result->fetch(PDO::FETCH_ASSOC)语句直接以关联数组的方式取得$result 的一条记录，并且赋值给$row。

(3) 使用 while 循环按照输出格式向页面打印。

下面的例子介绍 fetchAll()方法的使用技巧。

step 01 在网站下建立 pdofetchall.php 文件，输入如下代码：

```
<?php
try {
    $dbconnect =
      new PDO('mysql:host=localhost;dbname=pdodatabase','root','753951');
} catch (PDOException $exception) {
    echo "Connection error message: " . $exception->getMessage();
}
$sqlquery = "SELECT * FROM user";
$result = $dbconnect->query($sqlquery);
$rownum = $result->rowCount();
echo "There are total ".$rownum." users:<br />";
$rowall = $result->fetchAll();
foreach ($rowall as $row) {
    $id = $row[0];
    $name = $row[1];
    $gender = $row[3];
    $age = $row[2];
    $info = $row['info'];
    echo "ID: $id . User $name , is $gender ,and is $age years old.
      and info: $info<br />";
}
?>
```

step 02 运行 pdofetchall.php 网页，结果如图 16-5 所示。

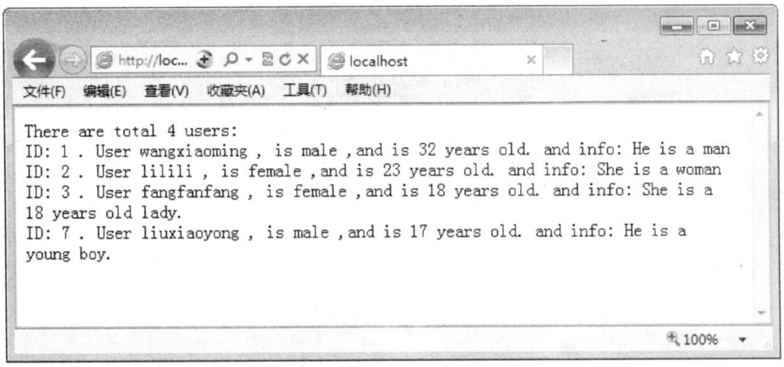
http://loc...
localhost
文件(F) 编辑(E) 查看(V) 收藏夹(A) 工具(T) 帮助(H)
There are total 4 users:
ID: 1 . User wangxiaoming , is male , and is 32 years old. and info: He is a man
ID: 2 . User lilili , is female , and is 23 years old. and info: She is a woman
ID: 3 . User fangfanfang , is female , and is 18 years old. and info: She is a 18 years old lady.
ID: 7 . User liuxiaoyong , is male , and is 17 years old. and info: He is a young boy.
100%

图 16-5　pdofetchall.php 网页的运行结果

案例分析：

(1) 这里，$sqlquery 定义了 SQL 请求语句。$dbconnect->query($sqlquery);语句通过实例$dbconnect 的 query()方法执行$sqlquery 的 SQL 请求语句。返回对象为$result。rowCount()方法返回数据对象的记录的条数。

(2) $rowall = $result->fetchAll();语句用来取得$result 的所有记录，并且赋值给$rowall。然后使用 foreach 循环遍历数组元素。

(3) 由于 fetchAll()方法是读取$result 对象为数字索引数组和关联数组两种类型，所以，在遍历的时候，可以使用两种方式指定数组元素。

16.3.5　使用 PDO 执行 SQL 的添加、修改语句

用 PDO 执行添加和修改的 SQL 命令不同于 Select 操作。以下例子介绍此方面的知识。

step 01 在网站下建立 pdoinsertupdate.php 文件，输入如下代码：

```
<?php
try {
    $dbconnect =
      new PDO('mysql:host=localhost;dbname=pdodatabase','root','753951');
} catch (PDOException $exception) {
    echo "Connection error message: " . $exception->getMessage();
}
$sqlquery = "INSERT INTO user(id,name,age,gender,info)
   VALUES(NULL,'zhangdaguang', '39', 'male', 'he is a middle-age male.')";
if($dbconnect->exec($sqlquery)){
    echo "A new record has been inserted.<br />";
}
$sqlquery2 = "UPDATE user SET age='45' WHERE name='zhangdaguang'";
if($dbconnect->exec($sqlquery2)){
    echo "The record has been updated.";
}
?>
```

step 02 运行 pdoinsertupdate.php，结果如图 16-6 所示。

图 16-6 pdoinsertupdate.php 的运行结果

案例分析：

(1) $sqlquery 定义了 Insert 请求语句。$dbconnect->exec($sqlquery);通过实例$dbconnect 的 exec()方法执行$sqlquery 的 SQL 请求语句，若正确执行，则返回相应的结果。

(2) $sqlquery2 定义了 Update 语句。$dbconnect->exec($sqlquery2);通过实例$dbconnect 的 exec()方法执行$sqlquery 的 SQL 请求语句，若正确执行则返回相应的结果。

16.3.6 使用 PDO 执行 SQL 的删除语句

删除一个记录也是使用 exec()类方法。下面通过示例来讲解这方面的知识。

step 01 在网站下建立 pdodelete.php 文件，输入如下代码：

```
<?php
try {
    $dbconnect =
      new PDO('mysql:host=localhost;dbname=pdodatabase','root','753951');
} catch (PDOException $exception) {
    echo "Connection error message: " . $exception->getMessage();
}
$sqlquery = "DELET FROM user WHERE name = 'zhangdaguang'";
if($dbconnect->exec($sqlquery)){
    echo "A new record has been deleted.";
}
?>
```

step 02 运行 pdodelete.php，结果如图 16-7 所示。

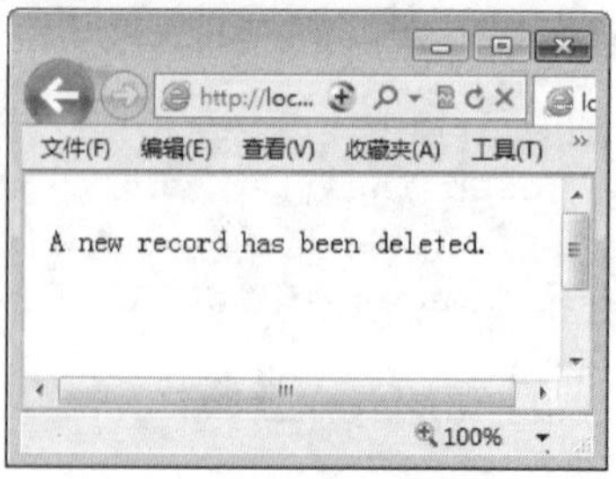

图 16-7 执行删除语句

案例分析：

$sqlquery 定义了 Delete 请求语句。$dbconnect->exec($sqlquery);语句通过实例$dbconnect 的 exec()方法执行$sqlquery 的 SQL 请求语句，若正确执行则返回相应的结果。

16.4 PDO 的 prepare 表述

当执行一个 SQL 语句时，需要 PDO 对语句进行执行。正常情况下可以逐句执行。而每执行这样一句，都需要 PDO 首先对语句进行解析，然后传递给 MySQL 来执行。这都需要 PDO 的工作。如果是不同的 SQL 语句，则这是必要过程。但如果是 Insert 这样的语句，语句结构都一样，只是每一项具体的数值不同，在这种情况下 PDO 的 prepare 表述就可以只提供改变的变量值，而不改变 SQL 语句，起到减少解析过程、节省资源、提高效率的作用。

使用 prepare 表述需要使用两个方法，一个是 prepare()方法，另一个是 execute()方法。

下面通过例子来介绍此方面的知识。

step 01 在网站下建立 pdoprepare.php 文件，输入代码如下：

```
<?php
try {
    $dbconnect =
      new PDO('mysql:host=localhost;dbname=pdodatabase','root','753951');
} catch (PDOException $exception) {
    echo "Connection error message: " . $exception->getMessage();
}
$sqlquery = "INSERT INTO user SET id = :id, name = :name,
             age = :age,gender = :gender ,info = :info ";
$prepareddb = $dbconnect->prepare($sqlquery);
if($prepareddb->execute(array(
  ':id'=> 'NULL',
  ':name'=> 'lixiaoyun',
  ':age'=> '16',
  ':gender'=> 'female',
  ':info'=> 'She is a school girl.'))){
    echo "A new user, lixiaoyun, has been inserted.<br />";
}
if($prepareddb->execute(array(
  ':id'=> 'NULL',
  ':name'=> 'liuxiaoyu',
  ':age'=> '18',
  ':gender'=> 'male',
  ':info'=> 'he is a school boy.'))){
    echo "A new user, liuxiaoyu, has been inserted.<br />";
}
?>
```

step 02 运行 pdoprepare.php，结果如图 16-8 所示。

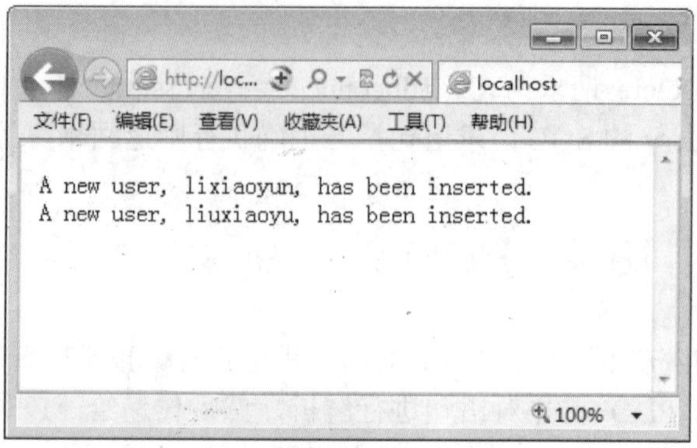

图 16-8　pdoprepare.php 的运行结果

案例分析：

(1) $sqlquery 定义了 Delete 请求语句。这个 SQL 请求语句定义了字段的变量，如 id = :id、name = :name 等。

(2) $dbconnect->prepare($sqlquery)语句使用 prepare()类方法表述 prepare，并且赋值给对象$prepareddb。$prepareddb->execute(array(...))语句使用 execute()类方法执行 SQL 语句。execute()类方法中通过一个数组为 SQL 请求语句中定义的变量赋值。其中变量值为键值，具体值为数组元素。

(3) $prepareddb->execute(array(...))语句可以很方便地重复进行使用。只要修改数组中的元素值即可。

16.5　疑难解惑

疑问 1：PDO 中事务如何处理？

在 PDO 中同样可以实现事务处理的功能，具体使用方法如下。

(1) 开启事务：使用 beginTransaction()方法将关闭自动提交模式，直到事务提交或者回滚以后才恢复。

(2) 提交事务：使用 commit()方法完成事务的提交操作，成功则返回 TRUE，否则返回 FALSE。

(3) 事务回滚：使用 rollBack()方法执行事务的回滚操作。

疑问 2：如何通过 PDO 连接 SQL Server 数据库？

通过 PDO 可以实现与 SQL Server 数据库连接的操作。下面通过例子来讲解具体的连接方法。代码如下：

```
<?php
header("Content-Type:text/html;charset=utf-8");     //设置页面的编码风格
$host = 'PC-201405212233';                             //设置主机名称
$user = 'sa';                                          //设置用户名
$pwd = '123456';                                       //设置密码
```

```
$dbName = 'mydatabase';                                         //设置需要连接的数据库
$dbms = 'mssql';  //
$dsn = "mssql:host=$host;dbname-$dbName";
try{                                                            //利用 try-catch 捕获异常
   $pdo = new PDO($dsn,$user,$pwd);
   echo "成功连接 SQL Server 数据库"
}catch(Exception $e){
   Die("错误提示！".$e->getMessage())
}
?>
```

第 17 章

PHP 与 XML 技术

XML 作为一个经常用来跨平台的通用语言，越来越受到人们的重视。XML 是一种标准化的文本格式，可以在 Web 上表示结构化信息，利用它可以存储有复杂结构的数据信息。XML 是 HTML 的补充，但 XML 并不是 HTML 的替代品。在将来的网页开发中，XML 将被用来描述、存储数据，而 HTML 则是用来格式化和显示数据的。本章主要讲述 PHP 与 XML 技术的相关应用。

17.1 认识 XML

随着因特网发展，为了控制网页显示样式，就增加了一些描述如何显现数据的标记，例如<center>、<b>等标记。但随着 HTML 的不断发展，W3C 组织意识到 HTML 存在一些无法避免的问题：

- 不能解决所有解释数据的问题，例如影音文件或化学公式、音乐符号等其他型态的内容。
- 效能问题，需要下载整份文件，才能开始对文件做搜寻的动作。
- 扩充性、弹性、易读性均不佳。

为了解决以上问题，专家们使用 SGML 精简制作，并依照 HTML 的发展经验，产生出一套使用上规则严谨、但是简单的描述数据的语言：XML。

XML(eXtensible Markup Language，可扩展标记语言)是 W3C 推荐参考的通用标记语言，同样也是 SGML 的子类，可以定义自己的一组标记。它具有下面几个特点。

(1) XML 是一种元标记语言。所谓“元标记语言”，就是开发者可以根据自己的需要定义自己的标记，例如开发者可以定义标记<book>、<name>，任何满足 XML 命名规则的名称都可以作为标记，这就为不同的程序应用打开了大门。

(2) 允许通过使用自定义格式，来标识、交换和处理数据库可以理解的数据。

(3) 基于文本的格式，允许开发人员描述结构化数据并在各种应用之间发送和交换这些数据。

(4) 有助于在服务器之间传输结构化数据。

(5) XML 使用的是非专有的格式，不受版权、专利、商业秘密或是其他种类的知识产权的限制。XML 的功能是非常强大的，同时对于人类或是计算机程序来说，都容易阅读和编写。因而成为交换语言的首选。

网络带给人类的最大好处是信息共享，在不同的计算机发送数据，而 XML 用来告诉我们“数据是什么”。利用 XML 可以在网络上交换任何一种信息。

【例 17.1】(示例文件 ch17\17.1.xml)

```
<?xml version="1.0" encoding="GB2312" ?>
<电器>
  <家用电器>
    <品牌>小天鹅洗衣机</品牌>
    <购买时间>2009-10-01</购买时间>
    <价格 币种="人民币">899 元</价格>
  </家用电器>
  <家用电器>
    <品牌>海尔冰箱</品牌>
    <购买时间>2011-08-16</购买时间>
    <价格 币种="人民币">3990</价格>
  </家用电器>
</电器>
```

此处需要将文件保存为 XML 文件。该文件中，每个标记是用汉语编写的，是自定义标记。整个电器是可以看作一个对象，该对象包含了多个家用电器，家用电器是用来存储电器的相关信息的，也可以说，家用电器对象是一种数据结构模型。在页面中没有对那个数据的样式进行修饰，而只告诉我们数据结构是什么，数据是什么。

在 IE 9.0 中浏览，效果如图 17-1 所示，可以看到，整个页面以树形结构显示，通过单击“-”可以关闭整个树形结构，而单击“+”可以展开树形结构。

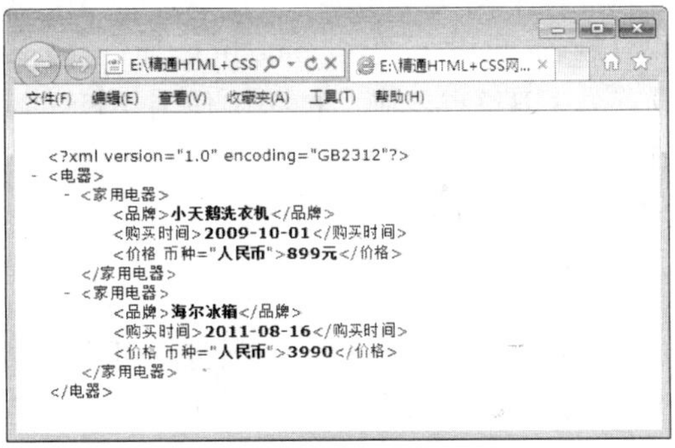

图 17-1 XML 文件显示

17.2 XML 语法基础

XML 是标记语言，可支持开发者为 Web 信息设计自己的标记。XML 要比 HTML 强大得多，它不再是固定的标记，而是允许定义数量不限的标记来描述文档中的资料，允许嵌套的信息结构。

17.2.1 XML 文档的组成和声明

一个完整的 XML 文档由声明、元素、注释、字符引用和处理指令组成。在文档中，所有这些 XML 文档的组成部分都是通过元素标记来指明的。可以将 XML 文档分为三个部分，如图 17-2 所示。

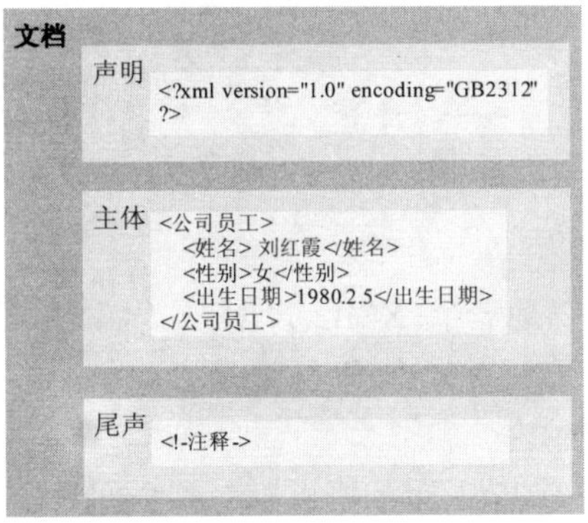

图 17-2 XML 文档的组成

XML 声明必须作为 XML 文档的第一行，前面不能有空白、注释或其他的处理指令。完整的声明格式如下：

```
<?xml version="1.0" encoding="编码" standalone="yes/no" ?>
```

其中 version 属性不能省略，且必须在属性列表中排在第一位，指明所采用的 XML 的版本号，值为 1.0。该属性用来保证对 XML 未来版本的支持。encoding 属性是可选属性。该属性指定了文档采用的编码方式，即规定了采用哪种字符集对 XML 文档进行字符编码，常用的编码方式为 UTF-8 和 GB2312。如果没有使用 encoding 属性，那么该属性的默认值是 UTF-8，如果 encoding 属性值设置为 GB2312，则文档必须使用 ANSI 编码保存，文档的标记以及标记内容只可以使用 ASCII 字符和中文。

使用 GB2312 编码的 XML 声明如下：

```
<?xml version="1.0" encoding="GB2312" ?>
```

XML 文档主体必须有根元素。所有的 XML 必须包含可定义根元素的单一标记对。所有其他的元素都必须处于这个根元素内部。所有的元素均可拥有子元素。子元素必须被正确地嵌套于它们的父元素内部。根标记以及根标记内容共同构成 XML 文档主体。没有文档主体的 XML 文档将不会被浏览器或其他 XML 处理程序所识别。

注释可以提高文档的可阅读性，尽管 XML 解析器通常会忽略文档中的注释，但位置适当且有意义的注释可以大大提高文档的可读性。所以 XML 文档中不用于描述数据的内容都可以包含在注释中，注释以“<!--”开始，以“-->”结束，在起始符和结束符之间为注释内容，注释内容可以输入符合注释规则的任何字符串。

【例 17.2】(示例文件 ch17\17.2.xml)

```
<?xml version="1.0" encoding="gb2312"?>
<!--这是一个优秀学生名单-->
<学生名单>
    <学生>
        <姓名>张三</姓名>
        <学号>21</学号>
        <性别>男</性别>
    </学生>
    <学生>
        <姓名>李四</姓名>
        <学号>22</学号>
        <性别>女</性别>
    </学生>
</学生名单>
```

上面的代码中，第一句代码是一个 XML 声明。“<学生>”标记是“<学生名单>”标记的子元素，而“<姓名>”标记和“<学号>”标记是“<学生>”的子元素。“<!--...-->”是一个注释。

在 IE 9.0 中浏览，效果如图 17-3 所示，可以看到页面显示了一个树形结构，并且数据层次感非常好。

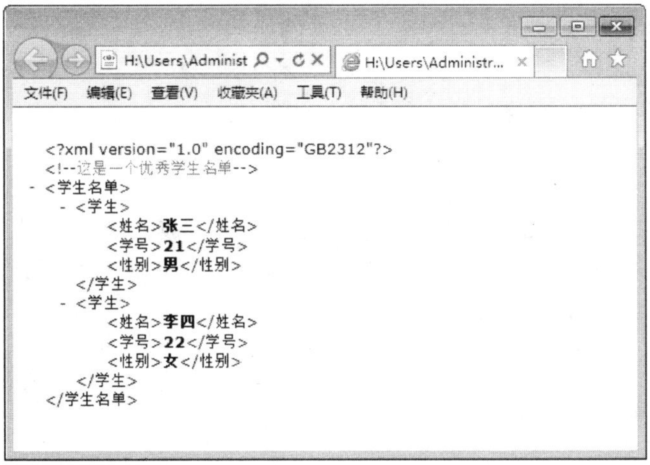

图 17-3　XML 在页面中的树形结构

17.2.2　操作 XML 元素

元素是以树形分层结构排列的，它可以嵌套在其他元素中。

1. 元素类别

在 XML 文档中，元素也分为非空元素和空元素两种类型。一个 XML 非空元素是由开始标记、结束标记以及标记之间的数据构成的。开始标记和结束标记用来描述标记之间的数据。标记之间的数据被认为是元素的值。非空元素的语法结构如下所示：

```
<开始标记>文本内容</结束标记>
```

而空元素就是不包含任何内容的元素，即开始标记和结束标记之间没有任何内容的元素。其语法结构如下所示：

```
<开始标记></结束标记>
```

可以把元素内容为文本的非空元素转换为空元素。例如：

```
<hello>下午好</hello>
```

这里<hello>是一个非空元素，如果把非空元素的文本内容转换为空元素的属性，那么转换后的空元素可以写为：

```
<hello content="下午好"></hello>
```

2. 元素命名规范

XML 元素命名规则与 Java、C 等的命名规则类似，它也是一种对大小写敏感的语言。XML 元素命名必须遵守下列规则：

- 元素名中可以包含字母、数字和其他字符。如<place>、<地点>、<no123>等。元素名中虽然可以包含中文，但是在不支持中文的环境中将不能够解释包含中文字符的 XML 文档。

- 元素名中不能以数字或标点符号开头。例如<123no>、<.name>、<?error>元素名称都是非法名称。
- 元素名中不能包含空格。如不能是<no 123>。

3. 元素嵌套

元素的内容可以包含子元素。子元素本身也是元素，被嵌套在上层元素之内。如果子元素嵌套了其他元素，那么它同时也是父元素，例如下面所示的部分代码：

```
<?xml version="1.0" encoding="gb2312" ?>
<students>
    <student>
        <name>张三</name>
        <age>20</age>
    </student>
    ...
</students>
```

<student>是<students>的子元素，同时也是<name>和<age>的父元素，而<name>和<age>是<student>的子元素。

4. 元素示例

【例 17.3】(示例文件 ch17\17.3.xml)

```
<?xml version="1.0" encoding="gb2312" ?>
<通信录>
    <!--"记录"标记中包含姓名、地址、电话和电子邮件 -->
    <记录 date="2011/2/1">
        <姓名>张三</姓名>
        <地址>中州大道 1 号</地址>
        <电话>0371-12345678</电话>
        <电子邮件>rose@tom.com</电子邮件>
    </记录>
    <记录 date="2011/3/12">
        <姓名>李四</姓名>
        <地址>邯郸市工农大道 2 号</地址>
        <电话>123456</电话>
    </记录>
    <记录 date="2011/6/23">
        <姓名>闫阳</姓名>
        <地址>长春市幸福路 6 号</地址>
        <电话>0431-123456</电话>
        <电子邮件>yy@sina.com</电子邮件>
    </记录>
</通信录>
```

文件代码中，第一行是 XML 声明，它声明该文档是 XML 文档、文档所遵守的版本号以及文档使用的字符编码集。

这个例子中，遵守的是 XML 1.0 版本规范，字符编码是 gb2312 编码方式。<记录>是<通

信录>的子标记，但<记录>标记同时是<姓名>和<地址>等标记的父元素。

在 IE 9.0 中浏览，效果如图 17-4 所示，可以看到，页面显示了一个树形结构，每个标记中间包含相应的数据。

图 17-4　元素示例

17.2.3　(处理指令)实体引用

有些字符在 XML 中有特殊的意思。而这些字符需要转义。

比如在<name></name>之间无法直接使用用于编写标签的符号“<”和“>”。如果直接在标签内使用，如<name>天地一斗 < 天地二斗</name>，在 XML 执行时便会出错。因为 XML 不知道标签的结尾从哪里开始。

要解决这个问题，只有用另外的一种方式来表示此符号，使所有符号在 XML 中合法，这样就不会使 XML 发生字符确认的混淆了。这种表示方法就是“实体引用”。

一些实体引用如下：“<”为“<”，“>”为“>”，“&”为“&”，“'”为“'”，“"”为“&qout;”。所以：

```
<name>天地一斗 < 天地二斗</name>
```

可以表示为：

```
<name>天地一斗 &lt; 天地二斗</name>
```

XML 对空格符不做多余处理，保留输入的情况。

17.2.4　使用 XML 命名空间

XML 内的元素名称都是通过自定义产生的。所以只有遵循一定的规则才不会出现问题。XML 命名空间就给出了避免命名冲突的方法。

例如，如果一个 XML 文档中出现了 HTML 文档中才出现的元素名称，如下：

```
<body>
   <form></form>
</body>
```

则浏览器在解析的时候将会出错，不知道到底是按照 XML 进行还是按照 HTML 进行。要解决这个问题，可以通过使用名称前缀。例如：

```
<s:body>
   <s:form></s:form>
</s:body>
```

其中，“s:”就是元素名前缀。但是配合名称前缀的使用，一定要在“根元素”上定义命名空间(namespace)属性。例如：

```
<?xml version="1.0" encoding="gb2312"?>
<store xmlns:s="http://www.w3.org/TR/html4/">
   <album catalog="song">
      <name>天地一斗</name>
      <author>Jay</author>
      <heading>周杰伦专辑</heading>
      <body>这是 jay 的最新专辑</body>
      <time>2011-02-20</time>
   </album>
</store>
```

其中，xmlns 属性的格式是：

```
xmlns:前缀名="URI"
```

其中“URI”是指向介绍前缀信息的页面，不是靠这个来解析前缀名。

例如：

```
<?xml version="1.0" encoding="gb2312"?>
<store xmlns="http://www.w3.org/TR/html4/">
   <album catalog="song">
      <name>天地一斗</name>
      <author>Jay</author>
      <head>周杰伦专辑</head>
      <body>这是 jay 的最新专辑</body>
      <time>2011-02-20</time>
   </album>
</store>
```

上述代码中定义了一个默认的命名空间，也就是在不加任何前缀的情况下，出现的 HTML 元素就按照 HTML 元素进行处理。

例如其中的：

```
<head>周杰伦专辑</head>
<body>这是 jay 的最新专辑</body>
```

将按照 HTML 元素进行处理。

17.2.5 XML DTD

XML 一定要按照规定的语法形式书写。为了验证它的合法性，可以通过 DTD 文档进行验证。

DTD 是 Document Type Definition 的缩写，意思是文档类型定义。DTD 文档是对类型文档进行定义的。在 XML 中使用，就是用来对 XML 文档进行定义的。

例如 DTD 文件 store.dtd：

```
<!DOCTYPE store
[
<!ELEMENT store (album)>
<!ELEMENT album (name,author,heading,body,time)>
<!ELEMENT author(#PCDATA)>
<!ELEMENT heading(#PCDATA)>
<!ELEMENT body (#PCDATA)>
<!ELEMENT time(#PCDATA)>
]>
```

就定义了 store.xml 文件的架构。

如果要使 DTD 起作用，可以进行相关的添加，引入文件：

```
<?xml version="1.0" encoding="gb2312"?>
<!DOCTYPE store SYSTEM "store.dtd">
<store>
   <album catalog="song">
      ...
   </album>
</store>
```

也可以直接把它写在 XML 的声明语句之后，例如以下代码：

```
<?xml version="1.0" encoding="gb2312"?>
<!DOCTYPE store
[
<!ELEMENT store (album)>
<!ELEMENT album (name,author,heading,body,time)>
<!ELEMENT name(#PCDATA)>
<!ELEMENT author(#PCDATA)>
<!ELEMENT heading(#PCDATA)>
<!ELEMENT body (#PCDATA)>
<!ELEMENT time(#PCDATA)>
]>

<store>
   <album catalog="song">
      ...
   </album>
</store>
```

17.2.6 使用 CDATA 标记

上例中<!ELEMENT name(#PCDATA)>中的“PCDATA”指的是 Parsed Character Data，即是使用 XML 解析器对字符数据进行解析。

“CDATA”指的是 Character Data，即是“不”使用解析器对字符数据进行解析。

在很多表示语言的头部，会出现以<script></script>开头，里面包含<![CDATA[]]>标记的代码，例如：

```
<script type="text/javascript">
<![CDATA[
function upperCase() {
    var x = document.getElementById("name").value
    document.getElementById("name").value = x.toUpperCase()
}
]]>
</script>
```

其中，“<![CDATA[]]>”标记意味着包含在此标记里面的代码不被当前文档解析器解析。如果是在 HTML 中使用，则不被 HTML 解析器解析。如果在 XML 中使用，则不被 XML 解析器解析。

标记内部的代码不能包含标记符本身。

17.3 把 XML 文档转换为 HTML 加以输出

根据上一节对 XML 的介绍，可以得出以下结论。

(1) XML 是用来传输和储存数据的，是 W3C 的推荐产物。

(2) XML 是一种标识语言，是需要使用标签(Tag)来表明语言元素的。如同 HTML 一类的标识语言。但是 HTML 是用来展示数据的。

(3) XML 的标签不像 HTML 那样有固定标准，用户使用 XML 需要自己定义标签。

(4) XML 语言本身并不做什么事情，它只是按照一定的方式把数据组织在一起。

例如以下代码：

```
<?xml version="1.0" encoding="gb2312"?>
<album>
    <name>天地一斗</name>
    <author>Jay</author>
    <heading>周杰伦专辑</heading>
    <body>这是 jay 的最新专辑</body>
    <time>2014-02-20</time>
</album>
```

这个 XML 文件包含了专辑的名称、作者、标头、主体内容和发布时间，而且它们所有的标签都是自定义的，所以浏览器无法识别这些，不会进行渲染展示。那么如何使 XML 中所携带的数据展示出来呢？

用户可以使用传统的 CSS 和 JavaScript 来实现，但是最好的方法是使用 XSLT。

XSLT 是用来把 XML 文档转换为 HTML 文档的语言，是 Extensible Stylesheet Language Transformations 的缩写，意思是扩展样式转换。XSLT 相当于 XML 的 HTML 模板。

17.4 在 PHP 中创建 XML 文档

XML 语言是标识语言。PHP 是脚本语言。使用脚本语言是可以创建标识语言的。

step 01 在网站下建立 xml.php 文件，输入代码如下：

```
<?php
header("Content-type: text/xml");
echo "<?xml version=\"1.0\" encoding=\"gb2312\"?>";
echo "<store>";
echo "<album catalog=\"song\">";
echo "<name>天地一斗</name>";
echo "<author>Jay</author>";
echo "<heading>周杰伦专辑</heading>";
echo "<body>这是 jay 的最新专辑</body>";
echo "</album>";
echo "</store>";
?>
```

step 02 运行 xml.php，结果如图 17-5 所示。

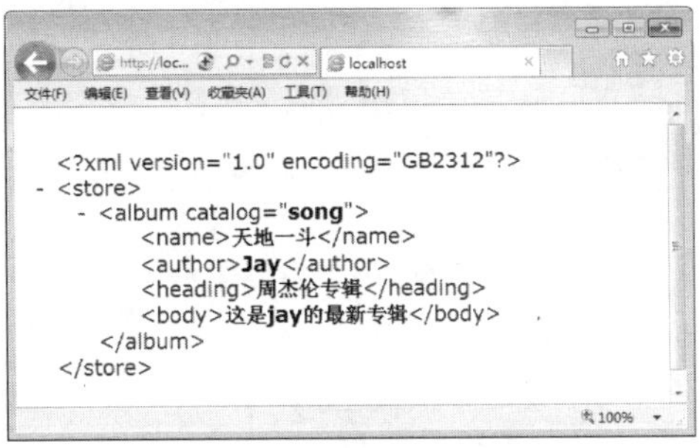

图 17-5 xml.php 程序的运行结果

案例分析：

(1) 在 xml.php 中通过 header(“Content-type: text/xml”);定义输出文本类型。

(2) PHP 通过 echo 命令直接把 XML 元素通过字符串输出。

17.5 使用 SimpleXML 扩展

以上通过 PHP 创建 XML 文档采取了静态方法。如果想要从获得的数据中动态地创建或者读取 XML 文件，应该用什么方式呢？最简单的就是使用 PHP 中提供的 SimpleXML 扩展。

17.5.1 创建 SimpleXMLElement 对象

从 PHP 5 版本开始，PHP 中才有 SimpleXML 扩展。SimpleXML 是一个 XML 解析器，它能够轻松读取 XML 文档，也是一个 XML 控制器，能够轻松创建 XML 文档。

SimpleXML 的好处就是把 PHP 对 XML 的处理变得“simple”简单化。不需要使用传统的 SAX 扩展和 DOM 扩展来为每个 XML 文档编写解析器。

SimpleXML 扩展拥有一个类、三个函数和众多的类方法。下面就来介绍 SimpleXML 扩展的对象 SimpleXMLElement。

使用 SimpleXMLElement 对象创建一个 XML 文档时，首先要创建一个对象。使用 SimpleXMLElement()函数创建此对象。

下面通过案例介绍此过程，具体步骤如下。

step 01 在网站下建立 simplexml.php 文件，输入代码如下：

```
<?php
$xmldoc =
   "<?xml version=\"1.0\" encoding=\"gb2312\"?>
   <store>
      <album catalog=\"song\">
         <name>天地一斗</name>
         <author>Jay</author>
         <heading>周杰伦专辑</heading>
         <body>这是 jay 的最新专辑</body>
         <time>2011-02-20</time>
      </album>
   </store>";
$simplexmlobj = new SimpleXMLElement($xmldoc);
echo $simplexmlobj->asXML();
?>
```

step 02 运行 simplexml.php，结果如图 17-6 所示。

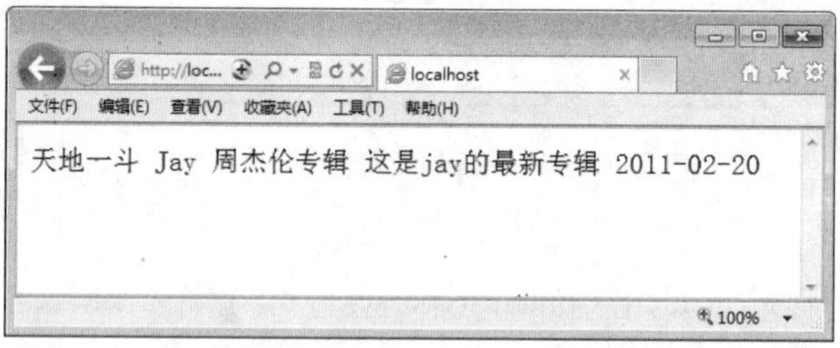

图 17-6 simplexml.php 的运行结果

案例分析：

(1) $xmldoc 为一个字符串变量，里面是一个完整的 XML 文档。

(2) $simplexmlobj 为 SimpleXMLElement()函数通过 new 关键字把包含 XML 文档的字符串变量$xmldoc 生成的 SimpleXML 对象。

(3) 对象$simplexmlobj 通过类方法 asXML()输出 XML 文档。输出结果如图 17-6 所示，

为一个字符串。由于没有参数设置，所以 XML 文档的数据输出为字符串。

继续上面的示例，修改 simplexml.php 文件中的：

```
echo $simplexmlobj->asXML();
```

为：

```
echo $simplexmlobj->asXML("storesim.xml");
```

其中，给类方法 asXML()添加的参数为一个 XML 文件名 storesim.xml。

继续运行 simplexml.php，则在该网页的同目录下得到 storesim.xml 文件，打开文件后，其中的代码如下：

```
<?xml version="1.0" encoding="gb2312"?>
<store>
    <album catalog="song">
        <name>天地一斗</name>
        <author>Jay</author>
        <heading>周杰伦专辑</heading>
        <body>这是 jay 的最新专辑</body>
        <time>2011-02-20</time>
    </album>
</store>
```

17.5.2 访问特定节点元素和属性

使用 XML 数据很重要的就是访问需要访问的数据。SimpleXML 可以通过 simplexml_load_file()函数很方便地完成此任务。

此例介绍加载 XML 文件并访问数据的过程，具体步骤如下。

step 01 在网站下建立文件 storeutf8.xml，输入代码如下：

```
<?xml version="1.0" encoding="utf-8"?>
<store>
    <album catalog="song">
        <name>help</name>
        <author>beatles</author>
        <heading>farmers</heading>
        <body>this is published in 1965.</body>
        <time>2011-02-20</time>
    </album>
</store>
```

step 02 在网站下建立文件 simplexmlele.php，输入代码如下：

```
<?php
$storeobj = simplexml_load_file("storeutf8.xml");
echo $storeobj->album->name ."<br />";
print_r($storeobj);
?>
```

step 03 运行 simplexmlele.php，结果如图 17-7 所示。

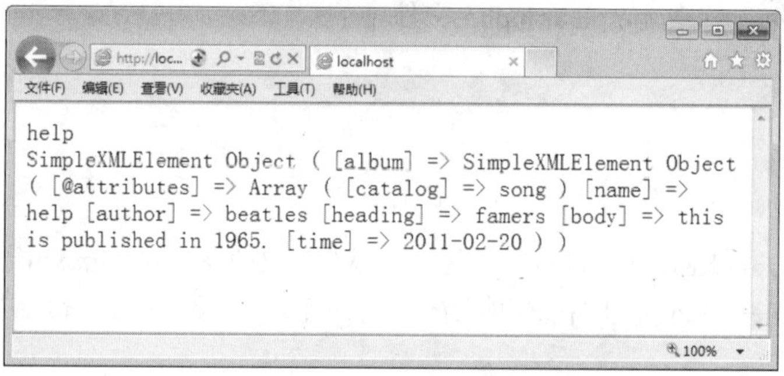

图 17-7　simplexmlele.php 的运行结果

案例分析：

(1) storeutf8.xml 为一个 XML 文档。不过它的字符编码为 utf-8。

(2) simplexml_load_file()函数加载 XML 文件，并且生成一个对象，赋值给$storeobj 变量。simplexml_load_file()函数把加载文件的数据都自动转换为 utf8 的编码格式。若文字编码为其他格式，则要采用其他加载方式。

(3) $storeobj 对象通过属性访问 XML 文档数据。使用$storeobj->album->name 就输出了 XML 文档中的<name>help</name>元素和数据。

(4) 通过 print_r()输出$storeobj 对象的所有数据和属性。

17.5.3　添加 XML 元素和属性

通过 simplexml 类的 addAttribute 和 addChild 方法添加 XML 元素和属性。步骤如下。

step 01 在网站下建立 simplexmlele2.php 文件，输入代码如下：

```
<?php
$storeobj = simplexml_load_file("storeutf8.xml") ;
$storeobj->addAttribute("storetype","CDshop");
$storeobj->album->addChild("type","CD");
echo $storeobj->album->name."<br />";
$storeobj->asXML("storeutf8-2.xml");
?>
```

step 02 运行 simplexmlele2.php，结果如图 17-8 所示。

图 17-8　simplexmlele2.php 的运行结果

step 03 此时在 simplexmlele2.php 文件的同目录下得到 storeutf8-2.xml 文件。打开文件，其中的代码如下：

```
<?xml version="1.0" encoding="utf-8"?>
<store storetype="CDshop">
    <album catalog="song">
        <name>help</name>
        <author>beatles</author>
        <heading>famers</heading>
        <body>this is published in 1965.</body>
        <time>2011-02-20</time>
        <type>CD</type>
    </album>
</store>
```

案例分析：

(1) simplexml_load_file()加载 storeutf8.xml。通过类方法 addAttribute()向根元素$storeobj 添加 storetyp 属性，其值为 CDshop。

(2) $storeobj->album->addChild(“type”,“CD”);语句向$storeobj->album 元素内添加子元素 type，其值为 CD。

(3) $storeobj->asXML(“storeutf8-2.xml”);语句生成 storeutf8-2.xml 文件。

17.6　动态创建 XML 文档

使用 SimpleXML 对象可以十分方便地读取和修改 XML 文档，但是却无法动态地建立 XML。如果想动态地创建 XML 文档，需要使用 DOM 来实现。DOM 是 Document Object Model 的简称，意思是文件对象模型，它是 W3C 组织推荐的处理可扩展标志语言的标准编程接口。

下面通过示例来讲解使用 DOM 动态创建 XML 文档的方法。

在网站下建立 dtxml.php 文件，代码如下：

```
<?php
  $dom = new DomDocument('1.0','gb2312');          //创建 DOM 对象
  $store = $dom->createElement('store');           //创建根节点 store
  $dom->appendChild($store);                       //将创建的根节点添加到 DOM 对象中
  $album = $dom->createElement('album');           //创建节点 album
  $store ->appendChild($album);                    //将节点 album 追加到 DOM 对象中
  $musiccd = $dom->createElement('musiccd');       //创建节点 musiccd
  $album ->appendChild($musiccd);                  //将 musiccd 追加到 DOM 对象中
  $type = $dom->createAttribute('type');           //创建节点属性 type
  $computerbook->appendChild($type);               //将属性追加到 musiccd 元素后
  $type_value = $dom->createTextNode('music');     //创建一个属性值
  $type->appendChild($type_value);                 //将属性值赋给 type
  $name = $dom->createElement('name');             //创建节点 name
  $musiccd ->appendChild($name);                   //将节点追加到 DOM 对象中
```

```
  $name_value = $dom->createTextNode(iconv('gb2312','utf-8','周杰伦专辑'));
    //创建元素值
  $name->appendChild($name_value);                    //将值赋给节点 name
  echo $dom->saveXML();                               //输出 XML 文件
?>
```

运行后，结果如图 17-9 所示。

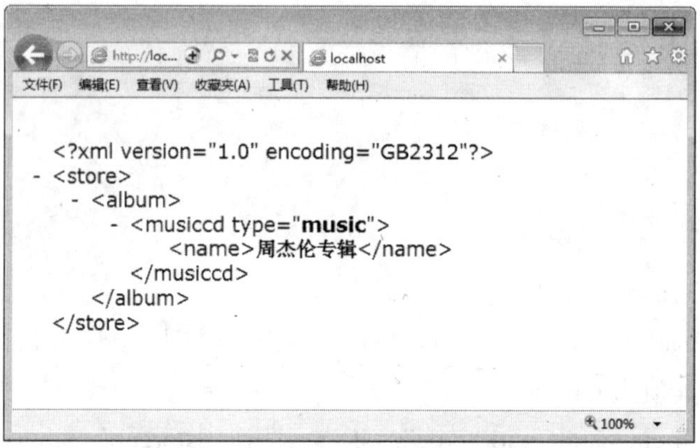

图 17-9　dtxml.php 文件的运行结果

17.7　疑难解惑

疑问 1：XML 和 HTML 文件有什么相同点和不同点？

HTML 和 XML 都是从 SGML 发展而来的标记语言，因此，它们有些共同点，如相似的语法和标记。不过 HTML 是在 SGML 定义下的一个描述性语言，只是一个 SGML 的应用。而 XML 是 SGML 的一个简化版本，是 SGML 的一个子集。

XML 是用来存放数据的，XML 不是 HTML 的替代品，XML 和 HTML 是两种不同用途的语言。XML 是被设计用来描述数据的。HTML 只是一个显示数据的标记语言。

疑问 2：在向 XML 添加数据时出现乱码现象怎么办？

iconv()函数是转换编码函数。在向页面或文件写入数据时，如果添加的数据的编码格式与文件原有的编码格式不符，会出现乱码的问题。解决的方法是：使用 iconv()函数将数据从输入时所使用的编码转换为另一种编码格式后再输出，即可解决上面的问题。

第 18 章

开发论坛

PHP 与 MySQL 的结合是开发 Web 网站的黄金搭档。本章将以论坛网站的开发为例进行讲解。论坛网站的开发具有网站开发的代表性，通过对本章的学习，读者可以掌握 PHP + MySQL 开发网站的常用知识和技巧。

18.1 网站的需求分析

在开发网站之前，首先应分析网站的需要，包括网站需求分析和网站的功能模块分析。

18.1.1 需求分析

需求分析是论坛网站开发的必要环节，本网站的需求如下。

(1) 论坛的游客可以注册、登录网站和浏览主题。

(2) 论坛的普通注册用户拥有浏览、发表主题、回复主题、修改自己的个人资料、查询主题、修改自己发布或回复的帖子等功能。

(3) 版主对版块的管理功能：包括对帖子的操作，如查询主题、置顶、加精、移动、编辑和删除；对用户的操作为禁止发言和删除 id；对版块的操作主要包括发布版块和广告。

(4) 系统管理员对版块的操作为建立、修改和删除版块；对用户的操作为禁止发言和删除 id；对帖子的主要操作为查询主题、置顶、加精、移动、编辑和删除；对论坛的操作为开放或关闭会员注册功能。

18.1.2 网站功能模块分析

网站主要有下列功能模块。

(1) 会员注册模块：新会员注册、提供会员信息、检验会员信息的有效性并将会员信息持久化。

(2) 会员登录模块：提供用户凭证、验证用户信息、基于角色授权。

(3) 会员管理模块：管理员由系统初始化分配一个，管理员可以对会员信息进行部分更改，主要包括色彩调整、版主调整、删除会员等。

(4) 论坛版块管理模块：管理员可以添加、删除、调整、置顶、隐藏论坛版块。

(5) 帖子管理模块：管理员可以对所有帖子进行转移、置顶、删除等操作，版主可以将版块帖子置顶、删除等。

(6) 帖子发表模块：用户可以在其权限允许的版块内发表帖子。

(7) 帖子回复模块：用户可以对其权限允许的主题发表回复。

(8) 帖子浏览模块：用户可以浏览所有可见的帖子。

(9) 帖子检索模块：注册用户可以提供标题关键字，检索所有可见的主题帖，并可以查看自己发表或回复的帖子。

18.2 数据库分析

分析完网站的功能后，开始分析数据库的逻辑结构并建立数据表。

18.2.1 分析数据库

本论坛的数据库名称为 bbs_data，共有 5 个数据表，各数据表之间的逻辑关系如图 18-1 所示。

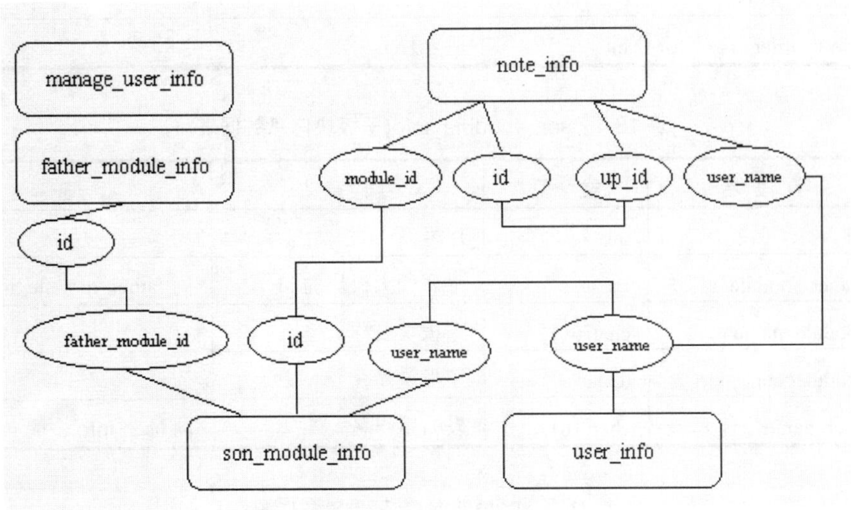

图 18-1 数据表的逻辑关系

18.2.2 创建数据表

分析数据库的结构后，即可创造数据表，各个数据表如表 18.1~18.5 所示。

表 18.1 manage_user_info(管理用户信息数据表)

编 号	字 段 名	类 型	字段意义	备 注
1	id	int	序号	
2	user_name	char(16)	管理用户登录名	
3	user_pw	char(16)	管理用户密码	

表 18.2 user_info(用户信息数据表)

编 号	字 段 名	类 型	字段意义	备 注
1	id	int	序号	
2	user_name	char(16)	用户登录名	
3	user_pw	char(16)	用户密码	
4	time1	datetime	注册时间	
5	time2	datetime	最后登录时间	

表 18.3　father_module_info(父板块信息数据表)

编　号	字 段 名	类　型	字段意义	备　注
1	id	int	序号	1
2	module_name	char(66)	板块名称	2
3	show_order	int	显示序号	3

表 18.4　son_module_info(子板块信息数据表)

编　号	字 段 名	类　型	字段意义	备　注
1	id	int	序号	
2	father_module_id	int	隶属的大板块的 id	同 father_module_info 中的 id
3	module_name	char(66)	子板块名称	
4	module_cont	text	子板块简介	
5	user_name	char(16)	发帖用户名	同 user_info 中的 user_name

表 18.5　note_info(发帖信息数据表)

编　号	字 段 名	类　型	字段意义	备　注
1	id	int	序号	
2	module_id	int	隶属的子板块的 id	同 son_module_info 中 id
3	up_id	int	回复帖子的 id	同本表中的 id
4	title	char(88)	帖子标题	
5	cont	text	帖子内容	
6	time	datetime	发帖时间	
7	user_name	char(16)	发帖用户名	同 user_info 中的 user_name
8	times	int	浏览次数	

18.3　论坛的代码实现

下面来分析论坛的代码是如何实现的。

18.3.1　数据库连接相关文件

主要的数据库连接相关文件如下。

文件 mysql.inc 位于随书光盘的 ch18\inc\下，用于自编连接数据库、服务器、SQL 语句的执行函数。主要代码如下：

```
<?php
   class mysql{ //连接服务器、数据库以及执行 SQL 语句的类库
   public $database;
   public $server_username;
   public $server_userpassword;
   function mysql(){  //构造函数初始化所要连接的数据库
      $this->server_username="root";
      $this->server_userpassword="";
   } //end mysql()
   function link($database){  //连接服务器和数据库
      //设置所有连接的数据库
      if ($database==""){
         $this->database="bbs_data";
      }else{
         $this->database=$database;
      }
      //连接服务器和数据库
      if(@$id=mysql_connect('localhost',$this->server_username,
       $this->server_userpassword)){
         if(!mysql_select_db($this->database,$id)){
            echo "数据库连接错误！！！";
            exit;
         }
       }else{
         echo "服务器正在维护中，请稍后重试！！！";
         exit;
       }
   }//end link($database)
   function excu($query){     //执行 SQL 语句
       if($result=mysql_query($query)){
          return $result;
       }else{
          echo "SQL 语句执行错误！！！请重试!!!";
          exit;
       }
   } //end  exec($query)
} //end class mysql
?>
```

文件 myfunction.inc 位于随书光盘的 ch18\inc\下，用于自编函数库。主要代码如下：

```
<?php
class myfunction{
/////////////////字符转换：向数据库中插入或更新时用///////////////////////////
   function str_to($str)
   {
      $str=str_replace(" "," ",$str);  //把空格替换为 HTML 的字符串空格
      $str=str_replace("<","&lt;",$str);  //把 HTML 的输出标志正常输出
      $str=str_replace(">","&gt;",$str);  //把 HTML 的输出标志正常输出
      $str=nl2br($str);                  //把回车替换成 HTML 中的 br
```

```
    return $str;
  }
//////////////////////由子板块的id返回该子板块的主题数//////////////////////
  function son_module_idtonote_num($son_module_id){
      $aa=new mysql;
      $aa->link("");
      $query="select * from note_info where module_id='"
              .$son_module_id."' and up_id='0'";
      $rst=$aa->excu($query);
      return mysql_num_rows($rst);
  }
/////////////////////////////////////////////////////////////////////////
//////////////////////由子板块的id返回该子板块的帖子数//////////////////////
  function son_module_idtonote_num2($son_module_id){
      $aa=new mysql;
      $aa->link("");
      $query="select * from note_info where module_id='"
              .$son_module_id."' and up_id='0'";
      $rst=$aa->excu($query);
      $num=mysql_num_rows($rst);
      while ($note=mysql_fetch_array($rst,MYSQL_ASSOC)){
         $query="select * from note_info where up_id='"
                .$note['id']."' and module_id='0'";
         $rst=$aa->excu($query);
         $num+=mysql_num_rows($rst);
      }
      return $num;
  }
//////////////////////由子板块的id输出该子板块的最新帖子/////////////////////
  function son_module_idtolast_note($son_module_id){
      $aa=new mysql;
      $aa->link("");
      $query="select * from note_info where module_id='"
              .$son_module_id."' order by time desc limit 0,1";
      $rst=$aa->excu($query);
      $note=mysql_fetch_array($rst,MYSQL_ASSOC);
         $query2="select * from note_info where id='".$note['up_id']."'";
         $rst2=$aa->excu($query);
         $note2=mysql_fetch_array($rst2,MYSQL_ASSOC);
         echo $note2['title'];
         echo "<br>";
         echo $note['time']."  ".$note['user_name'];
  }
//////////////////////由子板块的id输出该子板块的版主//////////////////////
  function son_module_idtouser_name($son_module_id){
      $aa=new mysql;
      $aa->link("");
      $query="select * from son_module_info where id='".$son_module_id."'";
      $rst=$aa->excu($query);
      $module=mysql_fetch_array($rst,MYSQL_ASSOC);
```

```
    if ($module['user_name']==""){
        return "版主暂缺";
    }else{
        return $module['user_name'];
    }
}
/////////////////输出所有板块的下拉列表(子板块有参数)/////////////////////
function son_module_list($son_module_id){
    $aa=new mysql;
    $aa->link("");
    $query="select * from father_module_info order by id";
    $rst=$aa->excu($query);
    echo "<select name=module_id>";
    while($father_module=mysql_fetch_array($rst,MYSQL_ASSOC)){
        echo "<option value=>".$father_module['module_name']."</option>";
        $query="select * from son_module_info where father_module_id= '"
                .$father_module['id']."' order by id ";
        $rst2=$aa->excu($query);
        while($son_module=mysql_fetch_array($rst2,MYSQL_ASSOC)){
            echo"<option value=".$son_module['id'].">  "
                .$son_module['module_name']."</option>";
        }
    }
    echo "</select>";
}
//////////////////////输出父板块的下拉列表///////////////////////////////////////
function father_module_list($father_module_id){
    $aa=new mysql;
    $aa->link("");
    echo "<select name=father_module_id>";
    if ($father_module_id==""){
        echo "<option selected>请选择...</option>";
    }else{
        $query=
        "select * from father_module_info where id='$father_module_id'";
        $rst=$aa->excu($query);
        $father_module=mysql_fetch_array($rst,MYSQL_ASSOC);
        echo"<option value=".$father_module['id'].">"
            .$father_module['module_name']."</option>";
    }
    $query="select * from father_module_info order by show_order";
    $rst=$aa->excu($query);
    while($father_module=mysql_fetch_array($rst,MYSQL_ASSOC)){
        echo "<option value=".$father_module['id'].">"
             .$father_module['module_name']."</option>";
    }
    echo "</select>";
}
//////////////////////由帖子的id返回该帖子被浏览的次数//////////////////////
function note_idtotimes($note_id){
```

```
        $aa=new mysql;
        $aa->link("");
        $query="select * from note_info where id='".$note_id."'";
        $rst=$aa->excu($query);
        $note=mysql_fetch_array($rst,MYSQL_ASSOC);
        return $note['times'];
    }
/////////////////////由帖子的id返回该帖子的标题///////////////////////
    function note_idtotitle($note_id){
        $aa=new mysql;
        $aa->link("");
        $query="select * from note_info where id='$note_id'";
        $rst=$aa->excu($query);
        $note=mysql_fetch_array($rst,MYSQL_ASSOC);
        return $note['title'];
    }
/////////////////////由帖子的id返回帖子的回复数/////////////////////
    function note_idtonote_num($note_id){
        $aa=new mysql;
        $aa->link("");
        $query="select * from note_info where up_id='".$note_id."'";
        $rst=$aa->excu($query);
        $num=mysql_num_rows($rst);
        return $num+1;
    }
///////////////////由帖子的id输出帖子的最后回复时间///////////////////
    function note_idtolast_time($note_id){
        $aa=new mysql;
        $aa->link("");
        $query="select * from note_info
                where up_id='$note_id' order by time desc limit 0,1";
        $rst=$aa->excu($query);
        $note=mysql_fetch_array($rst,MYSQL_ASSOC);
        echo $note['time'];
    }
/////////////////////由帖子的id输出帖子的最后回复人/////////////////////
    function note_idtolast_user_name($note_id){
        $aa=new mysql;
        $aa->link("");
        $query="select * from note_info
                where up_id='$note_id' order by time desc limit 0,1";
        $rst=$aa->excu($query);
        $note=mysql_fetch_array($rst,MYSQL_ASSOC);
        echo $note['user_name'];
    }
/////////////////////由子板块的id返回其父板块的名称/////////////////////
    function son_module_idtofather_name($son_module_id){
        $aa=new mysql;
        $aa->link("");
        $query="select * from son_module_info where id='$son_module_id'";
```

```
        $rst=$aa->excu($query);
        $module=mysql_fetch_array($rst,MYSQL_ASSOC);
        $query2="select * from father_module_info
                where id='$module[father_module_id]'";
        $rst2=$aa->excu($query2);
        $module2=mysql_fetch_array($rst2,MYSQL_ASSOC);
        return $module2['module_name'];
    }
/////////////////////由子板块的 id 返回本板块的名称//////////////////////
    function son_module_idtomodule_name($son_module_id){
        $aa=new mysql;
        $aa->link("");
        $query="select * from son_module_info where id='".$son_module_id."'";
        $rst=$aa->excu($query);
        $module=mysql_fetch_array($rst,MYSQL_ASSOC);
        return $module['module_name'];
    }
/////////////////////所有帖子的总数//////////////////////
    function note_total_num(){
        $aa=new mysql;
        $aa->link("");
        $query="select * from note_info";
        $rst=$aa->excu($query);
        return mysql_num_rows($rst);
    }
/////////////////////所有会员的总数//////////////////////
    function user_total_num(){
        $aa=new mysql;
        $aa->link("");
        $query="select * from user_info";
        $rst=$aa->excu($query);
        return mysql_num_rows($rst);
    }
/////////////////////最后会员名//////////////////////
    function last_username(){
        $aa=new mysql;
        $aa->link("");
        $query="select * from user_info order by id desc limit 0,1";
        $rst=$aa->excu($query);
        $user=mysql_fetch_array($rst,MYSQL_ASSOC);
        return $user['user_name'];
    }
/////////////分页函数////////////////////
    function page($query,$page_id,$add,$num_per_page){
     //  include "mysql.inc";
     ////////使用方法为:
     ///////  $myf=new myfunction;
     ///////  $query="";
     ///////  $myf->page($query,$page_id,$add,$num_per_page);
     ///////  $bb=$aa->excu($query);
```

```
    $bb=new mysql;
    global $query;        //声明全局变量
    $bb->link("");
    $page_id=@$_GET['page_id'];    //接受 page_id
    if ($page_id==""){
       $page_id=1;
    }
    $rst=$bb->excu($query);
    $num=mysql_num_rows($rst);
    if ($num==0){
       echo "没有查到相关记录或没有相关回复！<br>";
    }
    $page_num=ceil($num/$num_per_page);
    for ($i=1;$i<=$page_num;$i++){
       echo " [<a href=?".$add."page_id=".$i.">".$i."</a>]";
    }
    $page_up=$page_id-1;
    $page_down=$page_id+1;
    if ($page_id==1){
       echo "<a href=?".$add."page_id=".$page_down
             .">下一页</a>  第".$page_id
             ."页,共 ".$page_num."页";
    }
    else if ($page_id>=$page_num-1){
        echo "<a href=?".$add."page_id=".$page_up
              .">上一页</a>  第".$page_id
              ."页,共 ".$page_num."页";
    }
    else{
        echo "<a href=?".$add."page_id=".$page_up
              .">上一页</a>  <a href=?".$add."page_id="
              .$page_down.">下一页</a>  第"
              .$page_id."页,共 ".$page_num."页";
    }
    $page_jump=$num_per_page*($page_id-1);
    $query=$query." limit $page_jump,$num_per_page";
   }
 } //end myfunction
?>
```

18.3.2 论坛主页面

论坛主页面的相关文件如下。

文件 head.php 位于随书光盘的 ch18\inc\下，为论坛的头文件，代码如下：

```
<?php
@session_start();
?>
```

```
<style type="text/css">
<!--
@font-face {
   font-family: 'Hanyihei';
   src: url("inc/hanyihei.ttf") format("truetype");
   font-style: normal; }
@font-face {
   font-family: 'Minijanxixingkai';
   src: url("inc/minijanxixingkai.ttf") format("truetype");
   font-style: normal; }
.STYLE1 {
   font-family: 'Hanyihei';
   font-size: 36px;
   color:#024f6c;
}
.STYLE2 {
   font-family: 'Hanyihei';
}
-->
</style>
<table width="98%" border="0" align="center"
  cellpadding="0" cellspacing="1">
  <tr>
    <td height="60" bgcolor="f0b604">
        <span class="STYLE1">  迅捷 BBS 系统</span>
    </td>
  </tr>
  <tr>
    <td height="2"></td>
  </tr>
</table>
```

文件 foot.php 位于随书光盘的 ch18\inc\下，为论坛的版权文件。具体代码如下：

```
<table width="98%" border="0" align="center"
  cellpadding="0" cellspacing="0">
  <tr>
    <td height="10"></td>
  </tr>
  <tr>
    <td height="10" bgcolor="#5F8AC5"></td>
  </tr>
  <tr>
    <td height="40" align="center" valign="middle" bgcolor="#f0b604">
      建议使用浏览器 IE 6.0 以上 分辨率 1024*768 以上<br>
      版权所有：<a href="http://www.quickbbs.net" target="_blank">迅捷 BBS</a>
    </td>
  </tr>
</table>
```

文件 total_info.php 位于随书光盘的 ch18\inc\下，为论坛的总信息文件。具体代码如下：

```
<?php
//@session_start();
//用户登录并注册 SESSION
if(isset($_POST['tijiao'])){
    $tijiao=$_POST['tijiao'];
}
if (@$tijiao=="提交"){
    $user_name=@$_POST['user_name'];
    $user_pw=@$_POST['user_pw'];
    $check_query="select * from user_info where user_name='".$user_name."'";
    $check_rst=$aa->excu($check_query);
    $user=mysql_fetch_array($check_rst);
    if ($user_pw==$user['user_pw']){
        $_SESSION['user_name']=$user['user_name'];
        $today=date("Y-m-d H:i:s");
        $query="update user_info set time2='".$today."'
        where user_name='".$_SESSION['user_name']."'";
        $aa->excu($query);
    }
}
if (@$tijiao=="安全退出"){
    $_SESSION['user_name']="";
}
?>
<table width="98%" border="0" align="center"
  cellpadding="0" cellspacing="1">
  <tr>
    <form id="form1" name="form1" method="post" action="#">
    <td width="80%" height="25" align="left"
      valign="middle" bgcolor= "5F8AC5"> 
    <?php
    if (@$_SESSION['user_name']!=""){
        echo "<font color=ffffff>欢迎您:".$_SESSION['user_name']."</font>";
        echo "         
         <input type='submit' name='tijiao' value='安全退出'>";
    }else{
    ?>
        用户名:
        <input type="text" name="user_name" size="8" />
        密码:<input type="text" name="user_pw" size="8" />
        <input type="submit" name="tijiao" value="提交" />
           <a href="register.php">
         <font color="#FFFFFF">我要注册</font></a>
    <?php
    }
    ?>
    </td>
    </form>
```

```
    <td width="20%" align="right" valign="middle" bgcolor="5F8AC5">
    <?php
     $today=date("Y-m-d H:i:s");
     echo $today;
    ?>
    </td>
  </tr>
  <tr>
    <td height="25" colspan="2" align="right" valign="middle">
    帖子总数：<?php echo $bb->note_total_num();?>  
    会员总数：<?php echo $bb->user_total_num();?>  
    欢迎新会员：<?php echo $bb->last_username();?>  </td>
  </tr>
  <tr>
    <td height="13" colspan="2" align="right" valign="middle"> </td>
  </tr>
</table>
```

文件 index.php 位于随书光盘的 ch18\下，是用户访问的主页。具体代码如下：

```
<html>
<head>
    <meta http-equiv="Content-Type" content="text/html; charset=utf-8" />
    <title>===迅捷 BBS 系统===</title>
    <link href="inc/style.css" rel="stylesheet" type="text/css" />
</head>
<body>
<?php
@session_start();
include "inc/mysql.inc";
include "inc/myfunction.inc";
include "inc/head.php";
$aa=new mysql;
$bb=new myfunction;
$aa->link("");
include "inc/total_info.php";
?>
<table class='indextemp' width="98%" border="0"
  align="center" cellpadding="0" cellspacing="1" bgcolor="#FFFFFF">
  <tr>
    <td width="50%" height="25" align="center"
      valign="middle" bgcolor="5F8AC5">
        <span class="STYLE2">讨论区</span>
    </td>
    <td width="10%" align="center" valign="middle" bgcolor="5F8AC5">
        <span class="STYLE2">主 题</span>
    </td>
    <td width="10%" align="center" valign="middle" bgcolor="5F8AC5">
        <span class="STYLE2">帖 子</span>
    </td>
    <td width="20%" align="center" valign="middle" bgcolor="5F8AC5">
```

```
    <span class="STYLE2">最新帖子</span>
  </td>
  <td width="10%" align="center" valign="middle" bgcolor="5F8AC5">
    <span class="STYLE2">版 主</span>
  </td>
</tr>
<tr>
  <td colspan="5">
  <?php
  $query="select * from father_module_info order by id";
  $result=$aa->excu($query);
  while($father_module=mysql_fetch_array($result)){
  ?>
  <table width="100%" border="0" cellspacing="0" cellpadding="0">
    <tr>
      <td height="25" colspan="6" bgcolor="98B2CC">    
    <img src="pic_sys/li-1.gif" width="16" height="15">   
    <?php echo $father_module['module_name']?></td>
    </tr>
    <?php
     $query2="select * from son_module_info where father_module_id= '"
              .$father_module['id']."' order by id";
     $result2=$aa->excu($query2);
     while($son_module=mysql_fetch_array($result2)){
     ?>
     <tr>
      <td width="5%" height="40" align="center" valign="middle">
        <img src="pic_sys/li-2.gif" width="32" height="32">
      </td>
      <td width="45%" align="left" valign="middle">
      <?php
       echo "<b><a href=module_list.php?module_id=".$son_module['id'].">
         <font color=0000ff>".$son_module["module_name"]
         ."</font></a></b><br>";
       echo $son_module["module_cont"];
      ?>
      </td>
      <td width="10%" align="center" valign="middle">
          <?php echo $bb->son_module_idtonote_num($son_module["id"]);?>
      </td>
      <td width="10%" align="center" valign="middle">
          <?php echo $bb->son_module_idtonote_num2($son_module["id"]);?>
      </td>
      <td width="20%" align="left" valign="middle">
          <?php echo $bb->son_module_idtolast_note($son_module["id"]);?>
      </td>
      <td width="10%" align="center" valign="middle">
          <?php echo $bb->son_module_idtouser_name($son_module["id"]);?>
      </td>
    </tr>
    <?php }?>
  </table>
```

```
    <?php }?>
    </td>
  </tr>
</table>
<?php
include "inc/foot.php";
?>
</body>
</html>
```

主页运行后，效果如图 18-2 所示。

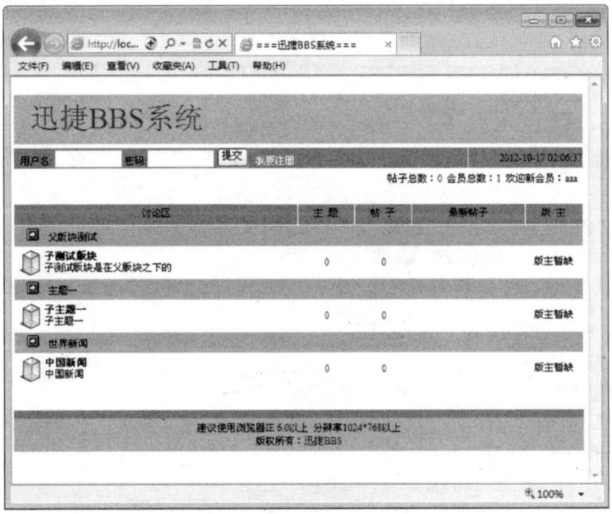

图 18-2　论坛主页面

18.3.3　新用户注册页面

文件 register.php 位于随书光盘的 ch18\下，是新用户注册页面。具体代码如下：

```
<html>
<head>
<meta http-equiv="Content-Type" content="text/html; charset=utf-8" />
<title>===迅捷 BBS 系统===</title>
<link href="inc/style.css" rel="stylesheet" type="text/css" />
</head>
<body>
<?php
include "inc/mysql.inc";
include "inc/myfunction.inc";
include "inc/head.php";
$aa=new mysql;
$bb=new myfunction;
$aa->link("");
include "inc/total_info.php";
?>
<table width="98%" border="0" align="center"
```

```
  cellpadding="0" cellspacing="0">
  <tr>
    <td width="73%" height="30"><a href="./">迅捷ＢＢＳ系统</a>>>新用户注册
    </td>
    <td width="27%" align="right" valign="middle">
        <a href="new_note.php"></a>
    </td>
  </tr>
</table>
<table width="98%" border="0" align="center" cellpadding="0"
  cellspacing="1" bgcolor="#FFFFFF">
  <tr>
    <td height="25" align="center" valign="middle" bgcolor="5F8AC5">
      发 布 新 帖
    </td>
  </tr>
  <tr>
    <td height="25" align="center" valign="middle">
    <?php
    //接收提交表单内容，检验数据库中是否已经存在此用户名，不存在则写入数据库
    $tijiao=@$_POST['tijiao'];
    if ($tijiao=="提交"){
         $user_name=@$_POST['user_name'];
         $query="select * from user_info where user_name='$user_name'";
         $rst=$aa->excu($query);
         if (mysql_num_rows($rst)!=0){
              echo "===您注册的用户名已经存在，请选择其他的用户名重新注册！===";
         }else{
              $user_pw1=$_POST['user_pw1'];
              $user_pw2=$_POST['user_pw2'];
              if ($user_pw1!=$user_pw2){
                   echo "===您两次输入的密码不匹配，请重新输入！===";
              }else{
                   $today=date("Y-m-d H:i:s");
                   $query="insert into user_info(user_name,user_pw,time1)
                             values('$user_name','$user_pw1','$today')";
                   if ($aa->excu($query)){
                        echo "===恭喜您，注册成功！请<a href=../>
                        返回主页</a>登录===";
                        $register_tag=1;
                   }
              }
         }
    }
    //显示注册表单
    if (@$register_tag!=1){
    ?>
    <form name="form1" method="post" action="#">
    <table width="500" border="0" cellpadding="0" cellspacing="2">
      <tr>
```

```
    <td width="122" height="26" align="right"
      valign="middle" bgcolor="#CCCCCC">
       用户名:
    </td>
    <td width="372" height="26" align="left"
      valign="middle" bgcolor="#CCCCCC">
       <input type="text" name="user_name">
    </td>
  </tr>
  <tr>
    <td height="26" align="right" valign="middle" bgcolor="#CCCCCC">密码:
    </td>
    <td height="26" align="left" valign="middle" bgcolor="#CCCCCC">
       <input type="text" name="user_pw1">
    </td>
  </tr>
  <tr>
    <td height="26" align="right" valign="middle" bgcolor="#CCCCCC">
      重复密码:
    </td>
    <td height="26" align="left" valign="middle" bgcolor="#CCCCCC">
        <input type="text" name="user_pw2">
    </td>
  </tr>
  <tr>
    <td height="26" colspan="2" align="center" valign="middle"
      bgcolor= "#CCCCCC">
     <input type="submit" name="tijiao" value="提 交">
           
     <input type="reset" name="Submit2" value="重 置">
    </td>
    </tr>
  </table>
  </form>
  <?php
  }
  ?>
  </td>
 </tr>
 <tr>
  <td height="1" bgcolor="#CCCCCC"></td>
 </tr>
</table>
<?php
include "inc/foot.php";
?>
</body>
</html>
```

注册页面的运行效果如图 18-3 所示。输入用户名和密码后，单击“提交”按钮，即可注册新用户。

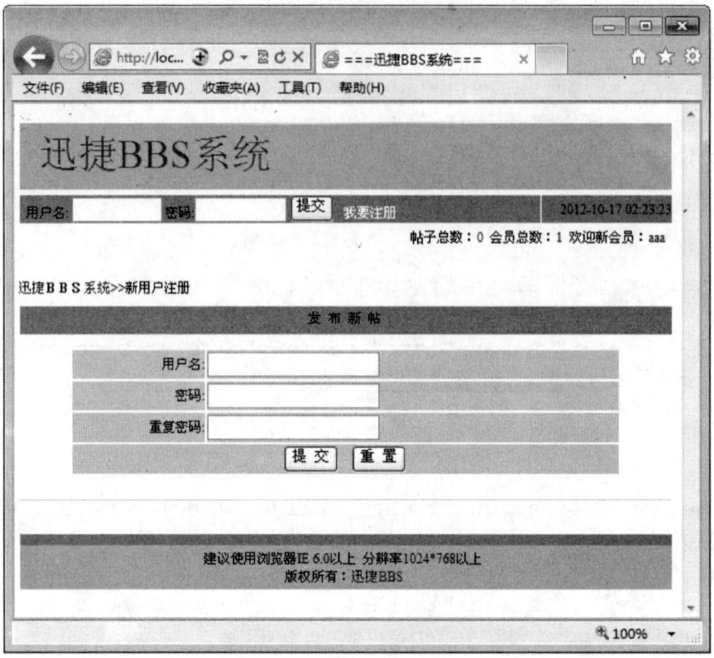

图 18-3　新用户注册页面

注册完成后，即可在主页输入用户名和密码，单击“提交”按钮，登录论坛系统。登录后的效果如图 18-4 所示。单击“安全退出”按钮，即可退出登录操作。

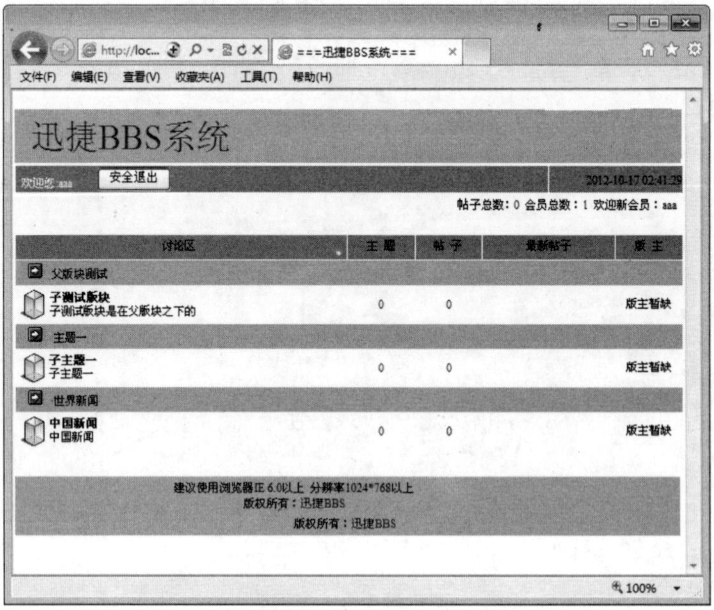

图 18-4　用户成功登录

18.3.4 论坛帖子的相关页面

下面介绍论坛帖子的相关页面。

文件 new_note.php 位于随书光盘的 ch18\下，是用于发布新帖的页面。具体代码如下：

```
<html>
<head>
<meta http-equiv="Content-Type" content="text/html; charset=utf-8" />
<title>===迅捷 BBS 系统===</title>
<link href="inc/style.css" rel="stylesheet" type="text/css" />
</head>
<body>
<?php
//@session_start();
include "inc/mysql.inc";
include "inc/myfunction.inc";
include "inc/head.php";
$aa=new mysql;
$bb=new myfunction;
$aa->link("");
include "inc/total_info.php";
?>
<table width="98%" border="0" align="center"
  cellpadding="0" cellspacing="0">
  <tr>
    <td width="73%" height="30"><a href="./">迅捷 B B S 系统</a>>>发新帖子</td>
    <td width="27%" align="right" valign="middle"><a href="new_note.php">
     <img src="pic_sys/post.gif" width="82" height="20"></a></td>
  </tr>
</table>
<table width="98%" border="0" align="center" cellpadding="0"
  cellspacing="1" bgcolor="#FFFFFF">
  <tr>
    <td height="25" align="center" valign="middle" bgcolor="5F8AC5">
      发 布 新 帖</td>
  </tr>
  <tr>
    <td height="25" align="center" valign="middle">
    <?php
    if (@$_SESSION['user_name']==""){
      echo "===请先登录! ==";
    }else{
      //接收提交表单内容，写入数据库
      $tijiao=@$_POST['tijiao'];
      if ($tijiao=="提交"){
         $module_id=@$_POST['module_id'];
         $title=@$_POST['title'];
         $cont=@$_POST['cont'];
```

```
    $cont=$bb->str_to($cont);
    $today=date("Y-m-d H:i:s");
    if ($module_id!="" and $title!="" and $cont!=""){
        $query=
          "insert into note_info(module_id,title,cont,time,user_name)
           values('$module_id','$title','$cont','$today','"
           .$_SESSION['user_name']."')";
        if ($aa->excu($query)){
          echo "===新帖发布成功，请继续！===";
        }
    }else{
        echo "===请选择子模块，而且标题和内容均不能为空！===";
    }
}
?>
<form name="form1" method="post" action="new_note.php">
<table width="500" border="0" cellpadding="0" cellspacing="2">
  <tr>
    <td width="122" height="26" align="right"
     valign="middle" bgcolor="#CCCCCC">隶属板块:</td>
    <td width="372" height="26" align="left"
     valign="middle" bgcolor="#CCCCCC">
     <?php
     $bb->son_module_list("");
     ?>
     </td>
  </tr>
  <tr>
    <td height="26" align="right" valign="middle" bgcolor="#CCCCCC">标题:
    </td>
    <td height="26" align="left" valign="middle" bgcolor="#CCCCCC">
    <input type="text" name="title"></td>
  </tr>
  <tr>
    <td height="26" align="right" valign="middle" bgcolor="#CCCCCC">内容:
    </td>
    <td height="26" align="left" valign="middle" bgcolor="#CCCCCC">
     <textarea name="cont" cols="50" rows="8"></textarea></td>
  </tr>
  <tr>
    <td height="26" align="right" valign="middle" bgcolor="#CCCCCC">
     发帖人:</td>
    <td height="26" align="left" valign="middle" bgcolor="#CCCCCC">
       <?php echo $_SESSION['user_name'];?></td>
  </tr>
  <tr>
    <td height="26" align="right" valign="middle" bgcolor="#CCCCCC">时间:
    </td>
    <td height="26" align="left" valign="middle" bgcolor="#CCCCCC">
     系统将自动记录！</td>
```

```
    </tr>
    <tr>
      <td height="26" colspan="2" align="center"
        valign="middle" bgcolor="#CCCCCC">
      <input type="submit" name="tijiao" value="提交">
          
      <input type="reset" name="Submit2" value="重 置">
      </td>
    </tr>
  </table>
  </form>
  <?php
  }
  ?>
  </td>
 </tr>
 <tr><td height="1" bgcolor="#CCCCCC"></td></tr>
</table>
<?php
include "inc/foot.php";
?>
</body>
</html>
```

发布新帖的页面效果如图 18-5 所示。

图 18-5 发新帖页面

文件 note_show.php 位于随书光盘的 ch18\下，是显示帖子和相关回复的页面。具体代码如下：

```
<html>
<head>
<meta http-equiv="Content-Type" content="text/html; charset=gb2312" />
<title>===迅捷 BBS 系统===</title>
<link href="inc/style.css" rel="stylesheet" type="text/css" />
</head>
<body>
<?php
include "inc/mysql.inc";
include "inc/myfunction.inc";
include "inc/head.php";
$aa=new mysql;
$bb=new myfunction;
$aa->link("");
include "inc/total_info.php";
$module_id=$_GET[module_id];
$note_id=$_GET[note_id];
?>
<table width="98%" border="0" align="center" cellpadding="0" cellspacing="0">
  <tr>
    <td width="73%" height="30"><a href="./">迅捷B B S系统</a>>>
    <?php
    echo "<a href=module_list.php?module_id=".$module_id.">";
    echo $bb->son_module_idtofather_name($module_id);
    echo "</a>>>";
    echo $bb->son_module_idtomodule_name($module_id);
    //删除回复
    $del_id=$_GET[del_id];
    if ($del_id!=""){
        if ($bb->son_module_idtouser_name($module_id)==$_SESSION[user_name]){
          $del_query="delete from note_info where id='$del_id'";
          $aa->excu($del_query);
          echo "<br>===删除回复成功！===";
        }
    }
    //添加回复
    $tijiao=$_POST[tijiao];
    if ($tijiao=="提 交"){
        $title=$_POST[title];
        $cont=$_POST[cont];
        $cont=$bb->str_to($cont);
        $today=date("Y-m-d H:i:s");
        if ($_SESSION[user_name]==""){
            $user_name="游客";
        }else{
            $user_name=$_SESSION[user_name];
        }
```

```
        $query="insert into note_info(up_id,title,cont,time,user_name)
         values('$note_id','$title','$cont','$today','$user_name')";
        $aa->excu($query);
    }
    ?></td>
    <td width="16%" align="right" valign="middle"><a href="#huifu">
      img src="pic_sys/reply.gif" width="82" height="20"></a></td>
    <td width="11%" align="right" valign="middle"><a href="new_note.php">
      <img src="pic_sys/post.gif" width="82" height="20"></a></td>
  </tr>
</table>
<?php
$query="select * from note_info where up_id='$note_id' order by time";
$add="module_id=".$module_id."&note_id=".$note_id."&";
?>
<table width="98%" border="0" align="center" cellpadding="0" cellspacing="0">
  <tr>
    <td height="30" align="left" valign="middle">
      <?php $bb->page($query, $page_id,$add,20)?>
    </td>
  </tr>
</table>
<?php
$query2="select * from note_info where id='$note_id'";
$result2=$aa->excu($query2);
$note2=mysql_fetch_array($result2);
?>
<table width="98%" border="0" align="center" cellpadding="0" cellspacing="1"
  bgcolor="#FFFFFF">
  <tr>
    <td width="71%" height="25" align="left"
      valign="middle" bgcolor="5F8AC5">标题:
<?php
    echo $note2[title]?></td>
    <td width="29%" align="center" valign="middle" bgcolor="5F8AC5">
     发帖时间:<?php echo $note2[time]?></td>
  </tr>
  <tr>
    <td height="1" colspan="2" bgcolor="#CCCCCC"></td>
  </tr>
</table>
<table width="98%" border="0" align="center"
  cellpadding="0" cellspacing="0">
  <tr>
    <td width="16%" height="15" align="center" valign="top">
      <img src="pic_sys/head2.jpg" width="85" height="90"><br>
      <?php echo $note2[user_name]?></td>
    <td align="left" valign="middle"><?php echo $note2[cont]?></td>
  </tr>
  <tr>
```

```
    <td height="8" colspan="2" align="center"
      valign="top" bgcolor="#5F8AC5">
    </td>
  </tr>
</table>
<?php
$rst=$aa->excu($query);
if (mysql_num_rows($rst)!=0){
?>
<table width="98%" border="0" align="center"
  cellpadding="0" cellspacing="0">
  <?php
  while ($note=mysql_fetch_array($rst)){
  ?>
  <tr>
    <td width="16%" height="120" rowspan="3" align="center" valign="top">
    <?php
    if ($note[user_name]=="游客"){
    ?>
    <img src="pic_sys/head1.png" width="100" height="100">
    <br>
    游客
    <?php
    }else{
    ?>
    <img src="pic_sys/head2.jpg" width="85" height="90"><br>
    <?php
    echo $note[user_name];
    }
    ?></td>
    <td width="54%" height="26" align="left" valign="middle">
      <?php echo $note[title]?></td>
    <td width="18%" height="26" align="center" valign="middle">
      <?php echo $note[time]?></td>
    <td width="12%" height="26" align="center" valign="middle">
    <?php
    if ($bb->son_module_idtouser_name($module_id)==$_SESSION[user_name]
      || $_SESSION[manage_tag]==1){
    echo "<a href=?   module_id=".$module_id."&note_id=".$note_id
         ."&page_id=".$page_id."&del_id=".$note[id]."">删除回复</a>";
    }
    ?></td>
  </tr>
  <tr>
    <td height="1" colspan="3" align="left"
      valign="top" bgcolor="#CCCCCC"></td>
  </tr>
    <tr>
    <td height="70" colspan="3" align="left" valign="top">
      <?php echo $note[cont]?></td>
```

```
  </tr>
  <tr>
    <td height="2" colspan="4" align="center"
      valign="top" bgcolor="#CCCCCC"></td>
  </tr>
  <?php }?>
</table>
<?php
  }
?>
<table width="98%" border="0" align="center"
  cellpadding="0" cellspacing="0">
  <tr>
    <td height="30" align="right" valign="bottom">
    <?php
    $query="select * from note_info
      where up_id='$note_id' order by time desc";
    $bb->page($query,$page_id,$add,20);
    ?></td>
  </tr>
</table>
<form name="form1" method="post" action="#">
<table width="500" border="0" align="center"
  cellpadding="0" cellspacing="2">
  <tr>
    <td height="26" colspan="2" align="center"
      valign="middle" bgcolor="#CCCCCC">
       <a name="huifu">回 复 此 帖</a></td>
  </tr>
  <tr>
    <td width="122" height="26" align="right" valign="middle"
      bgcolor="#CCCCCC">标题:</td>
    <td width="372" height="26" align="left" valign="middle"
      bgcolor="#CCCCCC">
    <?php
        $reply_title="回复:".$bb->note_idtotitle($note_id);
        echo $reply_title;
    ?>
    <input type="hidden" name="title" value="<?php echo $reply_title?>">
    </td>
  </tr>
  <tr>
    <td height="26" align="right" valign="middle" bgcolor="#CCCCCC">内容:
    </td>
    <td height="26" align="left" valign="middle" bgcolor="#CCCCCC">
      <textarea name="cont" cols="50" rows="8"></textarea></td>
  </tr>
  <tr>
    <td height="26" align="right" valign="middle" bgcolor="#CCCCCC">发帖人:
    </td>
```

```
    <td height="26" align="left" valign="middle" bgcolor="#CCCCCC"> 
    <?php
        if ($_SESSION[user_name]==""){
            echo "游客";
        }else{
            echo $_SESSION[user_name];
        }
    ?></td>
  </tr>
  <tr>
    <td height="26" align="right" valign="middle" bgcolor="#CCCCCC">时间:
    </td>
    <td height="26" align="left" valign="middle" bgcolor="#CCCCCC">
      系统将自动记录! </td>
  </tr>
  <tr>
    <td height="26" colspan="2" align="center"
      valign="middle" bgcolor="#CCCCCC">
     <input type="submit" name="tijiao" value="提 交">
          
      <input type="reset" name="Submit2" value="重 置"></td>
  </tr>
</table>
</form>
<?php
include "inc/foot.php";
?>
</body>
</html>
```

回复帖子页面的效果如图 18-6 所示。

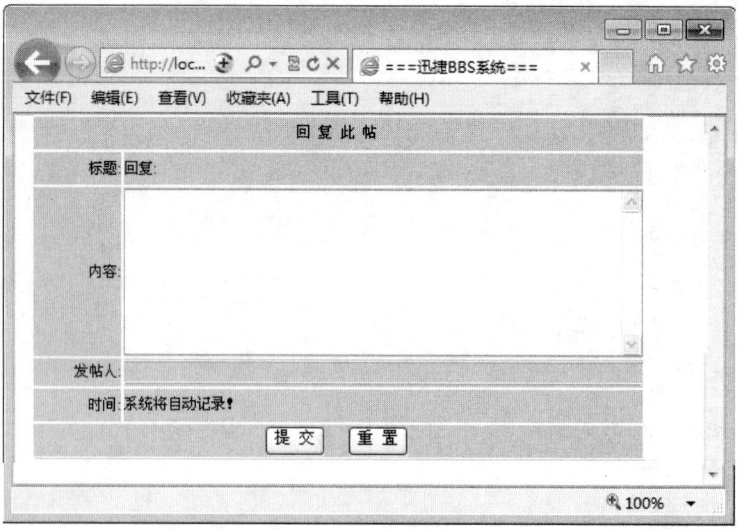

图 18-6　回复帖子页面

文件 module_list.php 位于随书光盘的 ch18\下，是显示子模块下帖子列表的页面。具体代码如下：

```
<html>
<head>
<meta http-equiv="Content-Type" content="text/html; charset=utf-8" />
<title>===迅捷 BBS 系统===</title>
<link href="inc/style.css" rel="stylesheet" type="text/css" />
</head>
<body>
<?php
@session_start();
include "inc/mysql.inc";
include "inc/myfunction.inc";
include "inc/head.php";
$aa=new mysql;
$bb=new myfunction;
$aa->link("");
include "inc/total_info.php";
$module_id=@$_GET['module_id'];
$del_id=@$_GET['del_id'];
if ($bb->son_module_idtouser_name($module_id)==@$_SESSION['user_name']){
   $query="delete from note_info where id='".$del_id."'";
   $aa->excu($query);
}
$query="select * from note_info where module_id='"
        .$module_id."' order by time desc";
$add="module_id=".$module_id."&";
?>
<table width="98%" border="0" align="center"
  cellpadding="0" cellspacing="0">
  <tr>
    <td width="73%" height="30"><a href="./">迅捷 B B S 系统</a>>>
    <?php
    echo "<a href=module_list.php?module_id=".$module_id.">";
    echo $bb->son_module_idtofather_name($module_id);
    echo "</a>>>";
    echo $bb->son_module_idtomodule_name($module_id);
    ?></td>
    <td width="27%" align="right" valign="middle"><a href="new_note.php">
    <img src="pic_sys/post.gif" width="82" height="20"></a></td>
  </tr>
</table>
<table width="98%" border="0" align="center"
  cellpadding="0" cellspacing="0">
  <tr>
    <td height="30" align="left" valign="middle">
      <?php $bb->page($query,@$page_id,$add,20)?></td>
  </tr>
</table>
```

```
<table width="98%" border="0" align="center" cellpadding="0"
 cellspacing="1" bgcolor="#FFFFFF">
 <tr>
  <td width="3%" height="25" align="center" valign="middle"
   bgcolor="5F8AC5"> </td>
  <td width="5%" align="center" valign="middle" bgcolor="5F8AC5">人气</td>
  <td width="50%" align="center" valign="middle" bgcolor="5F8AC5">标  题
  </td>
  <td width="9%" align="center" valign="middle" bgcolor="5F8AC5">发起人
  </td>
  <td width="5%" align="center" valign="middle" bgcolor="5F8AC5">帖子数
  </td>
  <td width="16%" align="center" valign="middle" bgcolor="5F8AC5">
   最后发表时间</td>
  <td width="12%" align="center" valign="middle" bgcolor="5F8AC5">
   最后发表人</td>
 </tr>
 <?php
  $result=$aa->excu($query);
  while($note=mysql_fetch_array($result)){
 ?>
 <tr>
  <td height="25" align="center" valign="middle">
   <img src="pic_sys/li-3.gif" width="14" height="11"></td>
  <td height="25" align="center" valign="middle">
   <?php echo $bb->note_idtotimes($note['id']);?></td>
  <td height="25" align="left" valign="middle">
   <?php
    echo "<a href=note_show.php?module_id=".$module_id
         ."&note_id=".$note['id'].">".$note['title']."</a>";
  if ($bb->son_module_idtouser_name($module_id)==$_SESSION['user_name']
   || $_SESSION['manage_tag']==1){
    echo "  
      <a href=module_list.php?module_id=".$module_id
       ."&page_id=".$page_id."&del_id=".$note['id'].">删除此帖</a>";
  }
  ?></td>
  <td height="25" align="center" valign="middle">
   <?php echo $note['user_name'];?></td>
  <td height="25" align="center" valign="middle">
   <?php echo $bb->note_idtonote_num($note['id']);?></td>
  <td height="25" align="center" valign="middle">
   <?php echo $bb->note_idtolast_time($note['id']);?></td>
  <td height="25" align="center" valign="middle">
   <?php echo $bb->note_idtolast_user_name($note['id']);?></td>
 </tr>
 <tr>
  <td height="1" colspan="7" bgcolor="#CCCCCC"></td>
 </tr>
 <?php
```

```
    }
    ?>
</table>
<table width="98%" border="0" align="center"
  cellpadding="0" cellspacing="0">
  <tr>
    <td height="30" align="right" valign="bottom">
    <?php
    $query="select * from note_info where module_id='"
            .$module_id."' order by time desc";
    $bb->page($query,@$page_id,$add,20)
    ?></td>
  </tr>
</table>
<?php
include "inc/foot.php";
?>
</body>
</html>
```

显示帖子的页面效果如图 18-7 所示。

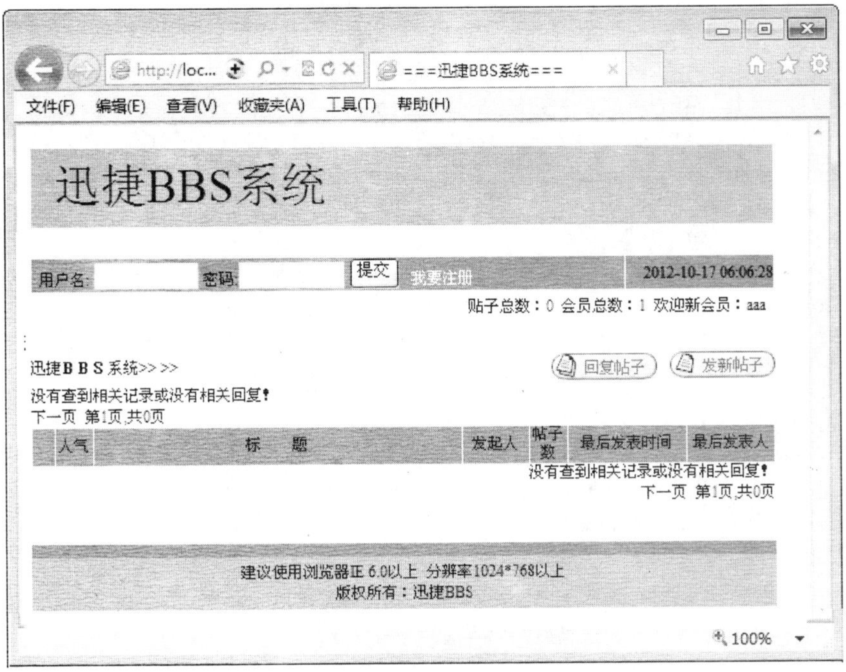

图 18-7　显示帖子列表的页面

18.3.5　后台管理系统的相关页面

下面介绍后台管理系统的相关页面。

(1)　login.php 位于随书光盘的 ch18\manage\下，用于管理用户登录。具体代码如下：

```
<?php
include "../inc/mysql.inc";
include "../inc/myfunction.inc";
$aa=new mysql;
$bb=new myfunction;
$aa->link("");
$_SESSION['manage_name']="";
$_SESSION['manage_tag']="";
?>
<head>
<style>
<!--
td { font-size: 10pt }
-->
</style>
<title>:::管理员登录==迅捷 BBS 系统:::</title>
</head>
<body  onLoad="tijiao.username.value='';tijiao.username.focus();">
<p align="center"></p>
<br>
<div align="center">
<center>
<form method=POST name="tijiao" action="auth.php">
<table border="1" cellpadding="0" cellspacing="0" bordercolor="#111111"
  width="240" height="126" bordercolorlight="#FFFFFF"
  bordercolordark="#FFFFFF" style="border-collapse: collapse">
    <tr>
      <td width="238" colspan="2" height="25" bgcolor="#A8A3AD">
      <p align="center">
        <b><font color="#FFFFFF">迅捷 BBS 后台管理系统</font></b>
      </td>
    </tr>
    <tr>
      <td width="64" height="26" bgcolor="#E3E1E6">
        <p align="center">账  号: </td>
      <td height="26" bgcolor="#E3E1E6" width="173">
        <input type="text" name="username" size="20"
          style="color: #A8A3AD; border-style: solid;
          border-width: 1; padding-left: 4; padding-right: 4;
          padding-top: 1; padding-bottom: 1"></td>
    </tr>
    <tr>
      <td width="64" height="26" bgcolor="#E3E1E6">
      <p align="center">口  令: </td>
      <td height="26" bgcolor="#E3E1E6" width="173">
      <input type="password" name="password" size="20"
        style="color: #A8A3AD; border-style: solid;
        border-width: 1; padding-left: 4; padding-right: 4;
        padding-top: 1; padding-bottom: 1"></td>
    </tr>
```

```
    <tr>
      <td width="238" height="29" bgcolor="#E3E1E6" colspan="2">
      <p align="center"><input type="submit" value="登 录" name="login">
            
        <input type="reset" value="取 消" name="cancel"></td>
    </tr>
    <tr>
      <td width="238" colspan="2" height="20" bgcolor="#A8A3AD"></td>
    </tr>
</table>
</form>
</center>
</div>
</body>
```

管理用户登录页面的效果如图 18-8 所示。

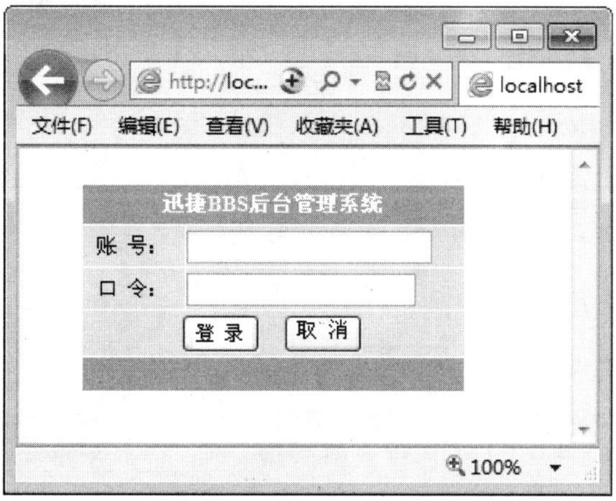

图 18-8 管理用户登录的页面

(2) 文件 session.inc 位于随书光盘的 ch18\manage\下，是检验 Session 是否存在的页面。具体代码如下：

```
<?php
@session_start();
//if ($_SESSION['manage_name']=="" and $_SESSION['manage_tag']!=1){
//    header("location:./login.php");
//    }
?>
```

(3) 文件 index_top.php 位于随书光盘的 ch18\manage\下，是后台管理主页面的上部页面。具体代码如下：

```
<HTML>
<HEAD>
<TITLE>顶部管理导航菜单</TITLE>
<META http-equiv=Content-Type content="text/html; charset=gb2312">
<STYLE type=text/css>
```

```
A:link {
   COLOR: #ffffff; TEXT-DECORATION: none
}
A:hover {
   COLOR: #ffffff
}
A:visited {
   COLOR: #f0f0f0; TEXT-DECORATION: none
}
.spa {
   FONT-SIZE:  9pt;  FILTER:  Glow(Color=#0F42A6,  Strength=2)  dropshadow
(Color=#0F42A6, OffX=2, OffY=1,); COLOR: #8aade9; FONT-FAMILY: '宋体'
}
IMG {
   FILTER: Alpha(opacity:100); chroma: #FFFFFF)
}
</STYLE>
<SCRIPT language=JavaScript type=text/JavaScript>
function preloadImg(src) {
  var img=new Image();
  img.src=src
}
preloadImg('image/admin_top_open.gif');
var displayBar=true;
function switchBar(obj) {
  if (displayBar) {
   parent.frame.cols='0,*';
   displayBar=false;
   obj.src='image/admin_top_open.gif';
   obj.title='打开左边管理导航菜单';
  } else {
   parent.frame.cols='200,*';
   displayBar=true;
   obj.src='image/admin_top_close.gif';
   obj.title='关闭左边管理导航菜单';
  }
}
</SCRIPT>
<META content="MSHTML 6.00.2900.2963" name=GENERATOR></HEAD>
<BODY leftMargin=0 background=image/admin_top_bg.gif topMargin=0>
<TABLE cellSpacing=0 cellPadding=0 width="100%" border=0>
  <TBODY>
  <TR vAlign=center>
   <TD width=60><IMG title=关闭左边管理导航菜单 style="CURSOR: hand"
    onclick=switchBar(this) src="image/admin_top_close.gif"></TD>
   <TD width=92><A href="login.php" target="_parent">
    <IMG src="image/top_an_1.gif" border=0></A></TD>
   <TD width=92><A href="#"></A></TD>
   <TD width=104><A href="#"></A></TD>
   <TD width=92><A href="#"></A></TD>
```

```
    <TD width=92><A href="#"></A></TD>
    <TD class=spa align=right>ET PHP SOUND CODE DEVELOP  
  </TD>
  </TR>
</TBODY>
</TABLE>
</BODY>
</HTML>
```

(4) 文件 index_left.php 位于随书光盘的 ch18\manage\下，是后台管理主页面的左侧页面。具体代码如下：

```
<?php
include "session.inc";
?>
<HTML>
<HEAD><TITLE>管理导航菜单</TITLE>
<META http-equiv=Content-Type content="text/html; charset=gb2312">
<SCRIPT src="menu.js"></SCRIPT>
<LINK href="left.css" type=text/css rel=stylesheet>
</HEAD>
<BODY leftMargin=0 topMargin=0 marginwidth="0" marginheight="0">
<TABLE cellSpacing=0 cellPadding=0 width=180 align=center border=0>
  <TBODY>
  <TR>
    <TD vAlign=top height=44><IMG src="image/title.gif"></TD>
  </TR></TBODY> </TABLE>
<TABLE cellSpacing=0 cellPadding=0 width=180 align=center>
  <TBODY>
  <TR>
    <TD class=menu_title id=menuTitle0
    onmouseover="this.className='menu_title2';"
    onmouseout="this.className='menu_title';"
    background=image/title_bg_quit.gif
      height=26>  <A href="Admin_Main.php" target="_top">
      <B><SPAN class=glow>管理首页</SPAN></B></A>
      <SPAN class=glow>|</SPAN><A href="login.php" target="_top">
      <B><SPAN class=glow>退出</SPAN></B></A></TD></TR>
  <TR>
    <TD id=submenu0 background=image/title_bg_admin.gif height=97>
      <DIV style="WIDTH: 180px">
      <TABLE cellSpacing=0 cellPadding=0 width=130 align=center>
        <TBODY>
        <TR>
          <TD height=16>您的用户名：<?php echo @$_SESSION ['manage_name'];?>
          </TD></TR>
        <TR>
          <TD height=16>您的身份：<?php echo @$_SESSION['manage_name'];?>
          </TD></TR>
        <TR>
```

```
        <TD height=16>IP: <?php echo $_SERVER["REMOTE_ADDR"];?></TD>
      </TR>
      <TR>
        <TD height=16> </TD>
      </TR>
      </TBODY></TABLE></DIV>
    <DIV style="WIDTH: 167px">
    <TABLE cellSpacing=0 cellPadding=0 width=130 align=center>
      <TBODY>
      <TR>
        <TD height=20></TD></TR></TBODY>
    </TABLE></DIV></TD></TR></TBODY></TABLE>
<TABLE cellSpacing=0 cellPadding=0 width=167 align=center>
  <TBODY>
  <TR>
    <TD class=menu_title id=menuTitle1
    onmouseover="this.className='menu_title2'" style="CURSOR: hand"
    onclick="new Element.toggle('submenu1')"
    onmouseout="this.className='menu_title'"
    background=image/Admin_left_1.gif height=28 ;>
    <SPAN class=glow>论坛板块管理</SPAN></TD>
  </TR>
  <TR>
    <TD id=submenu1 style="DISPLAY: none" align=right>
      <DIV class=sec_menu style="WIDTH: 165px">
      <TABLE cellSpacing=0 cellPadding=0 width=132 align=center>
        <TBODY>
        <TR>
         <TD height=20><A href="father_module_add.php" target=main>父板块添加
         </A></TD>
        </TR>
        <TR>
         <TD height=20><A href="father_module_list.php" target=main>
          父板块管理</A></TD>
        </TR>
        <TR>子板块添加</A></TD>
        </TR>
      <TR>
        <TD height=20><A href="son_module_list.php" target=main>
          子板块管理</A></TD>
      </TR>
      </TABLE>
    </DIV>
    <DIV style="WIDTH: 158px">
    <TABLE cellSpacing=0 cellPadding=0 width=130 align=center>
      <TBODY>
      <TR>
        <TD height=4></TD></TR>
   </TBODY></TABLE></DIV></TD></TR></TBODY></TABLE>
<TABLE cellSpacing=0 cellPadding=0 width=167 align=center>
```

```
  <TBODY>
  <TR>
    <TD class=menu_title id=menuTitle2
    onmouseover="this.className='menu_title2'" style="CURSOR: hand"
    onclick="new Element.toggle('submenu2')"
    onmouseout="this.className='menu_title'"
    background=image/Admin_left_11.gif height=28 ;>
      <SPAN class=glow>论坛用户管理</SPAN></TD>
  </TR>
  <TR>
    <TD id=submenu2 style="DISPLAY: none" align=right>
      <DIV class=sec_menu style="WIDTH: 165px">
      <TABLE cellSpacing=0 cellPadding=0 width=132 align=center>
        <TBODY>
        <TR>
          <TD height=20><A href="user_list.php" target=main>所有用户</A></TD>
        </TR>
         <TR>
          <TD height=20><A href="user_js.php" target=main>用户检索</A></TD>
         </TR>
        </TBODY></TABLE>
      </DIV>
      <DIV style="WIDTH: 158px">
      <TABLE cellSpacing=0 cellPadding=0 width=130 align=center>
        <TBODY>
        <TR>
          <TD height=4></TD></TR>
   </TBODY></TABLE></DIV></TD></TR></TBODY></TABLE>
<TABLE cellSpacing=0 cellPadding=0 width=167 align=center>
  <TBODY>
  <TR>
    <TD class=menu_title id=menuTitle3
    onmouseover="this.className='menu_title2'" style="CURSOR: hand"
    onclick="new Element.toggle('submenu3')"
    onmouseout="this.className='menu_title'"
    background=image/Admin_left_3.gif height=28 ;>
    <SPAN class=glow>安全管理</SPAN></TD>
  </TR>
  <TR>
    <TD id=submenu3 style="DISPLAY: none" align=right>
      <DIV class=sec_menu style="WIDTH: 165px">
      <TABLE cellSpacing=0 cellPadding=0 width=132 align=center>
        <TBODY>
         <TR>
          <TD height=20><A href="user_pw_change.php" target=main>密码更改</A>
          </TD>
         </TR>
         <TR>
          <TD height=20><A href="../" target=_blank>帖子管理</A></TD>
         </TR>
```

```
        </TBODY></TABLE>
        </DIV>
        <DIV style="WIDTH: 158px">
        <TABLE cellSpacing=0 cellPadding=0 width=130 align=center>
          <TBODY>
          <TR>
            <TD height=4></TD></TR>
      </TBODY></TABLE></DIV></TD></TR></TBODY></TABLE>
<TABLE cellSpacing=0 cellPadding=0 width=167 align=center>
  <TBODY>
  <TR>
    <TD class=menu_title id=menuTitle208
    onmouseover="this.className='menu_title2';"
    onmouseout="this.className='menu_title';"
    background=image/Admin_left_04.gif
      height=28><SPAN>系统信息</SPAN> </TD></TR>
  <TR>
    <TD align=right>
      <DIV class=sec_menu style="WIDTH: 165px">
      <TABLE cellSpacing=0 cellPadding=0 width=130 align=center>
        <TBODY>
        <TR>
          <TD height=20><br>版本号:verson 1.0<BR>版权所有:  
           <A href= "http://www.quickbbs.net/" target=_blank>迅捷BBS</A>
           <BR>设计制作:  
           <A href="http://www.etpt.net/" target=_blank>迅捷BBS</A>
           <BR>技术支持:  
           <A href="http://bbs.etpt.net/" target=_blank>迅捷BBS</A>
           <BR><BR></TD></TR>
    </TBODY></TABLE></DIV></TD></TR>
</TBODY></TABLE>
</BODY>
</HTML>
```

(5) 文件 index_right.php 位于随书光盘的 ch18\manage\下，是后台管理主页面的右侧页面。具体代码如下：

```
<?php
include "fun_head.php";
head("管理首页");
?>
<TABLE cellSpacing=0 cellPadding=0 width="100%" border=0>
  <TBODY>
  <TR>
    <TD width=20 rowSpan=2> </TD>
    <TD class=topbg align=middle width=100>论坛板块管理</TD>
    <TD width=300> </TD>
    <TD width=40 rowSpan=2> </TD>
    <TD class=topbg align=middle width=100>论坛用户管理</TD>
    <TD width=300> </TD>
```

```
    <TD width=21 rowSpan=2> </TD></TR>
  <TR class=topbg2>
    <TD colSpan=2 height=1></TD>
    <TD colSpan=2></TD></TR></TBODY></TABLE>
<TABLE cellSpacing=0 cellPadding=0 width="100%" border=0>
  <TBODY>
  <TR>
    <TD width=20> </TD>
    <TD width=400><br>
  本管理模块共分四个子模块:父模块添加、父模块管理、子模块添加、子某块管理。
  其中父模块添加和子模块添加可以实现本论坛的父模块和子模块的添加;
  父模块的管理和子模块的管理可以实现本论坛父模块和子模块的删除、编辑等功能。<BR>
    </TD>
    <TD width=40> </TD>
    <TD
      width=400><br>
     本管理模块共分两个子模块:所有用户和用户检索。
     其中所有用户按用户注册的先后顺序分页依次列出。
     用户检索是有管理员输入要查询的论坛注册用户的用户名，系统通过数据库查询出该用户的
     相关信息，并列出，而且管理员也可以在查询注册用户后直接删除该用户。<br>
      <br></TD>
    <TD width=21> </TD></TR></TBODY></TABLE>
<TABLE height=10 cellSpacing=0 cellPadding=0 width="100%" border=0>
  <TBODY>
  <TR>
    <TD></TD></TR></TBODY></TABLE>
<TABLE cellSpacing=0 cellPadding=0 width="100%" border=0>
  <TBODY>
  <TR>
    <TD width=20 rowSpan=2> </TD>
    <TD class=topbg align=middle width=100>安全管理</TD>
    <TD width=300> </TD>
    <TD width=40 rowSpan=2> </TD>
    <TD class=topbg align=middle width=100>系统信息</TD>
    <TD width=300> </TD>
    <TD width=21 rowSpan=2> </TD></TR>
  <TR class=topbg2>
    <TD colSpan=2 height=1></TD>
    <TD colSpan=2></TD></TR></TBODY></TABLE>
<TABLE cellSpacing=0 cellPadding=0 width="100%" border=0>
  <TBODY>
  <TR>
    <TD width=20> </TD>
    <TD
      width=400><br>
本管理模块共分两个子模块:密码更改和帖子管理。
其中密码更改提供了管理员更改密码的功能，但必须输入原密码和两次新密码;
帖子管理是直接进入论坛的主界面，但与普通注册用户所不同的是，
在论坛的每个发帖和回复后面都多了一个删除按钮，可以通过此按钮删除相关帖子或回复。</TD>
    <TD width=40> </TD>
```

```
    <TD
      width=400 valign="top"><br />
      本模块提供了本论坛的版本号、版权所有、设计制作以及技术支持等信息。</TD>
    <TD width=21> </TD></TR></TBODY></TABLE>
<TABLE height=70 cellSpacing=0 cellPadding=0 width="100%" border=0>
  <TBODY>
  <TR>
    <TD></TD></TR></TBODY></TABLE>
<TABLE height=10 cellSpacing=0 cellPadding=0 width="100%" border=0>
  <TBODY>
  <TR>
    <TD></TD></TR></TBODY></TABLE>
    <BR>
<?php
include "bottom.php";
?>
```

(6) 文件 bootom.php 位于随书光盘的 ch18\manage\下，是后台管理主页面的版权页面。具体代码如下：

```
<TABLE class=border cellSpacing=1 cellPadding=2 width="100%" align=center
  border=0>
  <TBODY>
  <TR align=middle>
    <TD class=topbg height=25>
    <SPAN class=Glow>Copyright 2012 &copy;
    <a href="http://www.quickbbs.net" target="_blank">
      <font color="#FFFFFF">迅捷 BBS</font></a>
      All Rights Reserved.</SPAN>
    </TD></TR>
</TBODY>
</TABLE>
```

(7) 文件 index.php 位于随书光盘的 ch18\manage\下，是后台管理的主页面。代码如下：

```
<?php
include "session.inc";
?>
<HTML>
<HEAD>
<TITLE>===迅捷 BBS 系统-后台管理===</TITLE>
<META http-equiv=Content-Type content="text/html; charset=gb2312">
</HEAD>
<FRAMESET id=frame border=false frameSpacing=0 rows=*
  frameBorder=0 cols=200,* scrolling="yes">
    <FRAME name=left marginWidth=0 marginHeight=0 src="index_left.php"
      scrolling=yes>
    <FRAMESET border=false frameSpacing=0 rows=53,* frameBorder=0
      cols=* scrolling="yes">
        <FRAME name=top src="index_top.php" scrolling=no>
        <FRAME name=main src="index_right.php">
```

```
    </FRAMESET>
</FRAMESET>
```

(8) 文件 fun_head.php 位于随书光盘的 ch18\manage\下，是后台管理中右侧页面中的头文件。具体代码如下：

```
<?php
function head($str){
?>
<LINK href="Admin_Style.css" rel=stylesheet>
<STYLE type=text/css>
.STYLE4 {
    COLOR: #000000
}
</STYLE>
<BODY leftMargin=0 topMargin=0 marginheight="0" marginwidth="0">
<TABLE cellSpacing=0 cellPadding=0 width="100%" border=0>
  <TBODY>
  <TR>
    <TD width=392 rowSpan=2><img height=126
      src="image/adminmain01.gif" width=392></TD>
    <TD vAlign=top background=image/adminmain0line2.gif height=114>
      <TABLE cellSpacing=0 cellPadding=0 width="100%" border=0>
        <TBODY>
        <TR>
          <TD height=20></TD></TR>
        <TR>
          <TD><SPAN class=STYLE4>频道管理中心</SPAN></TD></TR>
        <TR>
          <TD height=8><IMG height=1
            src="image/adminmain0line.gif" width=283></TD></TR>
        <TR>
          <TD><IMG src="image/img_u.gif"
            align=absMiddle>欢迎进入管理<FONT
        color=#ff0000></FONT></TD></TR>
        <TR>
          <TD><IMG src="image/img_u.gif" align=absMiddle>
          <?php
          echo "当前位置：<b><font color=#ffffff>".$str."</font></b>";
          ?></TD>
        </TR>
        </TBODY></TABLE></TD></TR>
  <TR>
    <TD vAlign=bottom background=image/adminmain03.gif
    height=9><IMG height=12 src="image/adminmain02.gif"
      width=23></TD></TR></TBODY></TABLE>
<?php
}
?>
```

(9) 文件 father_module_add.php 位于随书光盘的 ch18\manage\下，是父模块添加页面。具体代码如下：

```
<?php
include "session.inc";
include "fun_head.php";
head("父板块添加");
include "../inc/mysql.inc";
include "../inc/myfunction.inc";
$aa=new mysql;
$bb=new myfunction;
$aa->link("");
$add_tag=@$_GET['add_tag'];
if ($add_tag==1){
    $show_order=$_POST['show_order'];
    $module_name=$_POST['module_name'];
    if ($show_order=="" or $module_name==""){
        echo "===对不起，您添加父板块不成功:
        <font color=red>显示序号和父板块名称全不能为空</font>! ===";
    }else{
        $query="insert into father_module_info(module_name,show_order)
         values('$module_name','$show_order')";
        $aa->excu($query);
        echo "===恭喜您，父板块添加成功! ===";
    }
}
?>
<table width="100%" height="389" border="0" cellpadding="0" cellspacing="0"
  bgcolor="f0f0f0">
  <tbody>
    <tr>
      <td width="20"> </td>
      <td valign="top"><br />
        <form action="?add_tag=1" method="post" name="form1" id="form1">
          <table width="408" height="87" border="0" align="center"
            cellpadding="0" cellspacing="1"
            bordercolor="#FFFFFF" bgcolor="449ae8">
            <tr bgcolor="#dcccccc">
              <td width="94" height="25" bgcolor="e0eef5">
                <div align="right">显示序号:</div>
              </td>
              <td width="306" bgcolor="e0eef5">
                <input type="text" size="6" name="show_order" />
                请填写一整数，如：1。</td>
            </tr>
            <tr bgcolor="#dddddd">
              <td height="25" bgcolor="#FFFFFF">
                 <div align="right">父板块名称:</div></td>
              <td bgcolor="#FFFFFF">
```

```
            <input type="text" size="20" name="module_name" /></td>
          </tr>
          <tr bgcolor="#dddddd">
            <td height="33" colspan="2" bgcolor="e0eef5"><div align="center">
                <input name="submit" type="submit" value="提交" />
                    
              <input name="reset" type="reset" value="重置" />
            </div></td>
          </tr>
        </table>
      </form>
      <br />
    <br /></td>
    <td width="20"> </td>
  </tr>
 </tbody>
</table>
<?php
  include "bottom.php";
?>
```

(10) 文件 father_module_bj.php 位于随书光盘的 ch18\manage\下，是父模块编辑页面。具体代码如下：

```
<?php
include "session.inc";
include "fun_head.php";
head("父板块管理==>>编辑");
include "../inc/mysql.inc";
include "../inc/myfunction.inc";
$aa=new mysql;
$bb=new myfunction;
$aa->link("");
$module_id=$_GET['module_id'];
$update_tag=@$_GET['update_tag'];
if ($update_tag==1){
   $show_order=$_POST['show_order'];
   $module_name=$_POST['module_name'];
   if ($show_order=="" or $module_name==""){
      echo "===对不起，您编辑父板块不成功：<font color=red>
      显示序号和父板块名称全不能为空</font>！===";
   }else{
      $query="update father_module_info set module_name='$module_name',
        show_order='$show_order' where id='$module_id'";
      $aa->excu($query);
      echo "===恭喜您，编辑父板块添加成功！===";
   }
}
$query="select * from father_module_info where id='$module_id'";
$rst=$aa->excu($query);
```

```
$module=mysql_fetch_array($rst,MYSQL_ASSOC);
?>
<table width="100%" height="389" border="0" cellpadding="0" cellspacing="0"
 bgcolor="f0f0f0">
  <tbody>
    <tr>
      <td width="20"> </td>
      <td valign="top"><br />
        <form action="?update_tag=1&module_id=<?php echo $module_id?>"
        method="post" name="form1" id="form1">
          <table width="408" height="87" border="0" align="center"
            cellpadding="0" cellspacing="1"
            bordercolor="#FFFFFF" bgcolor="449ae8">
            <tr bgcolor="#dcccccc">
              <td width="94" height="25" bgcolor="e0eef5">
                <div align="right">显示序号:</div>
              </td>
              <td width="306" bgcolor="e0eef5">
                <input type="text" size="6" name="show_order"
                  value="<?php echo $module['show_order']?>" />
                请填写一整数，如：1。</td>
            </tr>
            <tr bgcolor="#dddddd">
              <td height="25" bgcolor="#FFFFFF">
                <div align="right">父板块名称:</div></td>
              <td bgcolor="#FFFFFF">
                <input type="text" size="20" name="module_name"
                value="<?php echo $module['module_name']?>" /></td>
            </tr>
            <tr bgcolor="#dddddd">
              <td height="33" colspan="2" bgcolor="e0eef5">
                <div align="center">
                  <input name="submit" type="submit" value="提交" />
                      
                <input name="reset" type="reset" value="重置" />
                </div></td>
            </tr>
          </table>
        </form>
        <br />
      <br /></td>
      <td width="20"> </td>
    </tr>
  </tbody>
</table>
<?php
   include "bottom.php";
?>
```

(11) 文件 father_module_list.php 位于随书光盘的 ch18\manage\下，是父模块添加显示页

面。具体代码如下：

```
<?php
include "session.inc";
include "fun_head.php";
head("父板块管理");
include "../inc/mysql.inc";
include "../inc/myfunction.inc";
$aa=new mysql;
$bb=new myfunction;
$aa->link("");
///////////删除父板块////////////////////////////////
$del_tag=@$_GET['del_tag'];
if ($del_tag==1){
   $module_id=$_GET['module_id'];
   $query="delete from father_module_info where id='$module_id'";
   $aa->excu($query);
   echo "==恭喜您，删除父板块信息成功！==<br>";
}
///////////按显示顺序查询父板块信息表//////////////////////
   $query="select * from father_module_info order by show_order";
   $rst=$aa->excu($query);
?>
<table width="100%" height="390" border="0" cellpadding="0"
  cellspacing="0" bgcolor="f0f0f0">
  <tbody>
    <tr>
      <td width="20"> </td>
      <td valign="top"><br />
        <table width="80%" border="0" align="center" cellpadding="0"
          cellspacing="1" bgcolor="449ae8">
        <tr bgcolor="#cccccc">
          <td width="92" height="23" bgcolor="e0eef5">
            <div align="center">编号</div></td>
          <td width="193" bgcolor="e0eef5">
            <div align="center">显示序号</div></td>
          <td width="368" bgcolor="e0eef5">
            <div align="center">父板块名称</div></td>
          <td colspan="2" bgcolor="e0eef5">
            <div align="center">操作</div></td>
        </tr>
<?php
   $m=0;
   while($module=mysql_fetch_array($rst,MYSQL_ASSOC)){
   $m++;
?>
        <tr>
          <td height="19" bgcolor="#FFFFFF">
            <div align="center"><?php echo $m;?></div></td>
```

```
        <td bgcolor="#FFFFFF"><div align="center">
          <?php echo $module['show_order']?> </div></td>
        <td bgcolor="#FFFFFF">
          <div align="center">
            <?php echo $module['module_name']?></div></td>
        <td width="134" align="center" bgcolor="#FFFFFF">
          <a href="father_module_bj.php?module_
            id=<?php echo $module['id'];?>">编辑</a></td>
        <td width="142" align="center" bgcolor="#FFFFFF">
          <a href="?del_tag=1&module_
            id=<?php echo $module['id']?>">删除</a></td>
      </tr>
      <?php }?>
    </table>
    </td>
    <td width="20"> </td>
  </tr>
 </tbody>
</table>
<?php
   include "bottom.php";
?>
```

(12) 文件 son_module_add.php 位于随书光盘的 ch18\manage\下，是子模块添加页面。具体代码如下：

```
<?php
include "session.inc";
include "fun_head.php";
head("子板块添加");
include "../inc/mysql.inc";
include "../inc/myfunction.inc";
$aa=new mysql;
$bb=new myfunction;
$aa->link("");
$add_tag=@$_GET['add_tag'];
if ($add_tag==1){
    $father_module_id=$_POST['father_module_id'];
    $module_name=$_POST['module_name'];
    $module_cont=$_POST['module_cont'];
    $user_name=$_POST['user_name'];
    if ($father_module_id=="" or $module_name=="" or $module_cont==""){
        echo "===对不起，您添加子板块不成功：<font color=red>隶属的父板块、
          子板块的名称和简介全不能为空</font>! ===";
    }else{
        $query="insert into son_module_info(father_module_id,
          module_name,module_cont,user_name)
          values('$father_module_id','$module_name',
            '$module_cont','$user_name')";
        $aa->excu($query);
```

```
        echo "===恭喜您，子板块添加成功！===";
    }
}
?>
<table width="100%" height="389" border="0" cellpadding="0"
  cellspacing="0" bgcolor="f0f0f0">
  <tbody>
    <tr>
      <td width="20"> </td>
      <td valign="top"><br />
        <form action="?add_tag=1" method="post" name="form1" id="form1">
          <table width="408" height="139" border="0"
            align="center" cellpadding="0"
            cellspacing="1" bordercolor="#FFFFFF" bgcolor="449ae8">
            <tr bgcolor="#dcccccc">
              <td width="94" height="25" bgcolor="e0eef5">
                <div align="right">隶属的父板块:</div></td>
              <td width="306" bgcolor="e0eef5">
                <?php $bb->father_module_list("");?></td>
            </tr>
            <tr bgcolor="#dddddd">
              <td height="25" bgcolor="#FFFFFF">
                <div align="right">子板块名称:</div></td>
              <td bgcolor="#FFFFFF">
                <input type="text" size="20" name="module_name" /></td>
            </tr>
            <tr bgcolor="#dddddd">
              <td height="25" align="right" valign="middle" bgcolor="#FFFFFF">
                简介:</td>
              <td bgcolor="#FFFFFF">
                 <textarea name="module_cont" cols="42" rows="3"></textarea>
                 </td>
            </tr>
            <tr bgcolor="#dddddd">
              <td height="25" align="right" valign="middle"
                bgcolor="#FFFFFF">版主用户名:</td>
              <td bgcolor="#FFFFFF"><input type="text" size="20" name="user_name" />
                可不填。</td>
            </tr>
            <tr bgcolor="#dddddd">
              <td height="33" colspan="2" bgcolor="e0eef5"><div align="center">
                  <input name="submit" type="submit" value="提交" />
                      
                <input name="reset" type="reset" value="重置" />
              </div></td>
            </tr>
          </table>
        </form>
        <br />
      <br /></td>
```

```
    <td width="20"> </td>
  </tr>
 </tbody>
</table>
<?php
  include "bottom.php";
?>
```

(13) 文件 sonr_module_bj.php 位于随书光盘的 ch18\manage\下，是子模块编辑页面。具体代码如下：

```
<?php
include "session.inc";
include "fun_head.php";
head("子板块管理>>编辑");
include "../inc/mysql.inc";
include "../inc/myfunction.inc";
$aa=new mysql;
$bb=new myfunction;
$aa->link("");
$module_id=$_GET['module_id'];
$update_tag=@$_GET['update_tag'];
if ($update_tag==1){
  $father_module_id=$_POST['father_module_id'];
  $module_name=$_POST['module_name'];
  $module_cont=$_POST['module_cont'];
  $user_name=$_POST['user_name'];
  if ($father_module_id=="" or $module_name=="" or $module_cont==""){
    echo "===对不起，您编辑子板块不成功：<font color=red>隶属的父板块、
    子板块的名称和简介全不能为空</font>! ===";
  }else{
    $query="update son_module_info
     set father_module_id='$father_module_id',module_
     name='$module_name',module_cont='$module_cont',
     user_name='$user_name' where id='$module_id'";
    $aa->excu($query);
    echo "===恭喜您，编辑子板块添加成功！===";
  }
}
$query="select * from son_module_info where id='$module_id'";
$rst=$aa->excu($query);
$module=mysql_fetch_array($rst,MYSQL_ASSOC);
?>
<table width="100%" height="389" border="0" cellpadding="0"
 cellspacing="0" bgcolor="f0f0f0">
 <tbody>
  <tr>
    <td width="20"> </td>
    <td valign="top"><br />
```

```
        <form action="?update_tag=1&module_id=<?php echo $module_id?>"
          method="post" name="form1" id="form1">
         <table width="408" height="139" border="0" align="center"
          cellpadding="0" cellspacing="1"
          bordercolor="#FFFFFF" bgcolor="449ae8">
          <tr bgcolor="#dcccccc">
            <td width="94" height="25" bgcolor="e0eef5"><div align="right">
              隶属的父板块:</div></td>
            <td width="306" bgcolor="e0eef5">
              <?php $bb->father_module_list($module['father_module_id']);?>
            </td>
          </tr>
          <tr bgcolor="#dddddd">
            <td height="25" bgcolor="#FFFFFF">
              <div align="right">子板块名称:</div></td>
            <td bgcolor="#FFFFFF">
              <input type="text" size="20" name="module_name"
               value="<?php echo $module['module_name']?>" /></td>
          </tr>
          <tr bgcolor="#dddddd">
            <td height="25" align="right" valign="middle"
              bgcolor="#FFFFFF">简介:</td>
            <td bgcolor="#FFFFFF">
              <textarea name="module_cont" cols="42" rows="3">
              <?php echo $module['module_cont']?></textarea></td>
          </tr>
          <tr bgcolor="#dddddd">
            <td height="25" align="right" valign="middle"
              bgcolor="#FFFFFF">版主用户名:</td>
            <td bgcolor="#FFFFFF"><input type="text" size="20"
              name="user_name" value="<?php echo $module['user_name']?>" />
              可不填。</td>
          </tr>
          <tr bgcolor="#dddddd">
            <td height="33" colspan="2" bgcolor="e0eef5"><div align="center">
              <input name="submit" type="submit" value="提交" />
                    
              <input name="reset" type="reset" value="重置" />
            </div></td>
          </tr>
         </table>
        </form><br />
      <br /></td>
      <td width="20"> </td>
    </tr>
  </tbody>
</table>
<?php
   include "bottom.php";
?>
```

(14) 文件 son_module_list.php 位于随书光盘的 ch18\manage\下，是子模块显示页面。具体代码如下：

```
<?php
include "session.inc";
include "fun_head.php";
head("子板块管理");
include "../inc/mysql.inc";
include "../inc/myfunction.inc";
$aa=new mysql;
$bb=new myfunction;
$aa->link("");
///////////删除子板块////////////////////////////////
$del_tag=@$_GET['del_tag'];
if ($del_tag==1){
    $module_id=$_GET['module_id'];
    $query="delete from son_module_info where id='$module_id'";
    $aa->excu($query);
    echo "==恭喜您，删除子板块信息成功！==<br>";
}
///////////////////按显示顺序查询父板块信息表////////////
$query="select * from father_module_info order by show_order";
$rst=$aa->excu($query);
?>
<table width="100%" height="390" border="0" cellpadding="0" cellspacing="0"
  bgcolor="f0f0f0">
  <tbody>
    <tr>
      <td width="20"> </td>
      <td valign="top"><br /><table width="80%" border="0" align="center"
         cellpadding="0" cellspacing="1" bgcolor="449ae8">
        <tr bgcolor="#cccccc">
          <td width="74" height="23" bgcolor="e0eef5">
            <div align="center">显示序号</div></td>
          <td width="84" bgcolor="e0eef5">
            <div align="center">父板块名称</div></td>
          <td width="410" bgcolor="e0eef5">
            <div align="center">子板块名称</div></td>
          <td colspan="2" bgcolor="e0eef5">
            <div align="center">操作</div></td>
        </tr>
        <?php
        while($father_module=mysql_fetch_array($rst,MYSQL_ASSOC)){
        ?>
        <tr>
          <td height="19" bgcolor="#FFFFFF"><div align="center">
            <?php echo $father_module['show_order']?></div></td>
          <td colspan="4" align="left" valign="middle" bgcolor="#CCCCCC">
            <?php echo $father_module['module_name']?></td>
          </tr>
```

```
        <?php
      ////////从子板块信息表中按 id 顺序查询隶属该父板块的子板块的信息/////////////
        $query="select * from son_module_info
          where father_module_id='" .$father_module['id']."'
        order by id";
        $rst2=$aa->excu($query);
        $m=0;
        while($son_module=mysql_fetch_array($rst2,MYSQL_ASSOC)){
          $m++;
        ?>
      <tr>
        <td height="19" bgcolor="#FFFFFF"> </td>
        <td align="center" valign="middle" bgcolor="#FFFFFF">
          <?php echo $m?></td>
        <td bgcolor="#FFFFFF"><?php echo $son_module['module_name']?></td>
        <td width="80" align="center" bgcolor="#FFFFFF">
          <a href="son_module_bj.php?module_
            id=<?php echo $son_module['id'];?>">编辑</a></td>
        <td width="80" align="center" bgcolor="#FFFFFF">
          <a href="?del_tag= 1&module_
            id=<?php echo $son_module['id']?>">删除</a></td>
      <?php }?>
       </tr>
      <?php }?>
    </table>
    </td>
    <td width="20"> </td>
  </tr>
 </tbody>
</table>
<?php
  include "bottom.php";
?>
```

(15) 文件 user _list.php 位于随书光盘的 ch18\manage\下，是显示所有用户的页面。具体代码如下：

```
<?php
include "session.inc";
include "fun_head.php";
head("所有用户");
include "../inc/mysql.inc";
include "../inc/myfunction.inc";
$aa=new mysql;
$bb=new myfunction;
$aa->link("");
///////////删除注册用户////////////////////////////////
$del_tag=@$_GET[del_tag];
if ($del_tag==1){
   $user_id=@$_GET[user_id];
```

```
    $query="delete from user_info where id='$user_id'";
    $aa->excu($query);
    echo "==恭喜您，删除注册用户信息成功！==<br>";
}
//////////////从用户信息表中查询所有用户//////////////////
    $query="select * from user_info order by id desc";
?>
<table width="100%" height="390" border="0" cellpadding="0" cellspacing="0"
  bgcolor="f0f0f0">
  <tbody>
    <tr>
      <td width="20"> </td>
      <td valign="top"><br />
        <table width="80%" border="0" align="center"
          cellpadding="0" cellspacing="0">
          <tr>
            <td height="30" align="left" valign="middle">
              <?php $bb->page($query,@$page_id,@$add,20)?></td>
          </tr>
        </table>
        <table width="80%" border="0" align="center" cellpadding="0"
          cellspacing="1" bgcolor="449ae8">
        <tr bgcolor="#cccccc">
          <td width="46" height="23" bgcolor="e0eef5">
            <div align="center">序号</div></td>
          <td width="213" bgcolor="e0eef5">
            <div align="center">用户名</div></td>
          <td width="201" bgcolor="e0eef5">
            <div align="center">注册时间</div></td>
          <td width="188" bgcolor="e0eef5">
            <div align="center">最后登录时间</div></td>
          <td width="80" bgcolor="e0eef5"><div align="center">操作</div></td>
        </tr>
<?php
    $rst=$aa->excu($query);
    $m=0;
    while($user=mysql_fetch_array($rst,MYSQL_ASSOC)){
    $m++;
?>
        <tr>
          <td height="19" bgcolor="#FFFFFF">
            <div align="center"><?php echo @$m;?></div></td>
          <td bgcolor="#FFFFFF">
            <div align="center"><?php echo $user['user_name']?></div></td>
          <td bgcolor="#FFFFFF">
            <div align="center"><?php echo $user['time1']?></div></td>
          <td align="center" bgcolor="#FFFFFF">
            <?php echo $user['time2']?></td>
          <td align="center" bgcolor="#FFFFFF">
            <a href="?del_tag=1&user_
```

```
            id=<?php echo $user['id']?>">删除</a></td>
          </tr>
        <?php }?>
      </table>
        <table width="80%" border="0" align="center"
          cellpadding="0" cellspacing="0">
          <tr>
            <td height="30" align="right" valign="middle">
              <?php
              $query="select * from user_info order by id desc";
              $bb->page($query,@$page_id,@$add,20);
              ?></td>
          </tr>
        </table></td>
      <td width="20"> </td>
    </tr>
  </tbody>
</table>
<?php
    include "bottom.php";
?>
```

(16) 文件 user_js.php 位于随书光盘的 ch18\manage\下，是用户的检索页面。具体代码如下：

```
<?php
include "session.inc";
include "fun_head.php";
head("用户检索");
include "../inc/mysql.inc";
include "../inc/myfunction.inc";
$aa=new mysql;
$bb=new myfunction;
$aa->link("");
//////////删除用户////////////////////////////////
$del_tag=@$_GET[del_tag];
if ($del_tag==1){
    $del_id=@$_GET[del_id];
    $query="delete from user_info where id='".$del_id."'";
    $aa->excu($query);
    echo "==恭喜您，删除用户信息成功，请继续！==<br>";
}
//////////////////////////////////////////////////
    $user_name=@$_POST[user_name];
?>
<table width="100%" height="390" border="0" cellpadding="0" cellspacing="0"
  bgcolor="f0f0f0">
  <tbody>
    <tr>
      <td width="20"> </td>
      <td valign="top"><br />
        <table width="70%" border="0" align="center" cellpadding="0"
```

```
    cellspacing="1" bgcolor="449ae8">
  <tr bgcolor="#cccccc">
   <form id="form1" name="form1" method="post" action="?">
    <td height="23" bgcolor="e0eef5">
      <div align="center">
       <input type="text" name="user_name" size="16"
         value="<?php echo $user_name?>" />    
       <input type="submit" name="Submit" value="提交" />
      </div></td>
    </form>
    </tr>
    <tr>
    <td height="19" align="center" bgcolor="#FFFFFF">
     <?php
     if ($user_name==""){
        echo "请输入您要检索的用户名，点提交查询！";
     }else{
        $query="select * from user_info where user_name='$user_name'";
        $rst=$aa->excu($query);
        if (mysql_num_rows($rst)==0){
            echo "很抱歉，系统没有检索到您要查找的用户！";
        }else{
            $user=mysql_fetch_array($rst,MYSQL_ASSOC);
     ?>
     <table width="100%" border="0" cellspacing="2" cellpadding="0">
      <tr>
        <td width="29%" height="20" align="right" bgcolor="#dddddd">
          用户名:</td>
        <td width="71%" align="left" bgcolor="#dddddd">
          <?php echo $user['user_name']?></td>
      </tr>
      <tr>
        <td height="20" align="right" bgcolor="#dddddd">登录口令:</td>
        <td align="left" bgcolor="#dddddd">
          <?php echo $user['user_pw']?></td>
      </tr>
      <tr>
        <td height="20" align="right" bgcolor="#dddddd">注册时间:</td>
        <td align="left" bgcolor="#dddddd">
          <?php echo $user['time1']?></td>
      </tr>
      <tr>
        <td height="20" align="right" bgcolor="#dddddd">
          最后登录时间:</td>
        <td align="left" bgcolor="#dddddd">
          <?php echo $user['time2']?></td>
      </tr>
      <tr>
        <td height="20" colspan="2" align="center" bgcolor="#dddddd">
          <a href=?del_tag=1&del_id=<?php echo $user['id']?>>
```

```
            删除此用户</a></td>
          </tr>
        </table>
         <?php
           }
         }
         ?>
         </td>
        </tr>
     </table>
     </td>
     <td width="20"> </td>
   </tr>
  </tbody>
</table>
<?php
   include "bottom.php";
?>
```

(17) 文件 user_pw_change.php 位于随书光盘的 ch18\manage\下，是管理员密码修改页面。具体代码如下：

```
<?php
include "session.inc";
include "fun_head.php";
head("密码更改");
include "../inc/mysql.inc";
include "../inc/myfunction.inc";
$aa=new mysql;
$bb=new myfunction;
$aa->link("");
///////////更改密码/////////////////////////////////
$tijiao=$_POST[tijiao];
if ($tijiao=="提 交"){
   $pw_old=$_POST[pw_old];
   $pw_new1=$_POST[pw_new1];
   $pw_new2=$_POST[pw_new2];
   if ($pw_new1!=$pw_new2){
       echo "===您两次输入的新密码不一致,请重新输入!===";
   }else{
       $query="select * from manage_user_info where user_
         name='$_SESSION[manage_name]' and user_pw='$pw_old'";
       $rst=$aa->excu($query);
       if (mysql_num_rows($rst)==0){
           echo "===您输入的旧密码不正确,请重新输入!===";
       }else{
           $query="update manage_user_info set user_pw='$pw_new1'
             where user_name='$_SESSION[manage_name]'";
           $aa->excu($query);
           echo "===恭喜您,您的登录密码修改成功!===";
```

```
      }
   }
}
?>
<table width="100%" height="390" border="0" cellpadding="0" cellspacing="0"
  bgcolor="f0f0f0">
  <tbody>
    <tr>
      <td width="20"> </td>
      <td valign="top"><br />
        <form id="form1" name="form1" method="post" action="#">
        <table width="60%" border="0" align="center" cellpadding="0"
          cellspacing="1" bgcolor="449ae8">
        <tr bgcolor="#cccccc">
          <td width="27%" height="23" align="right" bgcolor="e0eef5">
           用户名:</td>
          <td width="73%" align="left" bgcolor="e0eef5">
            <?php echo $_SESSION[manage_name]?></td>
        </tr>
        <tr>
          <td height="19" align="right" bgcolor="#FFFFFF">原口令:</td>
          <td align="left" bgcolor="#FFFFFF">
            <input type="text" name="pw_old" size="16" /></td>
          </tr>
          <tr>
            <td height="19" align="right" bgcolor="#FFFFFF">新密码:</td>
            <td align="left" bgcolor="#FFFFFF">
              <input type="text" name="pw_new1" size="16" /></td>
          </tr>
          <tr>
            <td height="19" align="right" bgcolor="#FFFFFF">再次新密码:</td>
            <td align="left" bgcolor="#FFFFFF">
              <input type="text" name="pw_new2" size="16" /></td>
          </tr>
          <tr>
            <td height="19" colspan="2" align="center" bgcolor="#FFFFFF">
            <input type="submit" name="tijiao" value="提 交" />
                 
              <input type="reset" name="Submit2" value="重 置" /></td>
          </tr>
      </table>
      </form>
      </td>
      <td width="20"> </td>
    </tr>
  </tbody>
</table>
<?php
   include "bottom.php";
?>
```

成功登录到网站后台管理系统的效果如图 18-9 所示。

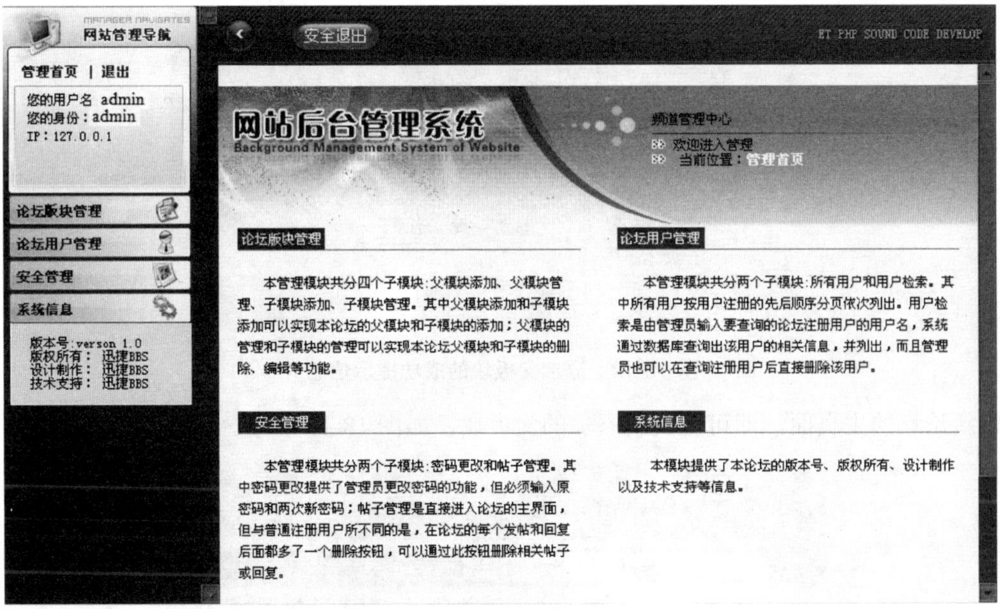

图 18-9 后台管理系统主页面

单击页面左侧的“论坛板块管理”选项，即可在展开的列表中，查看板块管理操作，如图 18-10 所示。

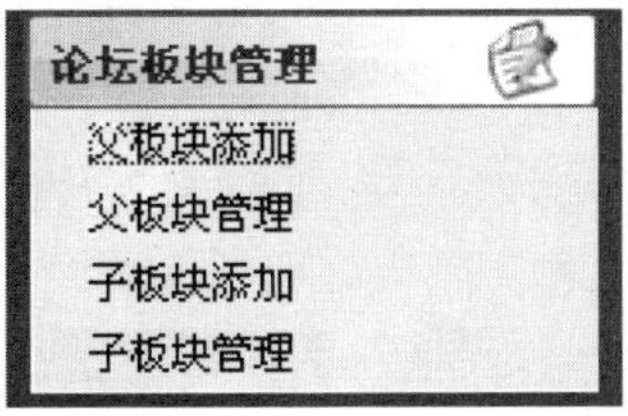

图 18-10 “论坛板块管理”列表

单击“父板块添加”选项，即可在右侧的窗口中输入显示序号和父板块名称，然后单击“提交”按钮，如图 18-11 所示。

图 18-11 添加父板块

添加成功后，即可显示成功提示信息，如图 18-12 所示。

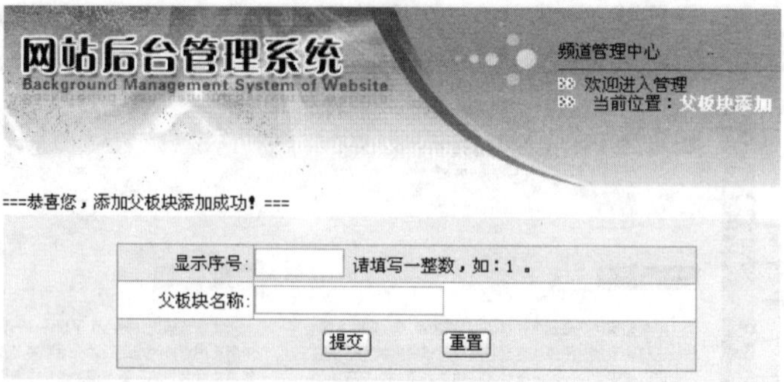

图 18-12　添加父板块的成功提示信息

刷新论坛的主页面，即可看到新添加的父板块，如图 18-13 所示。

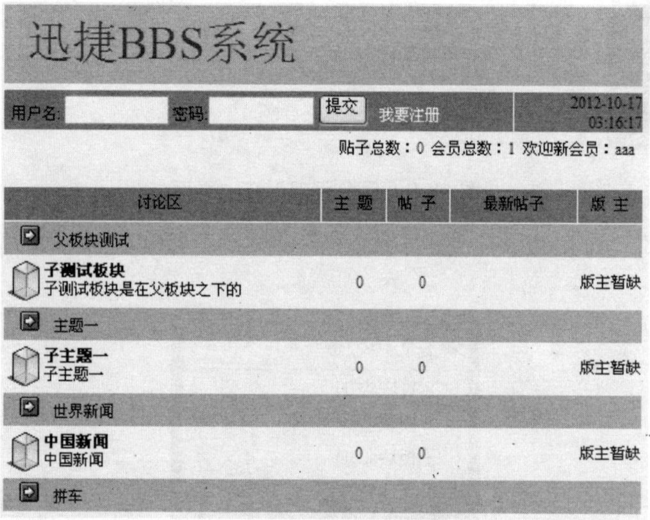

图 18-13　查看父板块

在后台管理主页面的“论坛板块管理”列表中，单击“父板块管理”选项，即可进入父板块管理页面中，如图 18-14 所示。用户可以编辑和删除存在的父板块。

图 18-14　编辑父板块

在后台管理主页面的“论坛板块管理”列表中，单击“子板块添加”选项，即可进入子板块添加页面，如图 18-15 所示。用户输入相关信息后，单击“提交”按钮即可。

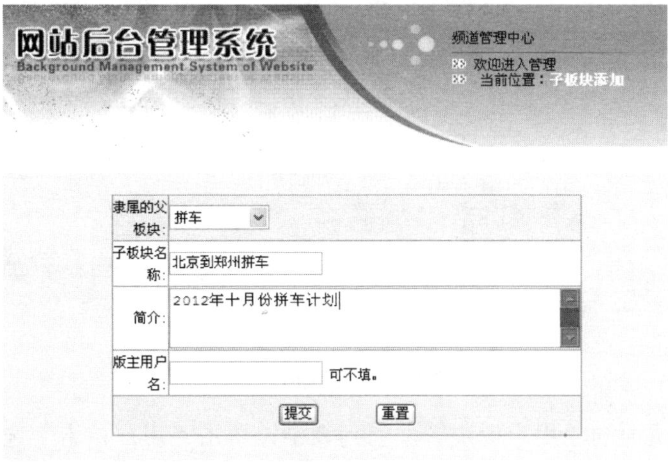

图 18-15　添加子版块

刷新论坛的主页面，即可看到新添加的子板块，如图 18-16 所示。

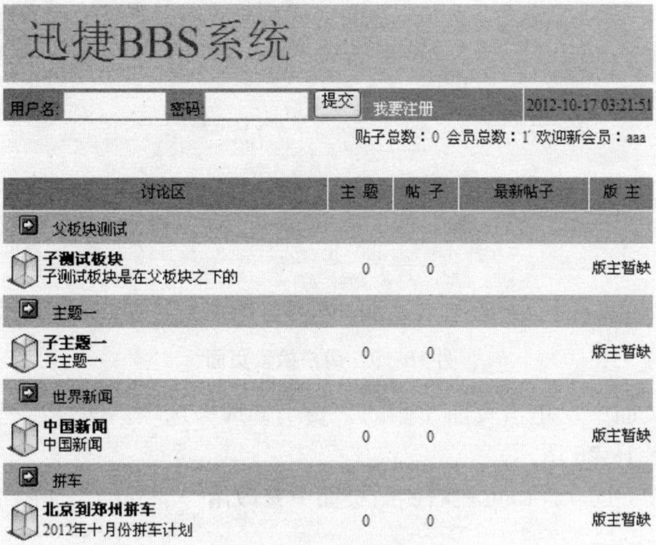

图 18-16　查看添加的子板块

单击页面左侧的“论坛用户管理”选项，即可在展开的列表中，查看用户管理操作，如图 18-17 所示。

图 18-17　“论坛用户管理”列表

单击“所有用户”选项，即可在右侧的窗口中查看论坛的用户，如图 18-18 所示。

图 18-18 “所有用户”页面

在后台管理主页面的“用户板块管理”列表中，单击“用户检索”选项，进入用户检索页面，输入用户名后，单击“提交”按钮，即可显示用户的具体信息，如图 18-19 所示。

图 18-19 用户检索页面

在后台管理主页面中，单击页面左侧的“安全管理”选项，即可在展开的列表中管理密码和帖子操作，如图 18-20 所示。

单击“密码更改”选项，即可在右侧的页面中修改用户的密码，如图 18-21 所示。

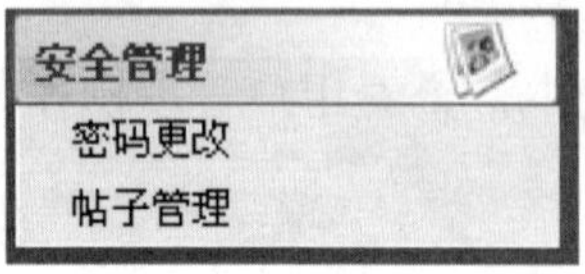

图 18-20 “安全管理”列表

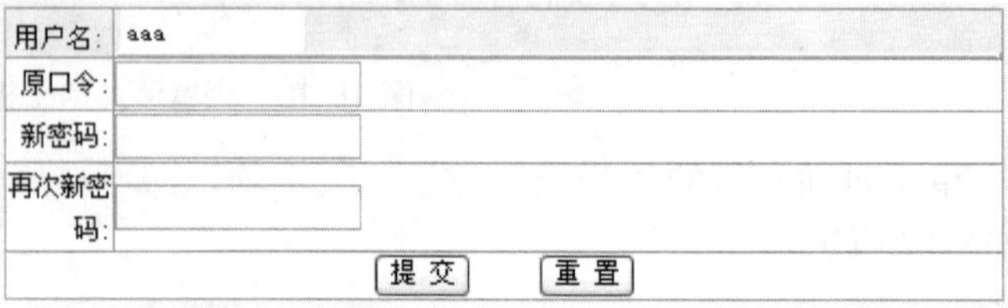

图 18-21 更改用户密码